理工学講座

数値電界計算の
基礎と応用

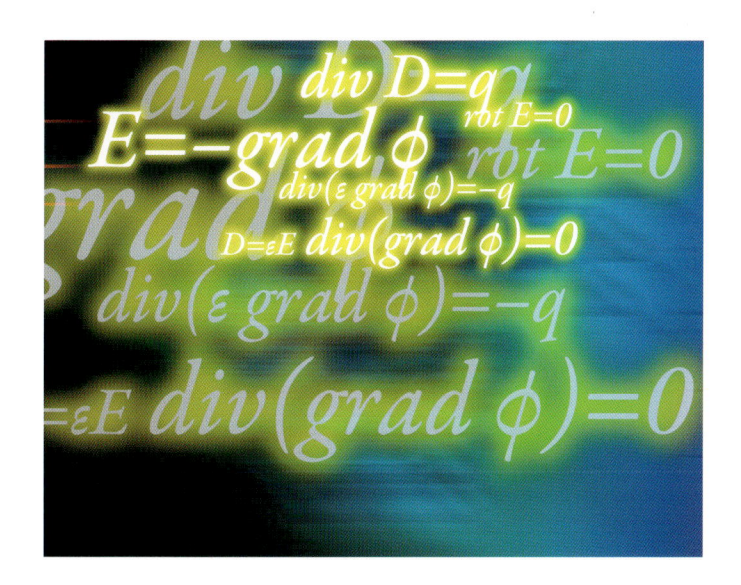

宅間 董
濱田昌司

東京電機大学出版局

本書の全部または一部を無断で複写複製（コピー）することは，著作権法上での例外を除き，禁じられています．小局は，著者から複写に係る権利の管理につき委託を受けていますので，本書からの複写を希望される場合は，必ず小局（03-5280-3422）宛ご連絡ください．

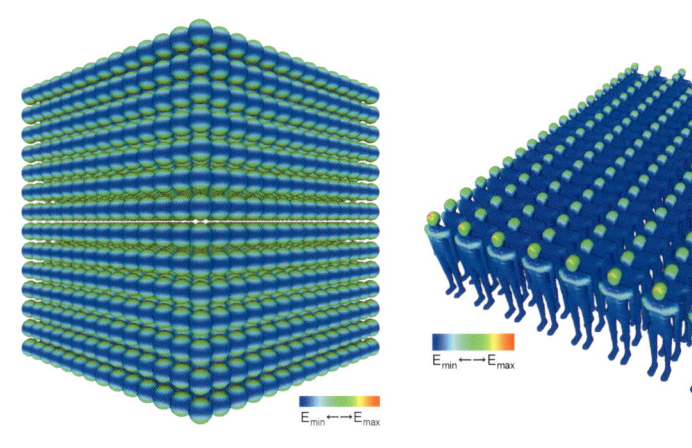

口絵 1　誘電体球群の電界計算

口絵 2　人体形状接地導体群の電界計算

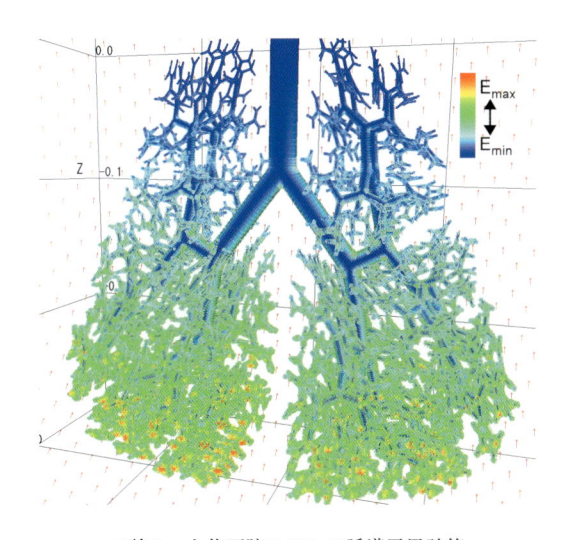

口絵 3　人体両肺モデルの誘導電界計算

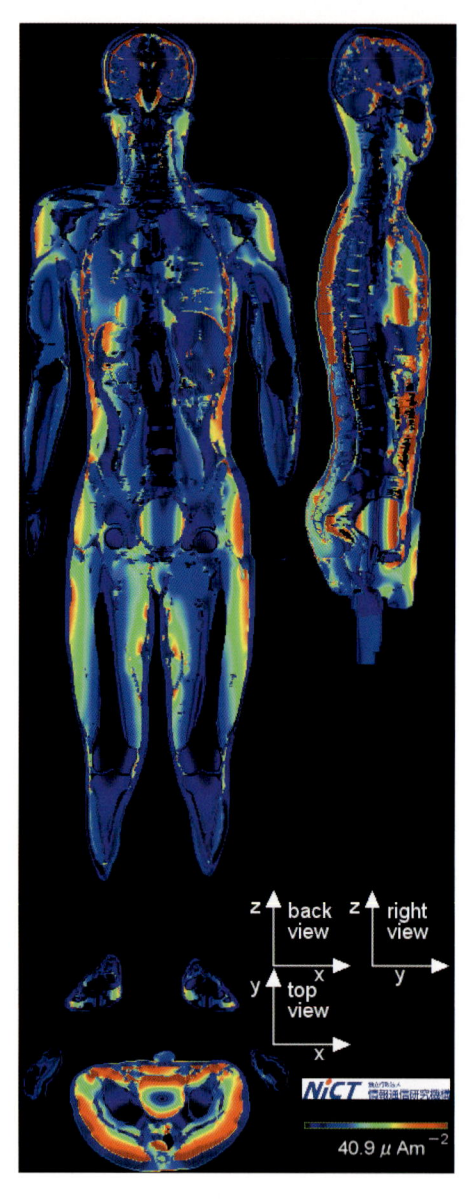

口絵 4　人体モデル内の誘導電流計算

（口絵 1 から口絵 4 の計算内容の詳細は 10.8 節で説明）

まえがき

　計算機と計算手法の発展によって数値的な電界計算法は画期的な進展を遂げた。電界計算の基本式であるラプラスの式が見出された1782年から約220年経た現在，非常に複雑な三次元の配置でも高精度で詳細な電界が求められるようになった。その結果，絶縁設計，放電応用，静電気工学，電気環境など電気を利用するさまざまな分野で，定量的に電界を求めることが必須のテクニックとなり，高性能，高能率，小型化，などの要求から最近いっそう重要になっている。電界計算は，一般的な電磁波計算あるいは磁界の計算と相当異なり，多くの場合最大の電界を高精度で求めることが必要である。そのため電界計算特有の方法が利用されるとともに，計算機性能の向上に応じて新しい技法が開発されてきた。

　筆者の1人が昭和55年（1980年）に著した旧著『数値電界計算法』（コロナ社）は，数値的な電界計算法の基礎から種々の場の具体的な計算法をできるだけ分かりやすく解説して，だれでもが使える道具にするように企図したものであった。実際に数値電界計算法の開発時期に自ら行った計算体験をベースにし，ほとんどが自分の計算例を使用した内容であった。旧著は各分野での数値電界計算に対する必要性を満たす書として歓迎され，中国語でも翻訳出版された。しかし，その後絶版となり，また基本的な手法は変わりないものの，より高度な計算を可能にするテクニックも導入されて内容の一部が古くなった。そこで旧著の内容を全面的に見直し，新しい事項を含めて書き直したのが本書である。この四半世紀の間に，以前は大型計算機を必要とした数値電界計算が，個人が自由に使えるパーソナルコンピュータ（PC）利用技術へと進化し，またさまざまなプログラム（ソフトウェア）をネットワークから取得できる時代となった。しかしながら，ややもすると複雑なプログラムをいわばブラックボックスとして盲信して使用することが多いのも事実である。

　本書は電界計算のみを対象とし，関連の深い磁界計算は扱わない。また周波数

まえがき

の高い電磁波（電波）の計算も範囲外である。いわば比較的低周波の電界の計算だけを説明している。その理由は書中でも説明しているが，電界分布を高精度で求めるための手法とその応用を説明した本であり，それは磁界や電磁波の計算と異なることである。この点が本書の第一の特徴である。第二の特徴は，先に述べたような情勢を背景に，プログラムの詳細よりも計算法の基礎や疑問点をできるだけていねいに説明していることである。

本書の構成は，第Ⅰ部「各種の数値電界計算法」，第Ⅱ部「各種の場の計算法」，付録からなる。第Ⅰ部では計算法のもとになっているラプラスの式（ならびにポアソンの式）と境界条件から，もっぱら使用されている4種類の数値計算法を基礎的に解説した。4種類の方法とは，領域分割法に属する差分法と有限要素法，境界分割法に属する表面電荷法と電荷重畳法である。さらに，各方法の問題点，長所，短所を述べて比較するとともに，精度の評価方法や，4種類以外の計算法も説明した。さらに最近の新しい発展分野として，曲面形状表面電荷法と高速多重極法をそれぞれ独立した1章として解説した。第Ⅱ部は，第Ⅰ部に解説した計算法で，種々のより複雑な場の電界を計算する方法について説明した。取り上げた場は，複合誘電体，一様電界や既知の電界を含む配置，静電容量計算，静電誘導計算，一般三次元配置，表面導電性や体積導電性を含む配置，空間電荷を含む場合，直流イオン流場，最適形状設計，など多岐にわたる。

先に述べたように，本書は旧著『数値電界計算法』（コロナ社）の新版に相当し，実際に共通する部分も多い。しかし今回旧著の内容を徹底的に見直して相当部分を書き直すとともに，新しい内容を含めた。そのために，旧著に記載していたいくつかの具体的な計算例や電荷重畳法のプログラムなどを割愛することになったが，その代わり計算法について解説した第Ⅰ部の各章には新たに演習問題を作成した。また付録には，本文に含めるにはいくらか詳細な内容やいささか複雑な式を取りまとめた。

本書では，全体を通してなるべく用語や記号を統一するように心がけた。代表的な記号は以下のとおりである。

ϕ；（空間の）電位，V；電極電圧，E または $\boldsymbol{E}$（ベクトル）；電界，q；空間電

荷密度, σ;表面電荷密度, ρ;体積抵抗率, ρ_s;表面抵抗率, ε;媒質の誘電率, ε_0;真空または気体の誘電率, d;ギャップの長さ(電極間距離), C;静電容量, S;境界(面積)。

　また電位,電界を求める空間を領域,領域を囲む周辺を境界,2種類の誘電体の境界を界面と呼ぶことにしている。

　本書の執筆は,5.6節特異点の処理,第9章曲面形状表面電荷法,第10章高速多重極法,を主に濱田が担当し,他の個所と全体の調整は主に宅間が担当した。なお第II部にとりまとめた電界計算の応用は多方面にわたって多数の論文が存在し,重要な内容を記載した文献はできるだけ目を通して言及するように務めたが,不十分と思われる分野もある。たとえば放電シミュレーションなどはレビュー論文しか挙げていない。これらについてお詫びするとともに,今後のために読者からご指摘いただければ幸いである。

　最後に,電界に関するいろいろな問題について始終ご討論,ご指導いただき,旧著の共著者でもある河野照哉先生,ならびに参考文献の共著者としても挙がっている河本正氏,ブンチャイ・テチャアムナート(Boonchai Techaumnat)氏,ほか,電力中央研究所,京都大学の関係者,ならびに本書を出版するにあたりお世話になった東京電機大学出版局植村八潮氏,編集課吉田拓歩氏,京都大学東田紀子氏に心から感謝します。

2006年7月　著者しるす

目　次

第Ⅰ部　各種の数値電界計算法　　1

第1章　電界計算の方法 ……………………………………………………3
- 1.1　解析的方法………………………………………………………………3
- 1.2　影像電荷法………………………………………………………………5
- 1.3　アナログ法（フィールドマッピング）………………………………6
- 1.4　磁界計算法との関係……………………………………………………7

第2章　電界計算の基礎 ……………………………………………………9
- 2.1　ラプラスの式……………………………………………………………9
- 2.2　境界条件…………………………………………………………………11
- 2.3　境界条件と影像電荷……………………………………………………12
- 2.4　時間的変化がある場合…………………………………………………14
- 2.5　数値電界計算法の分類…………………………………………………15

第3章　差　分　法 …………………………………………………………18
- 3.1　計算法のあらまし………………………………………………………18
- 3.2　テイラー級数式からの導出……………………………………………20
- 3.3　分割が等間隔でないときの式…………………………………………21
- 3.4　電位の方程式……………………………………………………………22
- 3.5　境界の処理方法…………………………………………………………23
  - 3.5.1　回転軸上…………………………………………………………23
  - 3.5.2　対称面など $\partial \phi/\partial n$（法線方向微係数）= 0 の境界 ………24
  - 3.5.3　無限遠……………………………………………………………25
  - 3.5.4　電極表面上………………………………………………………27
- 3.6　計算上の問題点…………………………………………………………27
  - 3.6.1　領域分割…………………………………………………………27

目次

　　3.6.2　連立一次方程式の解法 ··· 29

第4章　有限要素法 ·· **31**
4.1　計算法の基礎 ··· 32
4.2　具体的な計算手順 ··· 33
4.3　電位の方程式と電界 ·· 35
4.4　回転対称場の場合 ··· 36
4.5　重みつき残差法 ·· 36
4.6　簡単な例 ··· 37
4.7　精度向上の方法 ── 高次式の利用 ·· 40

第5章　表面電荷法 ·· **43**
5.1　計算法の基本 ··· 44
5.2　平面要素と曲面要素 ·· 45
5.3　二次元場の計算 ·· 46
5.4　回転対称場の計算 ··· 48
5.5　電荷（あるいは電荷密度）の式と電界 ··· 49
5.6　特異点の処理 ··· 51
　　5.6.1　特異点と積分の種類 ·· 51
　　5.6.2　特異積分 ··· 53
　　5.6.3　準特異積分 ·· 54

第6章　電荷重畳法 ·· **57**
6.1　計算法の原理 ··· 57
6.2　仮想電荷の電位，電界 ··· 59
6.3　仮想電荷の方程式と電界 ·· 61
6.4　簡単な例 ··· 63
6.5　計算上の2, 3の問題 ·· 64
　　6.5.1　仮想電荷と輪郭点の配置 ·· 64
　　6.5.2　電位係数について ··· 66
6.6　仮想電荷の種類 ·· 68
　　6.6.1　仮想電荷の条件 ·· 68
　　6.6.2　円板電荷 ··· 69

6.6.3　仮想電荷の一般化 ……………………………………………………… 71

第 7 章　電界計算法の比較と精度 …………………………………………… **74**
　7.1　差分法と有限要素法の比較 ……………………………………………… 74
　7.2　表面電荷法と電荷重畳法の比較 ………………………………………… 77
　7.3　計算法の比較表 …………………………………………………………… 79
　7.4　計算精度の評価 …………………………………………………………… 81
　7.5　領域分割法の計算誤差 …………………………………………………… 83
　7.6　境界分割法の計算誤差 …………………………………………………… 85

第 8 章　その他の方法 ………………………………………………………… **89**
　8.1　モンテカルロ法 …………………………………………………………… 90
　8.2　境界要素法 ………………………………………………………………… 91
　　　8.2.1　境界要素法の基礎 ……………………………………………………… 91
　　　8.2.2　表面電荷法との違い …………………………………………………… 93
　8.3　コンビネーション法 ……………………………………………………… 94
　8.4　FDTD 法と FI 法 …………………………………………………………… 96
　　　8.4.1　FDTD 法 ………………………………………………………………… 96
　　　8.4.2　FI 法 ……………………………………………………………………… 98
　8.5　SPFD 法 …………………………………………………………………… 98

第 9 章　曲面形状表面電荷法 ………………………………………………… **101**
　9.1　曲面形状の表現 …………………………………………………………… 101
　　　9.1.1　ベジエ曲面による曲面の表現 ………………………………………… 101
　　　9.1.2　曲面上の接線ベクトル ………………………………………………… 103
　　　9.1.3　制御点座標の決定方法 ………………………………………………… 105
　9.2　面積分 ……………………………………………………………………… 106
　　　9.2.1　法線ベクトルと面積分 ………………………………………………… 106
　　　9.2.2　面積座標上の面積分 …………………………………………………… 107
　　　9.2.3　Log-L1 変換による準特異積分 ………………………………………… 110
　9.3　電荷密度の表現 …………………………………………………………… 111
　9.4　境界条件の表現方法 ……………………………………………………… 113

目　次

第10章　高速多重極法 … 116
10.1　ツリー法 … 116
10.2　多重極展開と局所展開 … 119
10.3　多重極展開係数の階層的計算 … 121
10.4　距離の判定 … 123
10.5　局所展開係数の階層的計算 … 124
10.6　FMMによる相互作用計算 … 127
10.7　表面電荷法への適用 … 128
　　10.7.1　適用方法 … 128
　　10.7.2　FMM-BEM，FMM-SCMの特徴 … 129
10.8　FMM-SCMの計算例 … 130
　　10.8.1　多体系の計算 … 130
　　10.8.2　人体内誘導電流の計算 … 131

第II部　各種の場の計算法　　133

第11章　複合誘電体の計算 … 135
11.1　差分法による計算 … 135
11.2　有限要素法による計算 … 138
11.3　電荷重畳法による計算 … 140
11.4　表面電荷法による計算 … 144
11.5　誘電率が非常に異なるときの計算 … 146
11.6　計算例 — 三重点効果 … 147

第12章　対称的配置，周期的配置，一様電界，既知電界の計算 … 150
12.1　対称的配置，周期的配置の計算 … 150
　　12.1.1　対称性と境界 … 150
　　12.1.2　周期境界など … 152
12.2　一様電界，既知電界を含む計算 … 155
　　12.2.1　原理 … 155
　　12.2.2　単一誘電体の場合 … 156
　　12.2.3　複合誘電体の場合 … 156
12.3　計算例 … 157

目　次

  12.3.1 一様電界の場合 ·· 157
  12.3.2 既知電界の場合 ·· 158

第13章　静電容量の計算 ··· **160**
 13.1 静電容量の基礎式 ·· 160
 13.2 境界分割法による計算 ··· 162
 13.3 領域分割法による計算 ··· 164
 13.4 複合誘電体における問題点 ··· 166

第14章　静電誘導の計算 ··· **168**
 14.1 接地導体への静電誘導 ··· 168
 14.4 複素仮想電荷法 ··· 173
 14.5 複合誘電体場の浮遊電位計算 ····································· 175
  14.5.1 一般の場合 ·· 175
  14.5.2 一様電界の場合 ·· 177
  14.5.3 計算例 ··· 178

第15章　一般三次元配置の計算 ··· **180**
 15.1 一般三次元配置の計算の問題点 ·································· 180
 15.2 領域分割法による計算 ··· 181
 15.3 電荷重畳法による計算 ··· 184
  15.3.1 各種の仮想電荷 ·· 184
  15.3.2 電荷密度の変化するリング電荷 ··· 186
  15.3.3 円弧電荷 ·· 187
 15.4 表面電荷法による計算 ··· 189
 15.5 三角形表面電荷法 ·· 191
 15.6 計算例 ··· 194

第16章　導電率を含む計算 ·· **195**
 16.1 計算の基礎 ·· 196
 16.2 差分法による計算 ·· 197
 16.3 有限要素法による計算 ··· 198
 16.4 電荷重畳法による体積抵抗を含む計算 ························ 200

16.5　電荷重畳法による表面抵抗を含む計算 …………………………… 204
16.6　抵抗値が電界に依存する場合 ………………………………………… 207
16.7　浮遊電位の計算 ………………………………………………………… 208
　　16.7.1　計算の原理 ………………………………………………… 208
　　16.7.2　計算例 ……………………………………………………… 210
16.8　数値計算との比較に用いられる配置 ……………………………… 212

第17章　空間電荷がある場合の計算 …………………………………… **214**
17.1　空間電荷を含む計算の問題点 ………………………………………… 214
17.2　領域分割法による計算 ………………………………………………… 216
17.3　電荷重畳法による計算 ………………………………………………… 219
17.4　表面電荷が存在するときの計算 ……………………………………… 222

第18章　直流イオン流場の計算 ………………………………………… **225**
18.1　イオン流場の基本式 …………………………………………………… 226
18.2　イオンの存在が電界に影響しないとする計算 ……………………… 227
18.3　イオンの存在が電界の方向に影響しないとする計算 ……………… 229
　　18.3.1　基本式 ……………………………………………………… 229
　　18.3.2　計算の仮定 ………………………………………………… 231
　　18.3.3　Deutschの仮定 …………………………………………… 232
18.4　領域分割法による計算―単極性イオン流場 ………………………… 233
18.5　両極性イオン流場の計算 ……………………………………………… 235
18.6　計算の安定化 …………………………………………………………… 237
　　18.6.1　上流有限要素法 …………………………………………… 237
　　18.6.2　電流連続の積分式の使用 ………………………………… 239
18.7　計算例 …………………………………………………………………… 241

第19章　最適形状の設計法 ……………………………………………… **243**
19.1　電界計算におけるCAE, CAD ………………………………………… 244
　　19.1.1　CAE, CADの定義と構成 ………………………………… 244
　　19.1.2　電界解析のCAE …………………………………………… 245
19.2　最適設計法の基本 ……………………………………………………… 246
　　19.2.1　最適設計 …………………………………………………… 246

	19.2.2	最適条件	246
	19.2.3	電極（導体）形状の最適化	247
	19.2.4	絶縁物（固体誘電体）形状の最適化	249
19.3	解析的方法による最適形状設計		251
19.4	数値的方法による最適形状設計		252
	19.4.1	計算のプロセス	252
	19.4.2	電極形状の修正方法	253
	19.4.3	絶縁物形状の修正方法	254
19.5	計算例と今後の課題		255
	19.5.1	電界最適計算の経緯	255
	19.5.2	計算例	256
	19.5.3	今後の課題	257

付録 259

- 付録1　仮想電荷の電位，電界の式 259
- 付録2　最小二乗法を用いる電荷重畳法 261
- 付録3　第2種完全だ円積分 $E(k)$ の算術幾何平均法による計算 262
- 付録4　面積座標 262
- 付録5　(9・7)式の k の導出 264
- 付録6　電荷密度 $\lambda_k \cos k\phi$ による電界 266

演習問題解答 267
参考文献 273
索引 280

第 I 部

各種の数値電界計算法

第1章
電界計算の方法

　数値電界計算法を説明する前に，二，三触れておいたほうがよいと思われる点がある。まず，数値電界計算法以外の（古典的な）計算法や，電流界との相似性を利用して電界を求めるアナログ法である。また，電界と密接に関係し，類似の式の多い磁界の計算法と比べて，電界計算はどう違うかという点である。本章ではこれらの点を簡単に説明する。

1.1 解析的方法

　電磁気学の教科書の多くは，最初が電界，続いて電流界，次に磁界，さらに電界と磁界の両方が関係する電磁誘導に移り，最後に電磁波，電波の順に説明している。教科書の前半部分に説明される静電界の計算法は，総括すればラプラスの式を適当な境界条件のもとで解くことであるが，簡単に解けるのは一次元，すなわち変数が1個の場合に限られる。そのため，計算機のない昔から影像電荷法，等角写像法，座標変換法，などさまざまな方法が工夫されてきた。これらをまとめて解析的方法と呼ぶことにするが，その特徴は電位や電界の分布が直接（陽に）式で与えられることである。なお解析的方法のうち影像電荷法は数値的方法にもしばしば利用されて重要なので次節に説明する。

（1）**等角写像法**

　等角写像法の原理は，平等電界や円筒電界など既知の（簡単な）電界分布の等

電位面と電気力線とを適当な複素関数で写像すると，写像された配置も等電位面と電気力線の関係を保つということである。この関数は初等関数はもちろん，だ円関数のような高等関数でもよい。また何回でも繰り返し写像が行えるので，かなり複雑な形状の電極についても電界が求められることがある。

しかし等角写像法は複素平面上の複素関数を使用することから分かるように，二次元配置にしか適用できない。一般三次元はもちろん，回転対称配置についても，等角写像するような関数は見出されていない。ただし，回転対称の配置を二次元電界で近似することはしばしば行われてきた。たとえば，長年放電や高電圧の分野で平等電界（一様電界）用電極として用いられてきたロゴウスキー電極は，等角写像法で与えられた形状である。無限に広い二次元形状は実際には使用できないので，断面を適当な半径で回転した形状が使用されたが，回転対称にすると二次元の場合より電界の一様性が悪くなるので注意が必要である。

また，等角写像法は与えられた電極形状に対して，それを平等電界や円筒電界に写像する関数を見出すことができない。これが一般的に可能なのは多角形の電極だけである（「Schwartz-Christoffel 変換」と呼ばれる方法）。したがって，等角写像法の利用は，すでに先人の行った計算例から役に立ちそうなものを探してくることになるが，一般的な複雑な形状にはもちろん使えない。

(2) 変数分離法（座標変換法）

与えられた電極形状が座標変換によって1変数だけで表される場合，しばしばこの方法が有効である。極座標(球座標)，円筒座標はとくに有用で，ほとんどの電磁気学の教科書にラプラスの式とベクトル演算の式が記載されている。そもそもラプラスの式自体が最初は最も簡単な (x, y, z) のデカルト座標ではなく極座標で与えられたのである。他に，だ円(体)座標，放物面座標，円環座標など各種の座標系があり，回転だ円体，回転放物面，回転双曲面などの回転対称な電極の電界を表すことができる。実際の電極形状をこのような座標系に合う形状で近似して，電界分布や静電容量あるいはそのパラメータ依存性を調べるために用いることも多い。

双球面座標を用いると，球対球あるいは球対平面配置の電界を求めることがで

きる。この配置の電界を影像電荷法で求めるときは点電荷を無限個使用するのに対して，双球面座標の式はルジャンドル関数の無限級数になる。しかし，実際の球電極にはかならず支える導体（支持棒）が存在するので，球だけの配置は近似である。表面電界があまり高くならないように支持棒をある程度太くしなければいけないが，このような支持棒の存在が今度は球表面の電界に影響する。支持棒を含めると，電界は数値的方法でないと計算できない。

(3) 解析的方法の意味

電磁気学の教科書に説明されているように，古典的な電界計算には多彩な数学的手法が応用されてきた。しかしこれらの方法が使えるのは，ごく簡単な配置と条件（媒質の一様な特性など）の場合か，特殊なケースに限られる。現実の複雑な導体と誘電体（絶縁物）あるいは抵抗体などが存在する配置の電界は数値的方法でなければ求まらない。それどころか現在ではたとえ解析解があっても，複雑な関数の無限級数で表されるような場合は，むしろ数値計算によってはるかに容易に精密な解が得られる。

しかし，解析的方法はパラメータの影響を理解するために役立つほか，いわゆる厳密解として，同じ配置を数値的方法で計算して精度や近似の程度を評価するのに用いられる。また電荷重畳法の「仮想電荷」の電位や電界の式など，いろいろな数値的方法の手法に活かされている。中でも重要なのは次節に述べる影像電荷法である。影像電荷によって平面，球，円筒形状の導体を表すのはいろいろな数値電界計算で頻繁に使用されるテクニックである。

1.2 影像電荷法

影像法や鏡像法ということもある。電極表面に分布して存在する電荷（あるいは複合誘電体の場合の分極電荷）を内部の孤立した電荷や電荷群の作用で代用する方法である。この電荷を影像（電荷），鏡像，イメージなどと呼ぶ。多くの場合少数個の電荷が用いられるが，二つの境界条件を繰り返し満足させるために無限個の影像電荷を使用することもある。

電磁気学の教科書に出てくる影像電荷の適用は簡単な配置に限られ，一般的な問題を解くことはできない。内部に多数個の電荷（仮想電荷と呼ぶ）を配置する電荷重畳法は原理的に影像電荷法に似ているが，もっと一般的な配置を計算できる。しかし，数値電界計算法のなかでも電荷重畳法や表面電荷法のように電荷を未知数とする方法では，大地（無限接地平面）や球導体の存在を影像電荷で与える（表す）のが普通で，このとき影像電荷法を使用することになる。これについては，2.3節で説明する。

1.3 アナログ法（フィールドマッピング）

アナログ法は静電界と電流界との相似性をベースにして，電流界の電位測定から電界を求める方法である。すなわち，静電界では電位 ϕ の式は，2.1節で説明するように，

$$div(\varepsilon\, grad\, \phi) = 0 \tag{1・1}$$

である（ε は誘電率）。一方オームの法則が成立する場合，直流定常電流界の電位はこの式の誘電率を導電率で置き換えた式になる。そこで導電紙（カーボン紙）や電解液の直流電流界の電位を測定すれば，同じ配置で対応する誘電率の静電界の電位分布になる。デカルト座標 (x, y) の二次元場では，導電界以外の空間は導電率が 0 であるため，この空間に存在するプローブは電界を乱さない。これが静電界を直接プローブで測定する方法と比べたアナログ法の利点である。多くの場合媒質の誘電率は一定であるが，異なる媒質では導電紙の導電率か電解液の深さを誘電率に比例させて変える。

一方 (r, z) の回転対称場では，静電界の $(1・1)$ 式は

$$\frac{\partial}{\partial r}\left(\varepsilon r \frac{\partial \phi}{\partial r}\right) + \frac{\partial}{\partial z}\left(\varepsilon r \frac{\partial \phi}{\partial z}\right) = 0 \tag{1・2}$$

なので，導電率あるいは電解液の深さを中心軸からの距離 r と誘電率に比例させて変える。

このようなアナログ法は，数値電界計算法が発達する前には電力機器の絶縁設

計などに盛んに利用された。しかし，電界を電位分布から求めるので高い精度が得られないという弱点がある。さらに，簡便な導電紙法は本質的に (x, y) の二次元配置にしか適用できず，回転対称配置は電解液槽法が使用されるが，精度を上げるためには大きな装置が必要になって多大な手間を要する。現在は数値的方法によってアナログ法よりもはるかに簡単に，また複雑な一般三次元配置まで電界が計算できるようになり，アナログ法は使用されなくなった。

1.4 磁界計算法との関係

　磁界問題は電界問題とともに電磁気学を構成する二つの大きなテーマである。両者が共存する電磁波あるいは電波の分野は別としても，電界と磁界には多くの共通する関係式がある。また磁界を利用する機器が多数存在して磁界計算の必要性は電界計算に劣らないかそれ以上といえる。

　低周波領域の電界と磁界の計算を比べると，多くの場合磁界計算のほうが複雑であるが，電界計算はより高い精度が必要なことが基本的な相違点である。磁界計算の複雑さは，電界では未知関数がスカラポテンシャルであるのに対し，磁界は多くの場合ベクトルポテンシャルであることと，鉄のような磁束密度と磁界の関係が非線形なうえにヒステリシスを有する材料が重要であることによる。しかし磁界では平均的な値の必要な場合が多いのに対し，電界は放電や絶縁のように最大値が支配的な現象のために高い計算精度が要求される。そのために，電荷重畳法のような電界計算だけに用いられる精度の高い方法が発展してきた。

　数値計算方法はもちろん電界，磁界に共通するものもあり，また磁界計算についてはすでに多くの数値計算の解説書が出版されている。しかし磁界特有の留意事項もあり，精度を重視する電界計算とは相違点も多い。そのため本書では電界計算のまとまった解説とするために磁界計算には基本的に触れないことにした。

第1章 演習問題

1. フィールドマッピングは，静電界を直流電流の場（電流界）の測定から求める方法であるが，静電界の場に直接プローブを持ち込んでも簡単には電界が求められない理由を説明しなさい。
2. 電界計算（低周波の場合）を磁界計算と比べたときの特徴を述べなさい。

第2章

電界計算の基礎

電界を計算するには,まずそのもとになる方程式や計算条件を知らなければいけない。電界と磁界の振舞いはすべてマクスウェルの式で表されるが,本章ではまずマクスウェルの式から静電界の式を導き,それに伴っていろいろな条件(場の特性)を説明する。さらに計算に必要な,あるいは計算で用いられる2種類の境界条件を説明する。また本書で主に取り扱う,静的な場である静電界の適用範囲,すなわち作用源(電源)が時間とともに変化するときの適用条件を述べる。最後に数値的な電界計算法の大まかな分類を説明するが,計算法のより詳細な比較は第7章で述べる。

2.1 ラプラスの式

電磁界の状態はすべてマクスウェルの式で与えられるが,その様相は高周波と低周波で相当に相違する。電界と磁界が一定の比率で共存しつつ空間を伝播するいわゆる電磁波あるいは電波の特性は,低周波ではほとんど現れず,電界と磁界を分離して扱ってよい。

電磁界の基本式,いわゆるマクスウェルの式は4個あるが,静電界計算に必要なのは,電界 E と電束密度 D に関する次の2式である。

$$rot\,\boldsymbol{E} = -\frac{\partial \boldsymbol{B}}{\partial t} \tag{2・1}$$

第2章　電界計算の基礎

$$\text{div } \boldsymbol{D} = q \tag{2・2}$$

これらの式中の変数は自明であるが，$\boldsymbol{B}$ は磁束密度，q は空間の電荷密度である。磁界が存在しない場合，あるいは存在しても時間的に変化しない場合には (2・1) 式の右辺が 0 である。すなわち，

$$\text{rot } \boldsymbol{E} = 0 \tag{2・3}$$

となるが，回転が 0 のベクトルはスカラポテンシャルを有する（スカラポテンシャルで表される）というベクトル界の法則から，

$$\boldsymbol{E} = -\text{grad } \phi \tag{2・4}$$

となる。このスカラポテンシャル ϕ が電界計算における電位である。(2・2) 式と (2・4) 式を結び付けるには，さらに構成方程式と呼ばれる $\boldsymbol{E}$ と $\boldsymbol{D}$ の関係式が必要である。ほとんどの場合，両者は誘電率 ε を一定とした次の比例関係である。

$$\boldsymbol{D} = \varepsilon \boldsymbol{E} \tag{2・5}$$

これらによって，電位を与える式は次の基本式になる。

$$\text{div}(\varepsilon \text{ grad } \phi) = -q \tag{2・6}$$

さらに，空間電荷が存在せず（電荷密度 $q=0$），誘電率 ε が一定であれば次のラプラスの式になる。

$$\text{div}(\text{grad } \phi) = 0 \tag{2・7}$$

このベクトル演算の式を具体的に基本的な座標系での式で与えると，

(x, y) の二次元デカルト座標；
$$\frac{\partial^2 \phi}{\partial x^2} + \frac{\partial^2 \phi}{\partial y^2} = 0 \tag{2・8}$$

(x, y, z) の三次元デカルト座標；
$$\frac{\partial^2 \phi}{\partial x^2} + \frac{\partial^2 \phi}{\partial y^2} + \frac{\partial^2 \phi}{\partial z^2} = 0 \tag{2・9}$$

(r, z) の円筒座標 (回転対称)；
$$\frac{\partial^2 \phi}{\partial r^2} + \frac{1}{r}\frac{\partial \phi}{\partial r} + \frac{\partial^2 \phi}{\partial z^2} = 0 \tag{2・10}$$

　ラプラスの式は多くの静電界問題の基本式であるが，多種多様な配置の電界がすべてこの簡単な式で表されるのは驚くべきことである。またこの簡単な式を解くのに四苦八苦するのが電界計算である。さらに，熱伝導などの物理現象でも同じラプラスの式が現れる。

2.2 境界条件

　静電界計算のもっとも基本的な問題は，電極（導体）に定まった（既知の）電圧が印加されたとき，電極内部以外の空間の電界を求めることである。電極表面を「境界」，電極以外の空間を「領域」と呼ぶことにする。とりあえず，2種類の誘電体の境界（界面）は別とする。問題は領域中でラプラスの式

$$div(grad\ \phi) = 0 \qquad (2\cdot 7)$$

を満足し，境界 S 上で与えられた値（電極電圧）をとる，すなわち

$$\phi = V \qquad (2\cdot 11)$$

となるような関数 ϕ を求める境界値問題である。電極が複数個あるとき（接地状態の大地を含む）は，V はもちろん対応していくつかの値をとる。

　誘電体界面を考えないとき，境界条件には次の2種類がある。

（a）　境界上で ϕ が一定（ディリクレ境界条件）　　たとえば，i 番目の電極（表面）で

$$\phi = V_i \qquad (2\cdot 12)$$

（b）　境界上で ϕ の法線方向微係数 $\partial\phi/\partial n$，すなわち法線方向電界 E_n が一定（ノイマン境界条件）　　多くの場合，

$$E_n = 0 \qquad (2\cdot 13)$$

が用いられる。

　普通の配置では境界条件は(a)だけが現れ，(b)は計算する領域をなるべく狭くするために人工的に設定する境界条件と考えてもよい。たとえば図2・1(a)のように2個の同じ電極が上下対称に配置されていて，それぞれの電位が V と $-V$ の場合は，両者の中間の水平面は $\phi = 0$ のディリクレ境界条件になる。一方，(b)のように両電極が同じ電位なら $E_n = 0$ の境界条件になる。また図2・1の(a)，(b)とも回転対称の配置なら $r = 0$ の軸上（z 軸上），二次元の配置なら中間の $x = 0$（y 軸上）で $E_n = 0$ の境界条件となる。要するに左右の電界分布がまったく同じ（対称）なら，軸上の電界は軸と直角な方向の成分を持たない。結局(a)，(b)の配置とも，回転対称ではもちろん，二次元でも左右対称であれば，

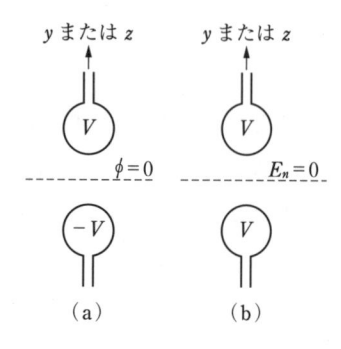

図2.1　上下対称な配置

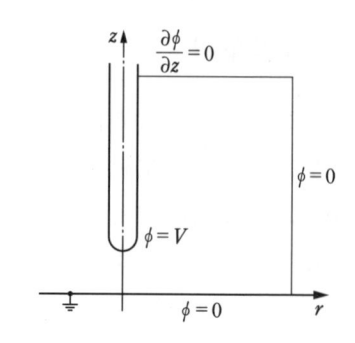

図2.2　無限遠を含む配置の人工境界

全体の1/4の領域だけを対象とすればよい。

さらに，大気中の放電ギャップなどは通常無限遠まで広がった領域が対象になる。このような配置の電界を計算するには，領域を分割する数値計算法では，遠方領域の分割を粗くするとしてもどこかで領域を限らなければいけない。すなわちどこかに人工的な境界を設定する必要がある。

このとき「人工境界」（あるいは「仮想境界」ともいう）として，中心領域から適当に離れた個所に，$\phi=0$ あるいは $\partial\phi/\partial n=0$ の境界を設ける。図2・2は半球棒対接地平面の配置において，このような人工境界で領域を限った例である。

なお，無限遠の境界条件の設定については，3.5.3項でも説明する。

2.3　境界条件と影像電荷

電荷重畳法や表面電荷法のように電荷を未知数とする方法では，大地（無限接地平面）の存在を影像電荷で与えるのが普通である。大地に対する影像電荷は，図2・3(a)に示すように，二次元場でも三次元場でも大地面から下の同じ位置（影像の位置）に同じ種類で等量反対符号の電荷を置けばよい。一方大地でなく，$\partial\phi/\partial n=0$ の平面があるときは，同じ（影像の）位置に等量同符号の電荷を置く。これによって対称の平面が与えられる。

また接地された球や円筒の内部の電界は，たとえば電荷重畳法ではそれぞれの

外部に仮想電荷を配置して表現してもよいが，影像電荷を用いると電荷の位置と量が自動的に与えられるので，（未知の）電荷数が半分で済むし，外部電荷の位置を選択しなくてよい．影像電荷の位置は，図 2・3(b) のように中心から $D(=R^2/d)$ の距離で，電荷量 Q' は，

球の場合：$Q' = -(D/R)Q$

円筒の場合（単位長さ当たりの電荷密度）：$Q' = -Q$

である．

しかし境界面が 2 個あって繰り返して置くために影像電荷が無限個必要なときは，もはや影像電荷に頼らないほうがよいことが多い．たとえば図 2・4 の配置を電荷重畳法で計算する場合，影像電荷は下側平面に対してのみ与え，上側（接地）平面については通常の仮想電荷で与えるほうがプログラムの変更も不要で

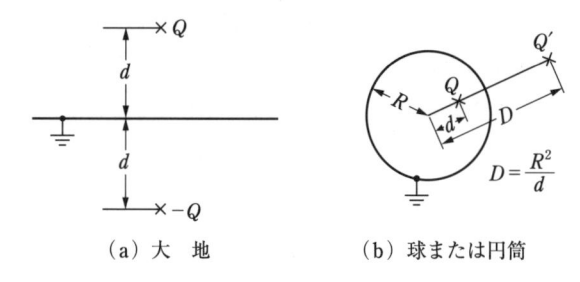

(a) 大　地　　　(b) 球または円筒

図 2.3　影像電荷の例

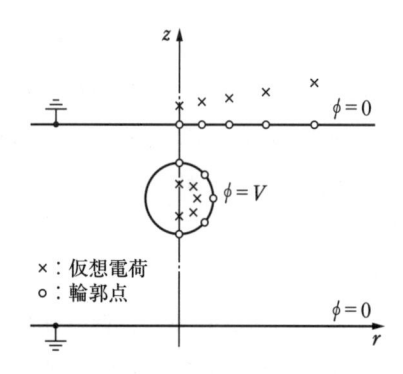

×：仮想電荷
○：輪郭点

図 2.4　2 枚の接地平板間の高電位球
　　　（電界重畳法による計算）

容易に計算できる。つまり空間の電界は球内と上側平面内部に配置した仮想電荷（とそれぞれの下側平面に対する影像電荷）によって与えられる。

2.4 時間的変化がある場合

　与えられた境界条件，具体的には決まった電圧が印加された電極系に対して電界分布が求まったとして，この電圧が時間とともに変化するときの電界分布がどうなるかということである。

　電界が時間とともに変化しない状態は一般に静電界と呼ばれる。本書で述べる電界計算のほとんどは静電界計算であるから，直流の電界にしか適用できないように思われるがそうではない。実際には印加電圧が商用周波数の交流でも，もっと変化の早いインパルスでも，多くの場合，各所の電界は単に印加電圧の瞬時値に「比例して」変化するだけで電界分布は同じなのである。すなわち誘電体が導電性を有しない（完全な絶縁物の）場合，印加電圧の時間的変化が電磁波の進行時間に匹敵（対応）するほど速くない限り，電界の状態は定常的な（直流の）印加電圧における分布のままで，単に大きさが比例的に変わるだけである。しかし，次のような場合は注意しなければいけない。

（1）時間的変化が異なる複数の印加電圧がある場合

　基本的にはどのような時間でも，それぞれの印加電圧の瞬時値が印加された（直流の）条件で計算した電界分布でよい。しかし実用的に重要なケースとして三相交流電圧がある。この場合も瞬時瞬時の電界分布は各（三相の）印加電圧の瞬時値に対してそれぞれの電界を加算して求められるが，複素数表示によって交流定常状態の電界分布を一度に表すことができる。これについては14.4節で説明する。

（2）誘電体が導電性を有する場合

　この場合は比較的ゆっくりした時間的変化や，低い周波数の印加電圧でも問題である。導電性のために電流が流れるがこの移動した真電荷が電界に影響する。真電荷の移動に時間を要するために一般に印加電圧に比例した電界分布にならな

い。これは抵抗 R とコンデンサ C からなる並列回路が，交流電圧に対して周波数に依存したインピーダンスになることと同じである。このとき直列に存在する2種類の媒質（たとえば導電性のある固体誘電体と空気）の特性が異なると，両媒質の兼ね合いで分担電圧や電界が変化する。つまり，コンデンサだけからなるインピーダンスの場合と異なって，固体誘電体にかかる電圧は印加電圧の瞬時値に比例しない。この場合の計算は第 16 章に述べる。

（3）空間電荷のある場合

　空間電荷が存在しても瞬時の電界は空間電荷を含めて計算できる。ただし，空間電荷は通常電界の作用で移動するので，電界の時間的変化の計算には移動を考慮することが必要になる。大気中のイオン流の場合には，印加電圧の変化がイオンの電極間移動時間よりずっとゆるやかでないと定常状態の計算はできない。また，大気中イオン流を表す式が非線形であるために，印加電圧に比例した電界にもならない。これらの空間電荷やイオン流が存在するときの電界計算はそれぞれ第 17 章，18 章で説明する。

（4）時間的変化が速い場合

　非常に速い過渡現象や周波数の非常に高い交流の場合には，静電界という取扱いはできない。前者はいわゆる進行波現象として，波源から時間とともに移動する電界となり，各所の電界は到達時刻によって相違する。また後者は，波源の遠方では電界と磁界が一定の大きさで双方に直交する方向に空間を進行する電磁波あるいは電波となり，電界だけの独立した（あるいは磁界と分離した）場ではない。本書はこれらの電界計算については述べない。

2.5　数値電界計算法の分類

　2.1 節に述べたように，電界計算の基本は，適当な境界条件のもとでラプラスの式を満足する電位 ϕ を求めることである。電位，電界は（境界を除いて）場所とともに連続的に変化するのが普通であるから，どんな狭い領域でも無限の関数値があることになる。このような連続的に変わる量を，「離散化（飛び飛びの

値をとること),あるいは有限化」して,計算機で求めるのが数値計算である。

電界分布を有限の個数(の電位あるいは電界)で表すには,領域を分割するか,境界を分割するかの2通りしかない。1980年発行の旧著『数値電界計算法』[※1]において,著者らはいろいろな数値電界計算法をまず「領域分割法」[※2]と「境界分割法」に大別することを提案している。それは有限化する量(変数),対象とする場の方程式,電界の求め方,精度,などが,領域分割法と境界分割法とで基本的に相違するからである。

これまでもっぱら使用されてきた主な数値電界計算法は4種類あり,すなわち差分法,有限要素法,表面電荷法,電荷重畳法(代用電荷法といわれることもある)である。領域分割法は,領域を有限個に分割し分割点の電位を未知数とする方法で,差分法と有限要素法がこれに属する。一方,境界分割法は境界と境界上に存在する電荷(あるいはその作用)を分割して電界を求める方法で,表面電荷法と電荷重畳法がこれに属する。ただし,どちらの方法でも,境界,すなわち電極表面の電位あるいは電荷分布が定まると領域の電界分布は一意的に定まってしまうこと,すなわち「与えられた境界条件とラプラスの式を満足する解はただ一つの正しい電界分布である」という静電界の一意性の定理がもとになっている。

これらの計算法の相互比較は,各方法を説明した後第7章で行うが,計算法の大分類として領域分割法と境界分割法を常に認識しておいていただきたい。

なお,数値計算法がこれらの4種類だけかといえば決してそうではない。たとえば,モンテカルロ法や境界要素法,さらにより高周波の電磁波(電波)にもっぱら用いられる計算法がある。なかでも境界要素法は表面電荷法と似ているが,より一般的な(したがってより柔軟性のある)方法である。これらについては第8章で解説する。

[※1] 河野照哉,宅間董共著『数値電界計算法』,コロナ社,昭和55年
[※2] ごく最近になって「領域分割法」という名称が異なる意味でも使用されている。この方法(domain decomposition method)は,解析対象が非常に大きい場合に,全体をいくつかの小領域に分割して,各小領域の問題を別々に(並列処理などで)解き,これらを統合化して全体の解を得るという方法である[2.1]。

第 2 章 演習問題

1. 雷雲の下では地表面付近の電界が 30 kV/m にもなることがある。このとき，大地に立っている身長 1.8 m の人が水道の蛇口（接地状態）に触れても感電する（ビリッとくる）ことはない。その理由を説明しなさい。
2. 簡単のため，二次元配置（x, y 座標）を対象にする。電位 ϕ が，
$$\phi = ax^2 + by^2 + cxy + dx + ey + f \quad (a, b, c, d, e, f \text{は定数})$$
であると，$a = -b$ のときこの式はラプラスの式を満たす。したがって，二次元配置の電位はすべてこの式で表される。この主張は正しいか，正しくないかを述べ，正しくないと思う場合は理由を説明しなさい。
3. 半径 R_1, R_2 ($R_1 < R_2$) の同心球の配置で，外側球が接地されていて内側（中心）球の電圧が V のときの電位と電界の式を求めなさい。
4. 前問題で，最大電界と利用率（平均電界/最大電界）の式を求めなさい。また $R_1 = 1$ cm, $R_2 = 2$ cm, $V = 1$ kV のときの最大電界と利用率の値を求めなさい。

第3章
差 分 法

差分法（finite difference method）は電界計算に限らず微分方程式を数値的に解く基本的な方法である．英語の finite difference（有限差分）とは微分の式に現れる無限微小量 dx, dy, $d\phi$ などを代用する有限の差（差分）Δx, Δy, $\Delta \phi$ などを意味する．差が有限の大きさであれば，量を表す個数も有限になり，その結果計算機で扱えるわけである．

差分法は他の方法に比べてもっとも古くから用いられており，19世紀末のボルツマンの提案がその最初とされている[3.1]．電界計算にも他の数値的方法に先がけて適用されたが，現在でもなお複雑大規模な配置の電界計算に使用されている．差分法の計算テクニックには数多くのバリエーションがあり，特に開発初期にいろいろな検討や提案が行われた．しかし本章は，それらの詳細を紹介するのではなく，計算法の基礎と計算上の問題点の解説を中心とする．

3.1 計算法のあらまし

差分法の基本は領域を格子で分割し，ラプラスの式を差分の式に置き換えて，格子点の電位を未知数とする方程式を作ることである．格子による分割は通常各座標軸に平行な線上で行う．

（1）二次元場の場合

図3・1のような二次元座標(x, y)での未知関数ϕに対して，

3.1 計算法のあらまし

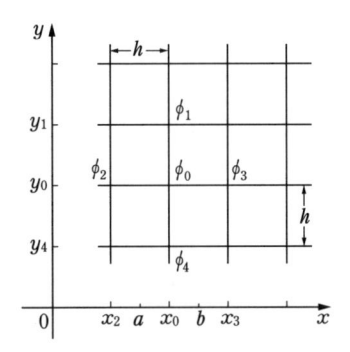

図 3.1 差分法の領域分割（二次元場）

$$\frac{\partial \phi}{\partial x} = \frac{\Delta \phi}{\Delta x} = \frac{\phi_0 - \phi_2}{x_0 - x_2}, \quad \frac{\partial \phi}{\partial y} = \frac{\Delta \phi}{\Delta y} = \frac{\phi_0 - \phi_4}{y_0 - y_4} \tag{3・1}$$

のように，近似する。ϕ_0 は点 (x_0, y_0) の電位，ϕ_2, ϕ_4 はそれぞれ点 (x_2, y_0), (x_0, y_4) の電位である。点 (x_0, y_0) 近傍の差分には次のような近似の可能性がある。格子間隔 Δx が一定の場合，

$$\frac{\Delta \phi}{\Delta x} = \frac{\phi_0 - \phi_2}{\Delta x}, \; \frac{\phi_3 - \phi_0}{\Delta x}, \; \frac{\phi_3 - \phi_2}{2\Delta x} \tag{3・2}$$

しかし 2 階の微分に現れる 1 階微分については中間の値を取るのが妥当である。すなわち，

$$\frac{\partial^2 \phi}{\partial x^2} = \frac{1}{\Delta x}\left\{\left(\frac{\Delta \phi}{\Delta x}\right)_{x=b} - \left(\frac{\Delta \phi}{\Delta x}\right)_{x=a}\right\} = \frac{1}{\Delta x}\left(\frac{\phi_3 - \phi_0}{\Delta x} - \frac{\phi_0 - \phi_2}{\Delta x}\right)$$

$$= \frac{1}{(\Delta x)^2}(\phi_2 + \phi_3 - 2\phi_0) \tag{3・3}$$

ここで，a, b はそれぞれ ϕ_0 と ϕ_2，ϕ_3 と ϕ_0 の中間の点の x 座標である。同様にして，

$$\frac{\partial^2 \phi}{\partial y^2} = \frac{1}{(\Delta y)^2}(\phi_1 + \phi_4 - 2\phi_0) \tag{3・4}$$

図のように格子間隔が一定（$\Delta x = \Delta y = h$）であれば二次元場のラプラスの式から，

$$\phi_1 + \phi_2 + \phi_3 + \phi_4 - 4\phi_0 = 0 \tag{3・5}$$

となる。これが基本の差分式であるが，どの点も平等であれば（重みがなけれ

ば) 中央の点の電位 ϕ_0 は周囲 4 点の電位の (単純な) 平均になると期待できる。

(2) 回転対称場の場合

(r, z) 座標の回転対称場では，ラプラスの式は(2・10)式であるが次のように r の 1 階微分を含んでいる。

$$\frac{\partial^2 \phi}{\partial r^2}+\frac{1}{r}\frac{\partial \phi}{\partial r}+\frac{\partial^2 \phi}{\partial z^2}=0 \tag{3・6}$$

そのために，この 1 階微分の項を 3.1 節に述べたような次の差分式で近似する。

$$\frac{1}{r_0}\left(\frac{\partial \phi}{\partial r}\right)_{r=r_0, y=y_0}=\frac{\phi_3-\phi_2}{2hr_0} \tag{3・7}$$

差分式は結局,

$$\phi_1+\phi_2+\phi_3+\phi_4+\frac{h}{2r_0}(\phi_3-\phi_2)-4\phi_0=0 \tag{3・8}$$

となる。このように回転対称場は二次元場に比べて微小量 h のかかった項が付け加わるのが特徴で，そのため計算に当たって後に述べるようないくつかの余計な処理が必要である。

3.2 テイラー級数式からの導出

(x, y) 座標の二次元場において点 (x_0, y_0) の近傍の点の電位 ϕ をテイラー級数で表すと,

$$\begin{aligned}\phi(x, y)=\phi_0&+\left\{(x-x_0)\left(\frac{\partial \phi}{\partial x}\right)_0+(y-y_0)\left(\frac{\partial \phi}{\partial y}\right)_0\right\}\\&+\frac{1}{2}\left\{(x-x_0)^2\left(\frac{\partial^2 \phi}{\partial x^2}\right)_0+2(x-x_0)(y-y_0)\left(\frac{\partial^2 \phi}{\partial x \partial y}\right)_0+(y-y_0)^2\left(\frac{\partial^2 \phi}{\partial y^2}\right)_0\right\}+\cdots\end{aligned} \tag{3・9}$$

ここで添字 0 は座標 (x_0, y_0) における値を意味する。

図 3・1 のように領域を間隔 h の等間隔格子で分割して，0 点の周りの 4 点の電位 $\phi_1, \phi_2, \phi_3, \phi_4$ を二次までの項で表すと，(3・9)式から

$$\phi_1 = \phi_0 + h\left(\frac{\partial \phi}{\partial y}\right)_0 + \frac{1}{2}h^2\left(\frac{\partial^2 \phi}{\partial y^2}\right)_0 \tag{3・10}$$

$$\phi_2 = \phi_0 - h\left(\frac{\partial \phi}{\partial x}\right)_0 + \frac{1}{2}h^2\left(\frac{\partial^2 \phi}{\partial x^2}\right)_0 \tag{3・11}$$

$$\phi_3 = \phi_0 + h\left(\frac{\partial \phi}{\partial x}\right)_0 + \frac{1}{2}h^2\left(\frac{\partial^2 \phi}{\partial x^2}\right)_0 \tag{3・12}$$

$$\phi_4 = \phi_0 - h\left(\frac{\partial \phi}{\partial y}\right)_0 + \frac{1}{2}h^2\left(\frac{\partial^2 \phi}{\partial y^2}\right)_0 \tag{3・13}$$

これらの式を辺々相加えると，

$$\phi_1 + \phi_2 + \phi_3 + \phi_4 = 4\phi_0 + h^2\left\{\left(\frac{\partial^2 \phi}{\partial x^2}\right)_0 + \left(\frac{\partial^2 \phi}{\partial y^2}\right)_0\right\} \tag{3・14}$$

この式は，二次元場のラプラスの式から，やはり(3・5)式になる。

ここで注意すべきことは，ϕ の差分式がテイラー展開式の一次の項ではなく二次まで取っていることで，格子間隔 h が小さいときは良い近似であることを意味している。

3.3　分割が等間隔でないときの式

図3.2のような回転対称場で，近接格子点との間隔がそれぞれ $h_1 \sim h_4$ のとき

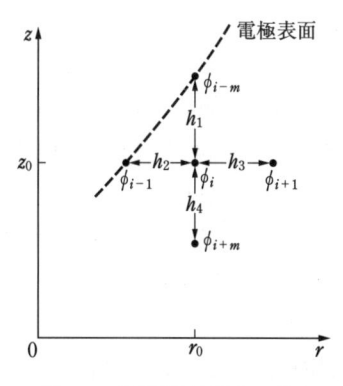

図3.2　格子間隔が異なる場合
　　　（回転対称場）

を例にとる。図3.1 よりも一般的な番号付けとし，i 番目の格子点を中心として，上下左右の格子点（それぞれ $i-m$，$i-1$，$i+1$，$i+m$）の電位を，(3・6)式のテイラー展開式で表して(3・7)式を用いる。すると次のような ϕ_i と近接格子点電位との関係式を導くことができる。

$$P_{i,i}\phi_i + P_{i,i-m}\phi_{i-m} + P_{i,i-1}\phi_{i-1} + P_{i,i+1}\phi_{i+1} + P_{i,i+m}\phi_{i+m} = 0 \quad (3\cdot15)$$

ここで，

$$\left.\begin{aligned}
P_{i,i} &= \frac{2r_0}{h_1 h_4} + \frac{2r_0 + h_2 - h_3}{h_2 h_3} \\
P_{i,i-m} &= -\frac{2r_0}{h_1(h_1+h_4)} \quad , \quad P_{i,i+m} = -\frac{2r_0}{h_4(h_1+h_4)} \\
P_{i,i-1} &= \frac{-2r_0 + h_3}{h_2(h_2+h_3)} \quad , \quad P_{i,i+1} = -\frac{2r_0 + h_2}{h_3(h_2+h_3)}
\end{aligned}\right\} \quad (3\cdot16)$$

計算すべき領域の各格子点に順に番号を付け，その電位を近接格子点の電位で表すと，格子点電位 ϕ_i を未知数とする連立一次方程式が作られる。係数 $P_{i,j}$ は(3・16)式のように格子間隔 $h_1 \sim h_4$ と i 点の r 座標 r_0 とで与えられる定数で，最初の添字は連立方程式の i 番目（i 行目）であることを示し，二つ目の添字は ϕ_j に関する係数（j 列目）であることを示している。回転対称場ではなく (x,y) 座標の場合は係数を r_0 で除した後 r_0 を無限大にした式である。

3.4 電位の方程式

以上で差分法による電界計算の準備ができた。領域全体の格子点についてたとえば回転対称場では(3・8)式あるいは(3・15)式を作り，全体の連立一次方程式を境界条件を用いて解けばよい。すなわち，

$$\begin{pmatrix} P_{11} & P_{12} & \cdots & P_{1n} \\ \cdots & & & \\ P_{n1} & P_{n2} & \cdots & P_{nn} \end{pmatrix} \begin{pmatrix} \phi_1 \\ \vdots \\ \phi_n \end{pmatrix} = \begin{pmatrix} 0 \\ \vdots \\ 0 \end{pmatrix} \quad (3\cdot17)$$

において，境界条件として電極表面と一致する格子点の電位を電極電圧 V_i とすれば解くべき多元連立一次方程式（支配方程式）が得られる。この連立方程式の左

辺の係数は大部分が0で，疎行列あるいはスパースマトリックスなどと呼ばれる。

以上のように差分法の原理はいたって簡単でコーディングも比較的容易であるが，実際に計算する場合は，以下に述べるように境界の処理方法，領域の分割方法，などに種々の問題がある。

3.5 境界の処理方法

次のような境界で特別な考慮が必要である。

3.5.1 回転軸上（図3・3）

回転対称場では常に $r=0$（z軸）が一つの境界になる。これは二次元場と相違する点の一つである。すなわち図3・1の ϕ_2 に相当する点が存在しない，また(3・8)式の右辺で $r_0=0$ であるので差分式を変形しなければならない。このためにはL'Hopitalの定理によって，(3・6)式の第2項が，

$$\lim_{r \to 0} \frac{\left(\frac{\partial \phi}{\partial r}\right)}{r} = \left(\frac{\partial^2 \phi}{\partial r^2}\right)_{r=0} \tag{3・18}$$

となることを用いると，回転軸上では(3・6)式は次式になる。

$$2\frac{\partial^2 \phi}{\partial r^2} + \frac{\partial^2 \phi}{\partial z^2} = 0 \tag{3・19}$$

(3・10)式，(3・12)式，(3・13)式のテイラー展開式で $x \to r, y \to y$ としたとき，一般に回転軸上では電界は常に z 成分だけなので $(\partial \phi/\partial r)_{r=0}=0$ であることと，(3・19)式を用いて偏微分の項を消去すると，等間隔格子では(3・8)式の代わりに，

$$\phi_0 = \frac{1}{6}(\phi_1 + 4\phi_3 + \phi_4) \tag{3・20}$$

となる。また格子間隔の異なる場合は(3・15)式，(3・16)式の代わりに次式を用いなければならない。

$$P_{i,i}\phi_i + P_{i,i-m}\phi_{i-m} + P_{i,i+1}\phi_{i+1} + P_{i,i+m}\phi_{i+m} = 0 \tag{3・21}$$

第3章 差 分 法

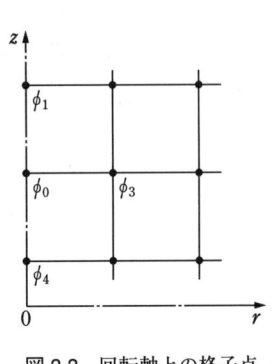

図3.3 回転軸上の格子点

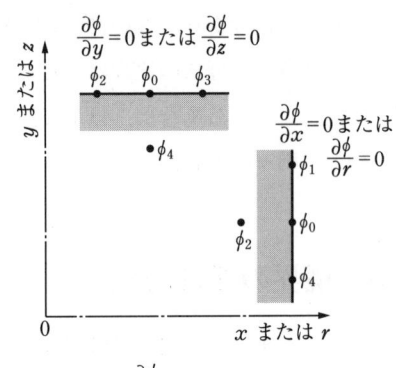

図3.4 $\dfrac{\partial \phi}{\partial n}=0$ の面上の格子点

$$\left.\begin{array}{l} P_{i,i}=\dfrac{1}{h_1 h_4}+\dfrac{2}{h_3{}^2} \quad , \quad P_{i,i-m}=-\dfrac{1}{h_1(h_1+h_4)} \\[2ex] P_{i,i+1}=-\dfrac{2}{h_3{}^2} \quad , \quad P_{i,i+m}=-\dfrac{1}{h_4(h_1+h_4)} \end{array}\right\} \quad (3\cdot 22)$$

3.5.2 対称面など $\partial\phi/\partial n$(法線方向微係数) $= 0$ の境界（図3・4）

電界が接線方向だけの（電気力線が表面に沿っている）境界ではそれぞれ次の式を用いる。

二次元場では(3・5)式の代わりに，

$$\dfrac{\partial \phi}{\partial x}=0 \text{ の面}: \phi_0=\dfrac{\phi_1+2\phi_2+\phi_4}{4} \quad (3\cdot 23)$$

$$\dfrac{\partial \phi}{\partial y}=0 \text{ の面}: \phi_0=\dfrac{\phi_2+\phi_3+2\phi_4}{4} \quad (3\cdot 24)$$

ただし(3・23)式，(3・24)式は，図3・4のようにそれぞれ ϕ_2, ϕ_4 を領域内の格子点の電位とする。

回転対称場では(3・8)式の代わりに，

$$\dfrac{\partial \phi}{\partial r}=0 \text{ の面}: \phi_0=\dfrac{\phi_1+2\phi_2+\phi_4}{4} \quad (3\cdot 25)$$

$$\frac{\partial \phi}{\partial z}=0 \text{ の面}：\phi_0=\frac{1}{4}\left\{\phi_2+\phi_3+2\phi_4+\frac{h}{2r_0}(\phi_3-\phi_2)\right\} \tag{3・26}$$

3.5.3 無限遠

孤立した電極系など，領域が無限遠まで広がっている場合を「開空間」と呼ぶこともある。この場合に人工（仮想）境界を設定して，領域を有限にする必要のあることは2・2節で触れた（図2・2）。以下ではもう少し詳しく，次のような方法を説明する。

（1）**電界値が必要な中心領域から適当に離れた個所に，$\phi=0$ あるいは $\partial\phi/\partial n=0$ の人工境界を設ける方法**：2.2節の図2・2は半球棒対平面の例である。この方法の難点は，第一に電位関数 ϕ が距離とともに減少する割合が小さい（遅い）ことである。特に二次元場では距離 L に対して（$-\ln L$）の関数形で変化するだけなので，$\phi=0$ と見なすには相当に離れた箇所まで領域に含めなければならない。第二に，このような実際と相違する仮想境界を設けることが電界値にどの程度影響するかはほとんど検討されていない。

（2）**中心部の電極を解析解が得られるものに置き換え，それによって生ずる電位を遠方領域の境界値とする方法**：図2・2の配置ではたとえば半球棒を適当な回転双曲面や回転放物面で置き換え，得られた遠方領域の電位を境界値とし本来の電極配置を差分法で解く。ただこの方法は比較的単純な配置に限られ，一般的に使用できるものではない。

（3）**より厳密な取扱いとして，boundary relaxation method と名付けられた方法**[3.2]：これは図3・5のように適当な領域 R を囲む仮想境界 S をとり，S 上の電位 ϕ_S が R の内外でラプラスの式を満足するように定めるものである。S は適当に小さく単純な四角形に選ぶ。

まず境界の各点に適当な電位 $\phi_S(i)$ を与える。領域 R の内部では電極電位 V と ϕ_S とから通常の差分法で電界が計算できるので，その結果から S 上の法線方向電界 $(\partial\phi/\partial n)_1$ を求める。一方 R の外部では，等価的な電荷密度 σ と外部電位 ϕ，法線方向電界 $(\partial\phi/\partial n)_2$ とに次の関係がある。

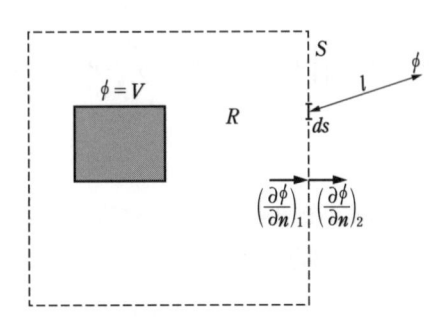

図 3.5　boundary relaxation method[3.2]

$$\sigma = \varepsilon_0 \left(\frac{\partial \phi}{\partial n}\right)_2 \tag{3・27}$$

$$\phi = \frac{1}{4\pi\varepsilon_0} \int_S \frac{\sigma ds}{l} \tag{3・28}$$

ここで，l は電位点と微小面積 ds との距離である。第5章に述べる表面電荷法の考えを用いると，(3・27)式，(3・28)式から $(\partial\phi/\partial n)_2$ を ϕ_S で表すことができる。すなわち境界の各点で次式のように書ける。

$$\phi_S(i) = \sum_j P(i,j)\sigma(j) = \varepsilon_0 \sum_j P(i,j)\left(\frac{\partial \phi}{\partial n}\right)_2(j) \tag{3・29}$$

$\left(\dfrac{\partial \phi}{\partial n}\right)_2(j)$ を解いて

$$\left(\frac{\partial \phi}{\partial n}\right)_2(i) = \sum_j G(i,j)\phi_S(j) \tag{3・30}$$

$P(i,j)$ は既知の量なので，ϕ_S が与えられると $(\partial\phi/\partial n)_2$ も求められる。そこで内外の法線方向電界が等しくなるように，k 回目の境界上電位 $\phi_S{}^k$ を

$$\phi_S{}^k = \phi_S{}^{k-1} + \omega\left\{\left(\frac{\partial \phi}{\partial n}\right)_1 - \left(\frac{\partial \phi}{\partial n}\right)_2\right\} \tag{3・31}$$

として収束するまで繰り返す。ω は適当な定数である。この方法は厳密な代わりにもちろんプログラムが複雑になるので，むしろすべてを表面電荷法で行うほうが良い場合が多い。あるいは8・3節に述べるコンビネーション法の一種と見なすこともできよう。

3.5.4 電極表面上

電極表面が曲面であると，一般に正方形格子，長方形格子では格子点が電極面に一致しない。一致しないままで最も近い格子点で表面形状を凹凸に近似することもあるが，電界値を必要とするような電極表面では相当に分割を密にしなければならない。それよりは電極表面に格子点をとって不等間隔格子の差分式を使用するほうがよい。すなわち図3・2で点線を電極表面とすると，h_1, h_2を適当にとって格子点を電極表面に一致させ，差分式として(3・15)式，(3・16)式を使用する。ϕ_{i-m}, ϕ_{i-1}は電極電圧（境界条件）となる。なお滑らかな曲面の境界を等間隔格子で凹凸に（階段状に）近似したときの誤差については，8.5節で触れる。

簡単な配置では座標変換が有効である。通常の電界計算では曲率半径の小さい電極に生ずる最大電界の必要なことが多いが，この電極と一方の座標面が一致するような座標変換を行い，変換した座標で差分式を作ると正方形格子，長方形格子で分割しても，もとの座標では格子点が電極表面に一致する。電位，電界値の低い相手側の（対）電極では一致していなくても求める最大電界にたいして影響しない。先端が半球の丸棒対接地平面配置の電界を双球面座標に変換して計算した例では，双球面座標で等間隔に分割すると原座標の格子点が最大電界を生じる半球表面に一致し，また半球付近の分割が密で遠方ほど分割が疎になるという効果が自動的に得られる[3.3]。ただし座標変換による方法は，適合する座標系のない形状には適用できないことと，差分式が複雑になることが欠点である。

3.6 計算上の問題点

3.6.1 領域分割

領域をどのくらい細かく分割するかは，第一に対象とする電界の必要精度によるが，副次的には計算時間，計算機容量に依存する重要な問題である。まず，差分式として図3・1，図3.2のようにϕ_0を周囲のもっとも近い4点の電位から与

える必要はなく，たとえば周囲8点の電位を使用してもよい。一般に近接格子点を多く取るほど同じ分割では精度がよくなる。差分法の利用初期には，このような4点より多い格子点を用いる各種の差分式が提案されている。しかし関係する格子点が多くなると差分式が複雑になるうえに，以下に述べるような境界での処理も面倒になるので，正方形または長方形の分割で上下左右の4点の電位から中心格子点の電位を与えるのが普通である。

格子間隔を領域の場所によって変えることはしばしば行われる。むしろ領域が無限遠にまで広がっている配置などは，ほとんどの場合格子間隔を変えることが必要である。それは通常の電界計算では，必要とする電界値が領域のごく一部で，しかもその付近の電界変化の急なことが多いので，そのような箇所の分割を局部的に密にして計算の精度を上げるとともに，重要でない部分の分割を粗くして全体の格子点（つまり方程式の未知数）の数を減らすためである。

格子間隔を変えるには次の二つのやり方がある。

(a) 場所（座標）とともに連続的に変える　　これは格子間隔を座標の関数として変える場合と座標変換による場合とがある。座標変換では一方の座標系では等間隔の分割が他の座標系では不等間隔の分割になる。とくに比較的簡単な配置で，一方の座標面が電極表面あるいはその一部と一致するような座標系を選ぶと，境界の処理が容易になる上に，この座標系では等間隔の分割でも元の座標系で重要な個所の分割を密にすることができる。半球棒対接地平面の電界を双球面座標に変換して計算した例を3.5.4項で紹介した。

(b) 領域をいくつかの部分領域に分け，部分領域内では等分割とする　　回転対称場なら，それぞれの部分領域内部は(3・8)式，部分領域の境界では(3・15)式を用いることになる。問題は部分領域間で格子間隔の変化が大きすぎると，連立一次方程式(3・17)式を解く際，解が収束しなくなる場合のあることである。文献[3.4]はこの変化の比率の限界を8としている。

3.6.2 連立一次方程式の解法

　差分法も次章に述べる有限要素法も各点の電位を得るには大規模な連立一次方程式を解かなければいけない。たとえば1座標あたり100に分割すると，二次元，回転対称場では未知数の数（方程式の元数）は10^4個，一般三次元場では10^6個となり，係数行列の成分$P_{i,j}$はそれぞれ10^8個，10^{12}個となる。したがって分割がいくらか細かくなると，計算機の容量ですべての係数を記憶できない。しかし差分法，有限要素法ではほとんどの係数が0（疎行列）なのでこの点を考慮した計算になる。

　解法は大別して直接法と反復法がある。直接法は，古くから知られているガウスの消去法などであるが，要するに逆行列を作る方法である。N個の未知数の場合，単純に考えると$O(N^2)$（$O(M)$はMのオーダの数であることを意味する）の記憶容量と$O(N^3)$の演算量を必要とする。そのために，$P_{i,j}$の番号付けを工夫し記憶容量を節約して計算するが，0でない成分だけを行および列を与えるポイントマトリックスとともに記憶させる方法があり，その一つのウェーブフロント法[3.5]などがよく使用される。

　一方反復法は，最初にϕ_iに適当な値（初期値あるいは出発値）を与えて差分式から新しい値を求め，その結果を2回目の出発値として次々に計算を繰り返し，真の値に近づける方法である。この方法でも係数行列の各成分を求めるなら$O(N^2)$の記憶容量を必要とするが，演算量は$O(N^2)$でよい。連立方程式全体でなく各差分式だけを記憶する方法なら，必要な記憶容量と演算量は$O(N)$となり，大規模な行列では直接法より有利である。その代わり反復法は収束が遅いという欠点があり，収束を速めるために，新しい結果を次々に組み入れて計算を進めるとともに，繰り返しごとの変化量を過評価して加味する逐次加速緩和法（SOR法：successive over-relaxation method）などが用いられる。なお，以上のような未知数（あるいは分割数）と必要な記憶容量，演算量の関係については，高速多重極法（FMM，第10章）に関して10・7節でも解説している。

　大規模な連立一次方程式の解法は計算機の進歩とともに非常に発達し，現在は

第3章 差 分 法

いろいろな計算機ライブラリを利用することができる。したがってここではこれ以上は説明しない。なお反復解法については文献[3.6], [3.7]に分かりやすく解説されている。また行列の数値計算全般に関しては文献[3.8]を推薦できる。

第3章 演習問題

1. 図問3・1(a)のように，直角の凸形導体が直角の凹形導体と向かいあっている二次元配置（x, y座標）がある。距離 $d=2$ cm，凸形の導体は電位 $V=100$ V，凹形の導体は接地のとき，図のP点（$x=y=1$ cm の点）の電位を簡単な差分法で求めなさい。
   (注) 図(b)のように1 cm の正方形の格子に分割し，境界条件として，離れた点（たとえば，$x=5$ cm, $y=1$ cm）の電位を 50 V とする。なお，配置は x, y に関して対称である。

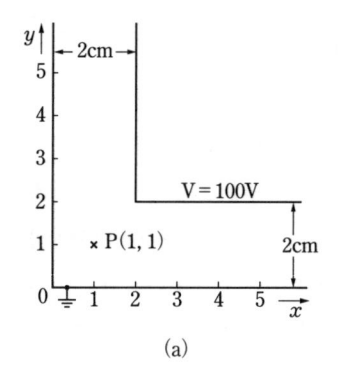

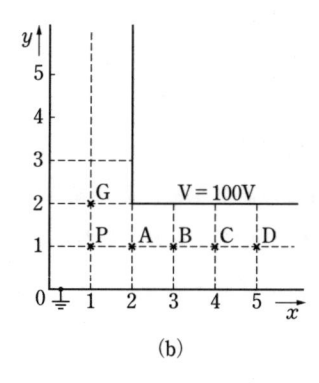

図問 3.1

2. 前問題で，二次元配置（x, y座標）ではなく回転対称配置（r, z座標）の場合の差分式を作り，二次元配置との違いを考えなさい。
3. また，回転対称配置の場合，境界条件がどうなるか考えなさい。
4. 本文図3・2のような分割間隔が一定でない場合の差分式を導出しなさい。

第4章

有限要素法

　有限要素法（finite element method）も差分法と同じく領域を分割する方法である。しかし差分法は近接点（格子点）の電位の関係式（一次結合）をもとにした方法であるのに対し，有限要素法は領域の小部分の特性をベースとする。分割した小部分が「有限要素」で，二次元，回転対称場では小面積，一般三次元場では小体積である。有限要素法は，この部分の電位を簡単な関数で近似するのが基本である。ただし求める値は各要素の頂点（節点）の電位である。

　有限要素法は1943年のCourantの提唱が最初とされている[4.1]。大型計算機の発達につれて実用の数値解析の手法として利用されるようになったのは，1950年以後のことですでに半世紀以上も前である。その後の発展はきわめて目覚しく，機械，建築，土木などの分野で構造解析の手段として研究手法の主流となっているほか，近年はほとんどあらゆる分野の数値解析手法として利用されるに至っている。

　電界計算への利用は1968年のZienkiewiczの論文[4.2]が最初であるが，当時は同じ領域分割法である差分法がもっぱら使用され，有限要素法はほとんど用いられなかった。電界計算の対象がより複雑になるに従って差分法よりも有限要素法を利用する例が増えた。本章では計算法の基礎ととくに差分法と比較した長所，短所を中心に説明する。

第4章 有限要素法

4.1 計算法の基礎

有限要素法に関する一般的な解説はすでに多くの本がある（たとえば，文献[4.3]）。また具体的なプログラム例も公開されている。以前は最初に応用が進んだ構造解析分野の応力とひずみに関する解説が多かったが，ここでは電界計算の基本に話を限る。

先に述べたように，有限要素法は領域の小部分（有限要素）の特性（電界計算では電位）を座標の簡単な関数で近似する。たとえば座標の一次式であるとする。このように近似してもよいほど領域を細かく分割するといい換えてもよい。要素内の電位，電界はこの近似によって，要素周辺の適当な点の電位，たとえば要素の形が三角形なら3頂点（通常「節点」という）の電位（まだ未知の値である）と座標の関数として表すことができる。このような手続きによって，結局領域全体の電位を節点の電位で形式的に表現できるので，その結果領域全体のポテンシャルエネルギーも節点の電位によって与えられることになる。そこでこのポテンシャルエネルギーが最小になるように各点の電位を定めるのがこの方法の原理である。有限要素法でも結局は各点（節点）の電位の関係式になるが，そのもとになっている考えが差分法と全く違っていることが理解されるであろう。以下ではまずこの取扱いを式で追ってみる。

ラプラスの式がポテンシャルエネルギー最小の原理と等しいことは，より一般に次のオイラーの理論から導かれる[4.4][4.5]。すなわちある領域内で，未知関数$\phi(x, y, z)$が微分方程式，

$$\frac{\partial}{\partial x}\left\{\frac{\partial f}{\partial\left(\frac{\partial \phi}{\partial x}\right)}\right\} + \frac{\partial}{\partial y}\left\{\frac{\partial f}{\partial\left(\frac{\partial \phi}{\partial y}\right)}\right\} + \frac{\partial}{\partial z}\left\{\frac{\partial f}{\partial\left(\frac{\partial \phi}{\partial z}\right)}\right\} - \frac{\partial f}{\partial \phi} = 0 \tag{4・1}$$

を満足することと，次の積分

$$X(\phi) = \iiint f\left(x, y, z, \frac{\partial \phi}{\partial x}, \frac{\partial \phi}{\partial y}, \frac{\partial \phi}{\partial z}\right) dx dy dz \tag{4・2}$$

を最小にすることとは全く等価である。誘電率εを含めた場の方程式，

$$div(\varepsilon\,grad\,\phi)=0 \qquad (4\cdot3)$$

を(4・1)式と比較すると,

二次元場では

$$f=\frac{1}{2}\varepsilon\left\{\left(\frac{\partial\phi}{\partial x}\right)^2+\left(\frac{\partial\phi}{\partial y}\right)^2\right\} \qquad (4\cdot4)$$

回転対称場では

$$f=\frac{1}{2}\varepsilon\left\{\left(\frac{\partial\phi}{\partial r}\right)^2+\left(\frac{\partial\phi}{\partial z}\right)^2\right\}(2\pi r) \qquad (4\cdot5)$$

であることが容易に分かる。すなわち(4・3)式は,

二次元場では

$$X=\frac{1}{2}\iint\varepsilon\left\{\left(\frac{\partial\phi}{\partial x}\right)^2+\left(\frac{\partial\phi}{\partial y}\right)^2\right\}dxdy \qquad (4\cdot6)$$

回転対称場では

$$X=\frac{1}{2}\iint\varepsilon\left\{\left(\frac{\partial\phi}{\partial r}\right)^2+\left(\frac{\partial\phi}{\partial z}\right)^2\right\}(2\pi r)\,drdz \qquad (4\cdot7)$$

を最小にすることと等価である。ここまで来ればすぐ分かるように X は領域のポテンシャルエネルギーであるから,「ポテンシャルエネルギーが最小になるように電位分布を定めれば,これが求める静電界である」といえる。具体的な計算手順は次のとおりである。

4.2　具体的な計算手順

　二次元場を例にとると,図4・1のように領域を三角形で分割し,各三角形要素内の電位 ϕ を座標 x, y の一次式として次のように近似する。

$$\phi=\alpha_1+\alpha_2 x+\alpha_3 y \qquad (4\cdot8)$$

電界の x 方向,y 方向成分はそれぞれ $-\partial\phi/\partial x$,$-\partial\phi/\partial y$ であるから,(4・8)式は,「要素内で電界が一定である」と見なせるほど各要素が十分小さいと仮定していることと同じである。係数 $\alpha_1\sim\alpha_3$ は三角形要素の3頂点(節点)i, j, m の座標と電位 ϕ_i, ϕ_j, ϕ_m(これらは未知数である)とから次式で与えられる。

第4章 有限要素法

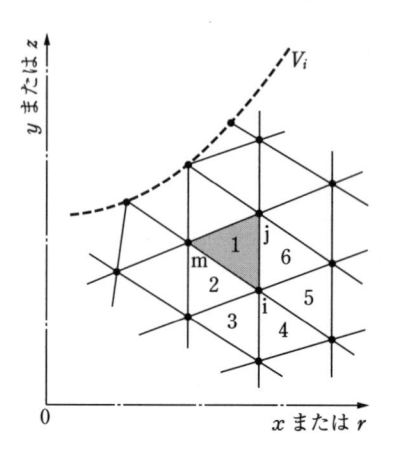

図 4.1 有限要素法の領域分割

$$\left.\begin{array}{l}\phi_i=\alpha_1+\alpha_2 x_i+\alpha_3 y_i \\ \phi_j=\alpha_1+\alpha_2 x_j+\alpha_3 y_j \\ \phi_m=\alpha_1+\alpha_2 x_m+\alpha_3 y_m\end{array}\right\} \quad (4\cdot9)$$

この式から $\alpha_1 \sim \alpha_3$ を求めて(4・8)式に代入すると,

$$\phi=\frac{1}{2\Delta}\{(a_i+b_i x+c_i y)\phi_i+(a_j+b_j x+c_j y)\phi_j+(a_m+b_m x+c_m y)\phi_m\}$$

ここで, Δ は三角形 ijm の面積で, また

$$a_i=x_j y_m-x_m y_j, \quad b_i=y_j-y_m, \quad c_i=x_m-x_j$$
$$(a_j \sim c_j, \; a_m \sim c_m \text{ は } i, j, m \text{ を順に変えればよい}) \quad (4\cdot10)$$

である。行列表示では,

$$\phi=(N_i \; N_j \; N_m)\begin{pmatrix}\phi_i \\ \phi_j \\ \phi_m\end{pmatrix} \quad (4\cdot11)$$

ここで,

$$N_i=(a_i+b_i x+c_i y)/2\Delta, \quad N_j=(a_j+b_j x+c_j y)/2\Delta, \quad N_m=(a_m+b_m x+c_m y)/2\Delta$$

領域のすべての要素の電位 ϕ を(4・11)式に従って各節点電位(一般に ϕ_i とする)で表わすと, ポテンシャルエネルギー X も ϕ_i の関数である。したがって

X が最小になるように ϕ_i を定めれば，この値は(4・8)式の仮定のもとに得られた近似値であり，要素分割を細かくすれば得られた値が真の空間電位に近づくことが期待できる。X を最小にするには節点電位 ϕ_i を変数パラメータと考え，各 ϕ_i に対する微分を 0 とする。

すなわち，要素 1 のポテンシャルエネルギー X_e は(4・6)式から

$$X_e = \frac{\varepsilon}{8\Delta}\{(b_i\phi_i + b_j\phi_j + b_m\phi_m)^2 + (c_i\phi_i + c_j\phi_j + c_m\phi_m)^2\} \quad (4・12)$$

したがって，系全体のポテンシャルエネルギー X は，

$$X = \sum X_e \quad (\text{領域内のすべての要素の和}) \quad (4・13)$$

X を ϕ_i に関して微分して 0 とおくと，図 4・1 のように i 節点に関係する（囲む）6 個の要素だけが残る。

$$\frac{\partial X}{\partial \phi_i} = \sum_{e=1}^{6} \frac{\partial X_e}{\partial \phi_i} = 0 \quad (4・14)$$

4.3 電位の方程式と電界

(4・12)式で分かるように，各要素のポテンシャルエネルギーは節点電位 ϕ_i の二次式である。そこで ϕ_i で微分すると節点電位（未知数）に関する一次式が導かれる。すべての節点電位に対して(4・14)式を作ることにより，未知数と同じ数の多元連立一次方程式が作られる。すなわち境界条件として電極上にとった節点電位 $\phi_b = V_i$ を用いて，差分式の(3・17)式と同様な電位の方程式（支配方程式）

$$\begin{pmatrix} P_{11} & P_{12} & \cdots\cdots & P_{1n} \\ \cdots\cdots\cdots\cdots & & \\ P_{n1} & P_{n2} & \cdots\cdots & P_{nn} \end{pmatrix} \begin{pmatrix} \phi_1 \\ \vdots \\ \phi_n \end{pmatrix} = \begin{pmatrix} 0 \\ \vdots \\ 0 \end{pmatrix} \quad (4・15)$$

を解く問題になる。左辺の係数 P_{ij} は i 節点をとり囲む数個を除いてほとんど 0 であり，係数は差分法と同様に疎行列である。

電界は各要素内で一定で，(4・8)式から次式で与えられる。

$$E_x = -\alpha_2 \ , \quad E_y = -\alpha_3 \quad (4・16)$$

4.4 回転対称場の場合

回転対称場の計算手順も，二次元場とほとんど同様である。(4・8)式より(4・12)式までは $x \to r$, $y \to z$ とした式がそのまま使える。しかしポテンシャルエネルギーを求めるところで(4・6)式と(4・7)式の差が現れる。これは二次元場ではエネルギー密度 W を面積積分するのに対し，回転対称場では体積積分になるためと考えてよい。W は座標に対して無関係なので，Δ を三角形 ijm の面積とすると，

$$\text{二次元場:} \iint dxdy = \Delta \tag{4・17}$$

$$\text{回転対称場:} \iint rdrdz = \frac{(r_i+r_j+r_m)\Delta}{3} \tag{4・18}$$

の関係から，回転対称場で要素1のポテンシャルエネルギー X_1 は(4・12)式の代わりに次式となる。

$$X_1 = \frac{\pi\varepsilon}{12\Delta}(r_i+r_j+r_m)\{(b_i\phi_i+b_j\phi_j+b_m\phi_m)^2 + (c_i\phi_i+c_j\phi_j+c_m\phi_m)^2\} \tag{4・19}$$

ここで $b_i \sim b_m$, $c_i \sim c_m$ は(4・10)式で $x \to r$, $y \to z$ として与えられる。

空間電荷も含めたより一般化した取扱いは第17章に述べる。

4.5 重みつき残差法

有限要素法の前節までの説明は変分原理（最小エネルギー原理）をもとにしている。これに対して，一般の数値計算法としては，有限要素法を重みつき残差法として説明するほうが普通である。この方法は，領域 R 内で成立する偏微分方程式の解を線形独立な関数群 ϕ_k の一次結合で近似して，その誤差 e（「残差」という）を重みを付して領域内で最小に，あるいは平均的に 0 にするものである。すなわち，一般的に領域内で成り立つ方程式を，

$$D(\phi_0) = q \tag{4・20}$$

とし（ϕ_0は厳密解），近似解ϕを有限個（n個）のϕ_kの一次結合で表す。

$$\phi = \sum_{k=1}^{n} C_k \phi_k \tag{4・21}$$

C_kは未知の係数である。一般に，$D(\phi) \neq q$で，残差は$e = D(\phi) - q$であるが，重み関数ϕ_iを使用して，

$$\int e\phi_i dv = 0 \quad (i = 1, 2, \cdots n) \tag{4・22}$$

であるように未知係数を決定する。すなわち，線形独立の適当な重み関数群を用いることによって，未知係数C_kを与えるn個の式が得られる。この式の体積要素dvは二次元場であれば$dxdy$である。

重み関数の選び方によって，選点法，最小二乗法，モーメント法，などの方法になるが，近似関数と同じϕ_iを用いるのが「ガラーキン（Galerkin）法」である。電界計算の場合には，領域の方程式はラプラスの式あるいはポアソンの式で，各三角形要素の近似解ϕは(4・11)式で与えられる。係数N_iは「補間関数」というが，ガラーキン法では重み関数として補間関数を用いる。すなわち，領域全体の電位（すべての要素の電位の和）について(4・22)式を，

$$\int e\phi_i dv = \int \{D(\sum C_k \phi_k) - q\} N_i dv = 0 \quad (i = 1, 2, \cdots n) \tag{4・23}$$

あるいは，

$$\int \{\sum C_k D(\phi_k) - q\} N_i dv = 0 \quad (i = 1, 2, \cdots n) \tag{4・24}$$

とすることによって，C_kを与える一次方程式が形成される。

4.6 簡単な例

4.4節までに述べたように有限要素法では差分法に比べて節点電位ϕ_i（差分法では格子点電位）の連立方程式を作る過程が非常に複雑である。初めて有限要素法に接すると途中で何が何だか分からなくなるのが普通である。そこでこのプロセスに慣れるために図4・2のような二次元の規則的な(regular)要素分割の場合の

第4章 有限要素法

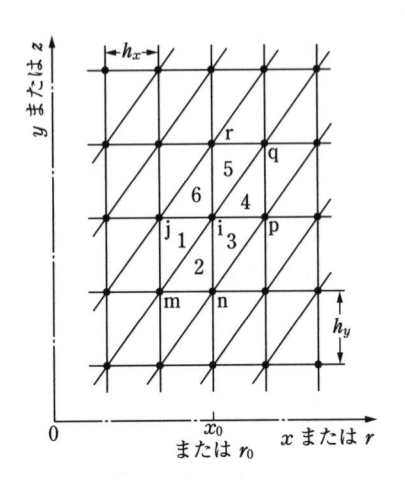

図4.2 規則的に分割したときの有限要素法
(二次元場または回転対称場)

電位方程式を求めてみる。これは差分法の長方形格子による分割に相当するが，有限要素法では三角形が分割単位である。また誘電率 ε は領域内で一定とする。

i 番目の節点 ϕ_i を含む要素のポテンシャルエネルギーは次の(4・12)式，

$$X_e = \frac{\varepsilon}{8\Delta}\{(b_i\phi_i + b_j\phi_j + b_m\phi_m)^2 + (c_i\phi_i + c_j\phi_j + c_m\phi_m)^2\}$$

で与えられるから，

$$\frac{\partial X_e}{\partial \phi_i} = \frac{\varepsilon}{4\Delta}\{b_i(b_i\phi_i + b_j\phi_j + b_m\phi_m) + c_i(c_i\phi_i + c_j\phi_j + c_m\phi_m)\} \qquad (4\cdot25)$$

ここで(4・10)式に示したように，

$$b_i = y_j - y_m \quad , \quad b_j = y_m - y_i \quad , \quad b_m = y_i - y_j$$
$$c_i = x_m - x_j \quad , \quad c_j = x_i - x_m \quad , \quad c_m = x_j - x_i$$

であるから，要素1では $b_i = h_y$, $b_j = -h_y$, $b_m = 0$, $c_i = 0$, $c_j = h_x$, $c_m = -h_x$ したがって，

$$\frac{\partial X_1}{\partial \phi_i} = \frac{\varepsilon}{4\Delta}(h_y^2\phi_i - h_y^2\phi_j) \qquad (4\cdot26)$$

同様に要素2では，(4・25)式で $j \to m$, $m \to n$ とした式になり，

$$\frac{\partial X_2}{\partial \phi_i} = \frac{\varepsilon}{4\Delta}(h_x{}^2\phi_i - h_x{}^2\phi_n) \tag{4・27}$$

要素3はいくらか相違して，(4・25)式で $j \to n$, $m \to p$ とすると，

$$\frac{\partial X_3}{\partial \phi_i} = \frac{\varepsilon}{4\Delta}(h_y{}^2\phi_i - h_y{}^2\phi_p + h_x{}^2\phi_i - h_x{}^2\phi_n) \tag{4・28}$$

要素4〜6についても同様に $\partial X_e/\partial \phi_i$ を作る。領域内の全要素のうち ϕ_i に関係するのは1〜6の要素だけであるから，結局

$$\frac{\partial X}{\partial \phi_i} = \sum_{e=1}^{6} \frac{\partial X_e}{\partial \phi_i} = \frac{\varepsilon}{4\Delta}\{4(h_x{}^2 + h_y{}^2)\phi_i - 2(h_y{}^2\phi_j + h_x{}^2\phi_n + h_y{}^2\phi_p + h_x{}^2\phi_r)\} \tag{4・29}$$

この式を0とおくと，

$$(h_x{}^2 + h_y{}^2)\phi_i - \frac{1}{2}(h_y{}^2\phi_j + h_x{}^2\phi_n + h_y{}^2\phi_p + h_x{}^2\phi_r) = 0 \tag{4・30}$$

(4・30)式は実は間隔がそれぞれ h_x, h_y の長方形格子で分割して，ϕ_i を上下左右の格子点電位から与える差分式と全く同じである。実際に $h_x = h_y$ （正方形格子）なら(4・30)式は差分法の(3・5)式と全く同じ，

$$\phi_i = \frac{\phi_r + \phi_j + \phi_p + \phi_n}{4} \tag{4・31}$$

になる。

規則的に分割した場合の有限要素法が差分法と全く同じ電位方程式を与えることは回転対称場でも同じである。図4・2が回転対称場の場合，$x \to r$, $y \to z$ とすると(4・19)式，(4・26)式から，要素1では次式となる。

$$\frac{\partial X_1}{\partial \phi_i} = \frac{\pi \varepsilon}{2\Delta}\left(r_o - \frac{2}{3}h_r\right)(h_z{}^2\phi_i - h_z{}^2\phi_j) \tag{4・32}$$

ここで r_0 は i 節点の r 座標である。同様に要素2，3については

$$\frac{\partial X_2}{\partial \phi_i} = \frac{\pi \varepsilon}{2\Delta}\left(r_o - \frac{h_r}{3}\right)(h_r{}^2\phi_i - h_r{}^2\phi_n) \tag{4・33}$$

$$\frac{\partial X_3}{\partial \phi_i} = \frac{\pi \varepsilon}{2\Delta}\left(r_o + \frac{h_r}{3}\right)(h_z{}^2\phi_i - h_z{}^2\phi_p + h_r{}^2\phi_i - h_r{}^2\phi_n) \tag{4・34}$$

要素4〜6についても $\partial X_e/\partial \phi_i$ を作ると，$\partial X/\partial \phi_i = \sum_{e=1}^{6} \partial X_e/\partial \phi_i = 0$ から，次式が

得られる。

$$(h_r^2+h_z^2)\phi_l - \frac{1}{2}h_r^2\phi_r - \frac{1}{2}h_z^2\left(1-\frac{h_r}{2r_0}\right)\phi_j - \frac{1}{2}h_z^2\left(1+\frac{h_r}{2r_0}\right)\phi_p$$
$$-\frac{1}{2}h_r^2\phi_n = 0 \tag{4・35}$$

この式が差分法の(3・15)式, (3・16)式で $h_1=h_4=h_z$, $h_2=h_3=h_r$ とした式と全く同じなことは容易に確かめることができる。

4.7 精度向上の方法 ― 高次式の利用

これまでに述べた有限要素法は要素内の電位を座標の一次式で近似している。これは要素内では電界が(4・16)式のように一定ということである。これに対して二次以上の式を用いれば同じ分割でも精度が向上する。特に重要なのは次の二つである。

(1) 6節点要素　図4・3のように，三角形要素の3頂点のほかに各辺の途中（通常は中点）にも節点を取り6節点とする。このような要素では，6個の係数を用いて ϕ を完全二次多項式で与えることができる。

$$\phi = \alpha_1 + \alpha_2 x + \alpha_3 y + \alpha_4 x^2 + \alpha_5 xy + \alpha_6 y^2 \tag{4・36}$$

したがって電界は

$$E_x = -(\alpha_2 + 2\alpha_4 x + \alpha_5 y) \tag{4・37}$$
$$E_y = -(\alpha_3 + \alpha_5 x + 2\alpha_6 y) \tag{4・38}$$

のように x, y の一次式となり，図4・3をさらに4個の三角形に分割した3節点要素の場合より精度が良い。回転対称場でも同じである。

(4・36)式の係数 $\alpha_1 \sim \alpha_6$ は，$i \sim n$ の6個の節点の座標と電位から

$$\phi_i = \alpha_1 + \alpha_2 x_i + \alpha_3 y_i + \alpha_4 x_i^2 + \alpha_5 x_i y_i + \alpha_6 y_i^2 \tag{4・39}$$

等によって与えられ，要素内の ϕ は(4・10)式と同様に6節点の電位 $\phi_i \sim \phi_n$ の一次式となる。ここで節点だけでなく各要素間のすべての境界で，3節点要素の場合と同様に ϕ の連続性が成り立っていることに注意されたい。

4.7 精度向上の方法 — 高次式の利用

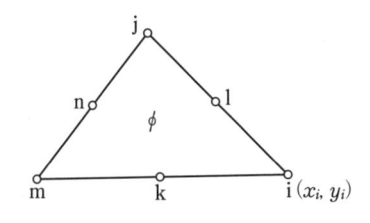

図 4.3　6節点を有する三角形要素

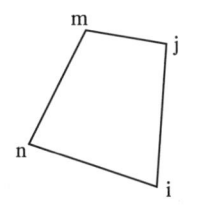

図 4.4　四辺形要素

ϕ が節点電位の一次式として表わされれば，そのあとの計算手順は単純な三角形要素の場合と同じである。ただし，$\alpha_1 \sim \alpha_6$ の計算，ポテンシャルエネルギーの積分計算などははるかに面倒な式になる。普通は三角形の辺の中点に節点を置くが，この座標の計算等はすべて計算機に行わせる。

（2）　**四辺形要素**　　対象とする領域を三角形ではなく縦横の格子で分割すると分割要素は四辺形になる。図 4・4 のような4節点の要素では，電位を4個の係数を有する式で与えることができる。

$$\phi = \alpha_1 + \alpha_2 x + \alpha_3 y + \alpha_4 xy \tag{4・40}$$

このとき，電界は座標の一次式となる。

$$E_x = -(\alpha_2 + \alpha_4 y)　,　E_y = -(\alpha_3 + \alpha_4 x) \tag{4・41}$$

それぞれの四辺形を対角線で2分割すれば三角形要素になるが，同じ節点数でも三角形要素の場合より四辺形のほうが精度がよい。これは要素内の電界が(4・41)式のように座標の一次式として表されるためである。

第4章 演習問題

1. 有限要素法の電界の式(4・16)が，図問4・1のような三角形の場合，電位差÷距離であることを説明しなさい。

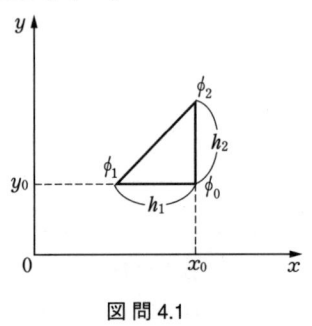

図問 4.1

2. 4.7節に説明したように，二次元配置（x, y 座標）の有限要素法で要素の形状を三角形でなく四辺形にすると，電位 ϕ は，
$$\phi = a + bx + cy + dxy \quad (a, b, c, d は定数) \tag{問 4・1}$$
と表わすことができる。このときの電位を求める手順を考えなさい。ただし，四辺形の頂点の電位と座標を，それぞれ $\phi_i(x_i, y_i)$ $(i=1-4)$ とする。また，(問4・1) 式から要素内の電界がどうなるか，その式を書きなさい（電界の式には a, b, c, d をそのまま使ってよい）。

第5章
表面電荷法

　差分法，有限要素法は領域の電位の関係式を作って各点の電位を求める方法であるのに比べて，電界（静電界）を形成する電荷を対象とする（求める）のが表面電荷法（surface charge method。または suface charge simulation method，などということもある。）である。関係する領域内のすべての電荷の大きさ（量）と位置が決まれば，クーロンの式からどの点の電位，電界も与えることができる。表面電荷法は，またより一般的な方法である境界要素法の一部と見なされることもあるが，境界要素法は第8章で説明する。

　表面電荷法をはじめて用いたのは電磁界方程式で有名なマクスウェル（J.C. Maxwell）である。彼はキャベンディシュの実験結果を検証するために，空間に孤立する正方形導体を6×6の小正方形に分けてその静電容量を求めた[5.1]。もちろん計算機のない時代なので筆算である。このように表面電荷法の原理は古くから自明であったが，電界計算の手法として本格的に用いられるようになったのはやはり計算機が使えるようになってからである。1950年代後半に，まずD.K. Reitanらが小区分法（methods of subareas）の名称で，長方形導体の静電容量を求め，70年代中ごろにかけて，マイクロ波の分野でmicrostripの静電容量計算の論文が多数報告された。IEM（integral equation method）の名称も用いられている。一方，航空工学の分野では1960年代初めころまでに，表面電荷法に相当する方法が流体解析に適用され，多大な計算が行われている[5.2]。なかでも，1960年代にR.F. Harringtonは一般的な場の解法としてモーメント法（method of moments）なる名称の方法[5.3]を提案し，この方法を特に静電界計算に適用した場合を equivalent source method[5.4][5.5] と名付けた。70 年代に入ると表面電荷法を実際に使用する際の問題点や計算速度が検討されている[5.6]。

数値電界計算法の中で，表面電荷法は最近になって計算機の大容量化，高速化に伴ってとくに三次元配置の計算法としてめざましく発達した。その中でも曲面形状表面電荷法についてはまとめて第 9 章で説明する。

5.1 計算法の基本

静電界の場では電極（導体）の電荷はすべて表面に存在する。表面の微小面積 ΔS における表面電荷密度を σ とすると，この電荷（密度）による空間の電位は，

$$\phi = \frac{\sigma \Delta S}{4\pi\varepsilon_0 l} \tag{5・1}$$

である。ここで l は空間の被作用点（電位点）と作用源，すなわち表面電荷（$\sigma \Delta S$）との距離である。すべての電荷の作用を考えると，空間の i 点の電位は，

$$\phi_i = \frac{1}{4\pi\varepsilon_0} \int_S \left(\frac{\sigma}{l}\right) ds \tag{5・2}$$

となるが，表面を電荷密度一定と見なせる小区分（要素）ΔS_j に分けて積分の式を有限個の加算式とすると，

$$\phi_i = \frac{1}{4\pi\varepsilon_0} \sum \frac{\sigma_j \Delta S_j}{l_{ij}} = \frac{1}{4\pi\varepsilon_0} \sum \frac{Q_j}{l_{ij}} \tag{5・3}$$

このようにして，i 点の電位と各表面要素の電荷 Q_j（$=\sigma_j \Delta S_j$）との関係式ができる。l_{ij} は i 点と Q_j との距離である。

電極表面では電位は通常一定の値（電極電圧 V_i）が与えられているので，左辺は V_i となる。したがって，分割要素の数と同じだけの V_i の点を取れば未知数 Q_i が求められることになる。この点から表面電荷法を積分方程式法あるいは積分方程式法の 1 種ということもある。境界条件を与える点（輪郭点）はそれぞれの要素上に適当な 1 点を取ることが多い。これを選点法（あるいはポイントマッチ

ング；point matching）というが，この方法はモーメント法において各点でディラックのδ関数を作用させることと同じである。ただし，電荷密度は各要素内で一定ではなく座標の関数として変化させることが多い。このときは，σの作用は(5・1)式のように簡単ではなく，各要素で積分した電位としなければいけない。

5.2 平面要素と曲面要素

　以上のように表面電荷法の原理はいかにも単純であるが，実際の数値計算は簡単でない。多種多様な手法があるが，根本的な相違点は表面の分割要素が平面か曲面かである。平面であると，電荷密度が一定あるいは座標の簡単な関数である場合，その電位や電界は具体的な解析式で表せるので，(5・3)式のQ_iの係数を直接（数値積分なしに）式で与えることができる。しかし，曲面の電極形状は多面体で模擬（近似）しなければいけない。

　分割要素が平面三角形である方法を，筆者らは「三角形表面電荷法」と呼んでいるが，三角形表面電荷法は対称性のない（あるいは対称性を考慮しない）一般三次元配置の計算に適している方法なので，15.5節で説明する。三角形電荷が座標の一次式である場合の電位，電界の具体的な式もそこで説明する。

　一方，曲面の表面要素を用いる場合は，形状の模擬精度は平面要素の多面体より改善されるが次の問題がある。

（a）　電荷の作用（電位，電界）を陽に式で表せず，数値積分が必要である。

（b）　その結果，電極表面で電位を与える点，すなわちl_{ij}が0となる点が特異点となり，その点での積分が面倒になる。

（c）　曲面要素の形状は通常座標の簡単な関数で与えることが多いが，実際の電極形状との整合性，要素間境界での接続条件が問題になる。

（d）　境界条件の与え方も選点法でなく，要素全体での積分で与えるなどのバリエーションが可能である。

（e）　表面の電荷密度を一定でなく，座標の関数，とくに多項式とすることが多い。高次の式を用いるほど同じ分割では精度が向上するが，その代わり

第5章 表面電荷法

計算は複雑になる。ただし，電荷と被作用点(電位点)が充分離れているとき，すなわち l_{ij} が充分大きい場合は電荷を点電荷と見なして簡略化することもある。

二次元場，回転対称場では分割要素はどちらも断面の線分である。以下に例として，二次元配置，回転対称配置の計算を説明する。

5.3 二次元場の計算

二次元場の分割は実際には無限に長い帯状の要素になる。このとき各要素の電荷密度を一定でなく，座標 t の多項式で表すとともに隣接要素間で連続とすることがしばしば行われる。図 5·1(a) のように電極表面の断面の線分を t で表し，t_1 と t_2 の間を j 番目の要素とすると，j 要素の電荷密度 $\sigma(j)$ の生ずる電位 u_j は，次章で説明する電荷重畳法の電位の式（付録1）を使用して次式のように与えられる。二次元場では無限長線電荷の式である。

$$u_j = \frac{1}{4\pi\varepsilon_0}\int_{t_1}^{t_2}\sigma(j)\ln\frac{(x-X)^2+(y+Y)^2}{(x-X)^2+(y-Y)^2}dt \tag{5・4}$$

この式は大地（接地平面）があるときで，その影像電荷の作用も含んでいる。

電極全体の n 要素の作用によって，i 点の電位 ϕ_i は次式で与えられる。

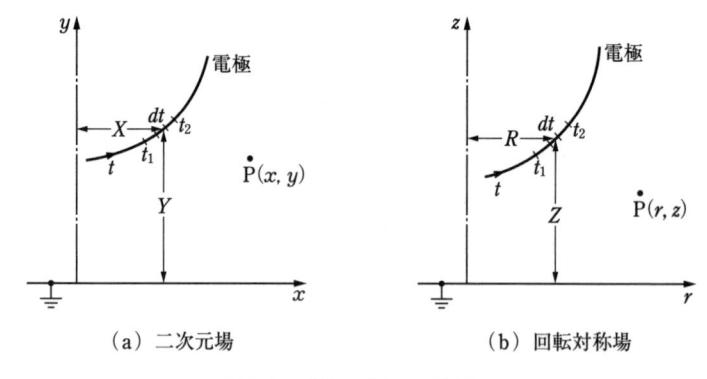

（a）二次元場　　　　　（b）回転対称場

図 5.1　表面電荷法の説明図

5.3 二次元場の計算

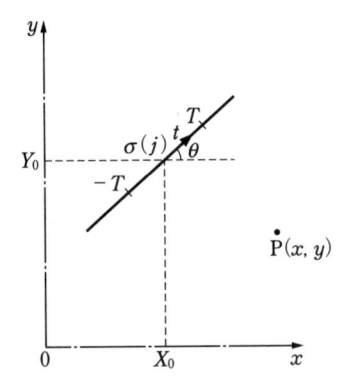

図 5.2 二次元場の直線的な表面形状

$$\phi_i = \sum_{j=1}^{n} u_j \tag{5・5}$$

二次元場の電位の式(5・5)式は，分割要素が図 5・2 のように（断面で）直線であれば積分を陽に表せる。この場合，要素内の位置 X, Y は中点の座標を X_0, Y_0 として，

$$X = X_0 + t\cos\theta , \quad Y = Y_0 + t\sin\theta \tag{5・6}$$

であるから

$$u_j = \frac{1}{4\pi\varepsilon_0}\int_{-T}^{T}\sigma(j)\ln\frac{(x-X_0-t\cos\theta)^2+(y+Y_0+t\sin\theta)^2}{(x-X_0-t\cos\theta)^2+(y-Y_0-t\sin\theta)^2}dt = \frac{1}{4\pi\varepsilon_0}\int_{-T}^{T}\sigma(j)$$

$$\ln\frac{\{t-(x-X_0)\cos\theta+(y+Y_0)\sin\theta\}^2+\{(x-X_0)\sin\theta+(y+Y_0)\cos\theta\}^2}{\{t-(x-X_0)\cos\theta-(y-Y_0)\sin\theta\}^2+\{(x-X_0)\sin\theta-(y-Y_0)\cos\theta\}^2}dt \tag{5・7}$$

この式は $\sigma(j)$ が定数であると，次の不定積分を用いて解析的に表せる。

$$\int\ln\{(t-A)^2+B^2\}dt = (t-A)\ln\{(t-A)^2+B^2\}-2(t-A)$$
$$+2B\arctan\left(\frac{t-A}{B}\right) \tag{5・8}$$

$\sigma(j)$ が t の一次式の場合でも，相当複雑になるが不定積分が可能である。もちろん電界も数値積分なしに求められる。

5.4 回転対称場の計算

　回転対称場の分割は断面で線分でも実際は筒形の要素になる。配置が (r, z) 座標で与えられ，回転対称であることを考慮すると，図 5・1(b) の場合，j 要素の電荷密度 $\sigma(j)$ の生じる電位 u_j は次式のように与えられる。

$$u_j = \frac{1}{\pi\varepsilon_0} \int_{t_1}^{t_2} \sigma(j) R \left\{ \frac{K(k_1)}{\sqrt{(r+R)^2+(z-Z)^2}} - \frac{K(k_2)}{\sqrt{(r+R)^2+(z+Z)^2}} \right\} dt \tag{5・9}$$

この式は次章の電荷重畳法で使用されるリング電荷の式で，大地に対する影像電荷の作用も含んでいる。$K(k)$ は第 1 種の完全だ円積分で，

$$k_1 = \sqrt{\frac{4rR}{(r+R)^2+(z-Z)^2}} \quad , \quad k_2 = \sqrt{\frac{4rR}{(r+R)^2+(z+Z)^2}} \tag{5・10}$$

である。リング電荷の式ならびに完全だ円積分については 6・2 節で説明する。

　電位の式 (5・9) 式は常に数値積分が必要である。数値積分の方法は台形公式，シンプソンの公式を用いる方法，ロンベルク積分，ガウス積分などあるが，いずれも非常に多数回の計算が必要なので数値積分をなるべく高速で行う工夫が望ましい。一般に電極表面の（断面）形状は，直線か円弧であることが多いが，線分 t を三角関数を含む式で表すと計算時間が長くなるので，各区分を次のように放物線で近似して一方の座標について積分するほうが良い。

$$Z = A + BR + CR^2 \tag{5・11}$$

と表すと，(5・9) 式は

$$u_j = \frac{1}{\pi\varepsilon_0} \int_{R_1}^{R_2} \sigma(j) R \left\{ \frac{K(k_1)}{\sqrt{(r+R)^2+(z-A-BR-CR^2)^2}} \right.$$
$$\left. - \frac{K(k_2)}{\sqrt{(r+R)^2+(z+A+BR+CR^2)^2}} \right\} \times \sqrt{1+(B+2CR)^2} \, dR \tag{5・12}$$

ここで k_1, k_2 は (5・10) 式で Z を (5・11) 式とした値である。また $\sigma(j)$ が区分内で一定でないときは，やはり R の一次式として (5・9) 式を $t \to R$ として書き換える。

(5・11)式の係数 A, B, C は各区分の端点と通常は区分の中間にとった輪郭点の座標から求められる。区分の形状が z 軸に平行に近い（縦の）場合には，(5・11)式でなく，

$$R = A + BZ + CZ^2 \tag{5・13}$$

の式を用い，(5・9)式を Z に関する積分とするほうが良い。筆者らは区分が座標軸となす角が $45°$ より大か小かで，(5・11)式と(5・13)式を使い分けている。Z に関する積分のときは $\sigma(j)$ も Z の一次式にする。

5.5 電荷（あるいは電荷密度）の式と電界

5.1節の(5・3)式，あるいは二次元場の(5・4)式，回転対称場の(5・9)式のように，各要素の電荷 Q_j の生じる電位を電極表面の適当な個所（輪郭点 i）で計算する。$\sigma(j)$ が一定のときの具体的な手順は以下のようになる。

（a）　電極表面を適当に小区分（n 要素）に分割する。
（b）　各要素上の適当な点を輪郭点にとり，全要素の表面電荷が輪郭点に生じる電位を，(5・4)式または(5・9)式により計算する。これが $\sigma(j)$ と i 番目の輪郭点の間の電位係数 $P(i, j)$ である。
（c）　各輪郭点で $\phi_i = V_1 \sim V_n$（電極電圧）と置いて σ_j あるいは Q_j に対する連立一次方程式（支配方程式），

$$\begin{pmatrix} P_{11} P_{12} \cdots\cdots\cdots P_{1n} \\ \cdots\cdots\cdots\cdots \\ P_{n1} P_{n2} \cdots\cdots\cdots P_{nn} \end{pmatrix} \begin{pmatrix} \sigma_1 \\ \vdots \\ \sigma_n \end{pmatrix} = \begin{pmatrix} V_1 \\ \vdots \\ V_n \end{pmatrix} \tag{5・14}$$

が形成される。(5・14)式では簡単のために $P(i, j)$ を P_{ij}，$\sigma(j)$ を σ_j と書いている。
（d）　(5・14)式を解いて $\sigma(j)$ を求める。
（e）　得られた $\sigma(j)$ を用いて必要な点の電位，電界を計算する。電位の式は(5・4)式または(5・9)式である。

第5章　表面電荷法

電界は得られた各表面電荷による電界の作用を積分あるいは加算して求められる．本来の式は，電位の(5・2)式に対応した次式である．

$$E(i) = -\frac{1}{4\pi\varepsilon_0}\int_S \nabla\left(\frac{1}{l}\right)\sigma\,ds \tag{5・15}$$

電荷から充分遠方では電位の(5・3)式と同様に，各電荷 $\sigma_j\Delta S_j$ を点電荷と考えて，その作用を放射状の電界 $\sigma_j\Delta S_j/(4\pi\varepsilon_0 l_{ij}^2)$ とすることもあるが，さもなければ電位と同様に各電荷の作用を積分することになる．もちろん電位と違って方向（成分）も考慮しなければいけない．

図5・3(a)に示すような電極表面上では，電界 E（の大きさ E）と電荷密度 σ には次の関係がある．

$$E = \frac{\sigma}{\varepsilon_0} \tag{5・16}$$

したがって通常の電極では，未知数を求めるだけで電極上の電界が得られることになる．これは表面電荷法の長所の一つである．しかし図5・3(b)のように厚みのない（厚みを考えない薄板の）電極ではこの関係が成立しない．これは電極の両面の電荷 σ_1, σ_2 と電界 E_1, E_2 に $\sigma_1 = \varepsilon_0 E_1$, $\sigma_2 = \varepsilon_0 E_2$ の関係があって，求められるのが $\sigma = \sigma_1 + \sigma_2$ だけであるためである．

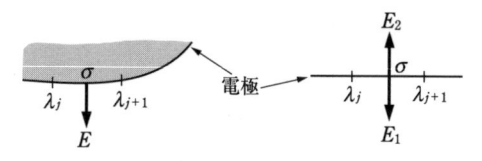

(a) 厚みのある電極　　(b) 厚みのない電極

図5.3　電極表面の電荷密度と電界

5.6 特異点の処理

5.6.1 特異点と積分の種類

5.2節において，表面電荷法は基本的に分割要素が平面か曲面かで相違し，曲面要素では電荷の作用を数値積分で与えなければならないことを述べた。数値積分の実行にあたって大きな障害となる問題に，数値積分の特異点処理がある。たとえば点電荷，線電荷からの距離を r とすると，$r \to 0$ の位置は特異点で電位・電界は無限大となり，有限けたしか扱えない数値計算では正解が得られない。たとえ r が0でなくとも $r \ll 1$ であれば，精度の点で各種の困難が発生する。表面電荷法では基本的に要素として面電荷を取り扱うので，一種の角（かど）点である面端部で接線方向電界成分が無限大となることを除くと，面上でも電位・電界は有限値である。しかし，電荷の「面」を「線の積分」や「点の積分」として表現（数値積分）するときに先の特異性が現れる。先に述べたように，平面要素では必要な積分が解析式で与えられるのでこの困難を回避できるが，曲面要素の場合は一般的に特異点処理が避けられない。

特異点の処理に関して，まず最初に積分の種類分けを行う。電位・電界の計算点と電荷との位置関係により以下の3種に分類される。（a）計算点が電荷上，（b）計算点が電荷上ではないがごく近傍，（c）それ以外。これらをそれぞれ，（a）特異積分，（b）準特異積分，（c）通常の積分，と呼ぶ。図5・4に模式的な説明図を示す。

（a）については，要素への接近方向に応じて各方向成分ごとに値が異なる場

(a) 特異積分　　(b) 準特異積分　　(c) 通常の積分

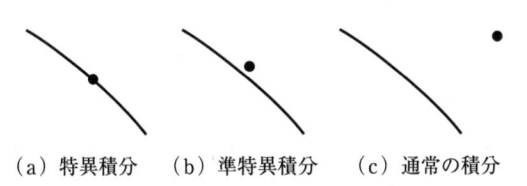

図5.4　要素(曲線)と電界計算点(黒丸)との位置関係

合と同一値となる場合があり,それぞれの値も無限大になる場合と有限値になる場合とがある。例えば,(電荷の)面上電位は接近方向によらず同一の有限値となる。面端部の電界は接近方向によって値が異なり,外向き接線方向成分は無限大で他成分は有限値というケースである。無限大成分は数値計算不可能であり,表面電荷法という手法全体の観点から回避策を考える必要がある。

5.5節で図5・3(b)に関して述べたように,面要素表裏の法線方向電界は,接近方向によって異なる2種類の有限値 E_1, E_2（$=E_{np} \pm E_{ns}$）を持つケースである。ここで E_{np} は特異点をくり抜いたとして得られる特異点位置の法線方向電界,$\pm E_{ns}$ は法線方向電界の特異点寄与分を意味する。単独に存在する平面要素電荷が作る法線方向電界は $E_{np}=0$, $E_{ns}=\sigma/(2\varepsilon)$ であるが,曲面要素では $E_{np} \neq 0$, $E_{ns}=\sigma/(2\varepsilon)$ となる。σ は要素の考えている点での電荷密度である。なお,E_{np} は一意な有限値であり数値積分によって値を求めることができ,コーシーの主値（積分の有限部分の一種）と呼ばれる。

（c）は一般的なガウス積分公式を用いて高速かつ高精度に積分値が求められる場合で,それが困難なケースが（b）にあたる。（c）の通常の積分は,ガウス型 N 点積分公式の分点を x_i,重みを ω_i とすると,次式で積分を実行できる。

$$\int_0^1 F(x)dx = \sum_{i=1}^{N} F(x_i)\omega_i \tag{5・17}$$

ただし,分点は［0-1］区間に配置されているとした。一般に,電界計算点が要素より十分遠方にあれば N の小さな低精度の公式で目標精度を達成できるが,電界計算点が要素に接近するにつれて N の大きな高精度の公式を使用することが必要になる。利用可能な最高精度の公式を用いても目標精度を達成できない場合は,要素を細分割して分割された区分ごとに積分公式を適用することも多い。しかし,計算点の要素への接近が著しい場合はこの方式でも計算速度が著しく低下するので,準特異積分専用の計算法を採用するほうがよい。

次項以下に述べる特異積分,準特異積分のほかに,サイズの異なる複数要素の境界位置で積分点配置のアンバランスに起因して計算精度の低下が起こるケースもある。こうした問題に対する包括的で有効な手法が完備されているとはいいが

たい。いずれにしても，必要な計算精度を最速で実現できる計算手法を選択するには，真値（または低速高精度の数値計算値）との比較などを含めた計算精度と速度の面倒な検証が必要である。

5.6.2 特異積分

（a）の特異積分を表す基本式は次式である。

$$\int_0^1 \frac{F(x)}{x^a} dx \tag{5・18}$$

$x=0$ が特異点（分母 $=0$）である。ただし表面電荷法では多くの場合 $a=1, 2$ に限定される。分子 $F(x)$ は一般に特異点でも 0 にならないが，法線方向電界を求める場合のように 0 因子 x^b を含むこともある。しかし，それでも $b<a$ なら特異点処理が必要である。共通する戦略としては，（a）分子になるべく高次の 0 因子が現れるように式の変形や変数変換を行う，（b）巨視的にキャンセルして和が 0 になる項が発生するように変形あるいは変換してそれをスキップする，が挙げられる。前者の例としては，一般三次元面要素に対し極座標変換を施して b を 1 増加させる手法が代表的である。$b \geq a$ となればこの積分は特異でなくなり，通常の積分と同様に容易に数値積分が可能である。しかし，こうした解析的努力によっても，特異性や計算精度，速度が改善されない場合も多く，このときは筆者らの場合は Kutt の有限部分積分公式[5.7]の適用を試みている。詳細は省くが，これは次式のように分母の特異性を一つ低減できる積分公式である。

$$\int_0^1 \frac{F(x)}{x^a} dx = \int_0^1 \frac{\frac{F(x)}{x^{a-1}}}{x} dx = \sum_{i=1}^N \frac{F(x_i)}{x_i^{a-1}} \tag{5・19}$$

分点 x_i は $0<x<1$ 区間に $N-1$ 個配置し，$x<0$ にも 1 個配置する。少ない計算量と演算時間で有用な計算結果の得られることが多いが，$x<0$ 位置の分点の処理に苦慮する場合もある。それでもなお，特異積分値が数値的に安定しない場合は，d を小さな値とした準特異積分値（次項で説明）を近似値として採用することが多い。d の値の選択に任意性があることと計算の高速化に難があることを除くと，要求精度が極端に高くなければ実用精度を満足できることが多い。

5.6.3 準特異積分

(b) の準特異積分を表す基本式は次式となる。

$$\int_0^1 \frac{F(x)}{(x^2+d^2)^{\frac{a}{2}}}dx \tag{5・20}$$

d は計算位置と特異点 $(x=0)$ との離隔距離で微小値 ($d \ll 1$) である (図 5・5 参照)。$x=0$ においても分母は 0 とならないので一見簡単に思われるが, 準特異積分を許容精度内で高速に実行するのは, しばしば特異積分の実行より困難である。標準的な計算法は, 特異点近傍では小サイズに遠方では大サイズに積分区間を分割し, それぞれにガウスの積分公式を適用する方法である。それでも $d \ll 1$ では計算速度が著しく低下する。このときは筆者らの場合は Hayami の「Log-L1 変換」[5.8] の適用を試みている。Log-L1 変換は積分公式の分点位置を, 極近傍では密に, 遠方では疎にする変換であり次式で定義される。

$$x = \exp(R) - d \tag{5・21}$$

図 5・6 に, R 座標上でほぼ均等に配置された分点が, x 座標上で不均一な配置に変換される様子を示した。積分区間を特異点近傍では小さく遠方では大きくする手法と同様の効果が, 比較的少ない分点数の計算で得られる。微分の変換式は次のとおりである。

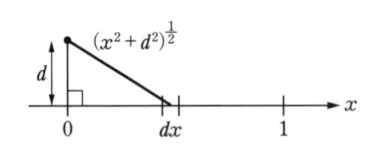

図 5.5 準特異積分の電界計算点

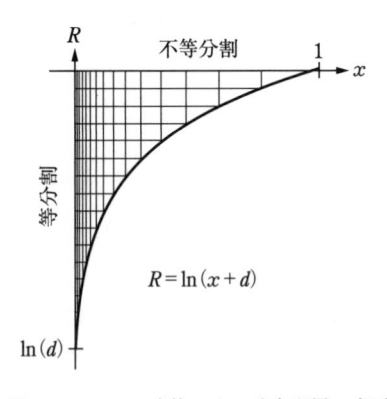

図 5.6 Log-L1 変換による分点配置の変更

$$dx = \exp(R)\,dR = (x+d)\,dR$$

よって，準特異積分は次式となる．

$$\int_0^1 \frac{F(x)}{(x^2+d^2)^{\frac{a}{2}}}dx = \int_{\ln(d)}^{\ln(1+d)} \frac{F(x)\exp(R)}{(x^2+d^2)^{\frac{a}{2}}}dR = \int_{\ln(d)}^{\ln(1+d)} \frac{F(x)(x+d)}{(x^2+d^2)^{\frac{a}{2}}}dR \tag{5・22}$$

分母に近い形式の因子が分子に現れるので特異性を緩和できるとも解釈できる．結局，分母の特異性をおおよそ一つ低減できる効用がある．ただ，準特異積分はLog-L1変換などを用いた場合でもなお計算負荷が大きい．類似法として「Log-L2変換」なども提案されており，ケースによってはLog-L1変換よりも有効である．ただし，経験的にはLog-L1変換のほうが汎用性が高いようである．

第5章 演習問題

1. 表面電荷法を最初に用いたのはマクスウェルである。彼は空間に孤立して存在する正方形導体の静電容量を求めるのに，導体を $6 \times 6 = 36$ 個の小正方形に分けて表面電荷法を適用した。正方形導体の電位を与えたときに電荷量が求められれば静電容量が得られるわけである。それぞれの小正方形の電荷を一定とすると，独立な未知数は何個になるかを考えなさい。また正方形導体が大地（接地平面）上で水平に存在するときには未知数は何個になるか。

2. 図問 5・1 のような電荷密度一定の長方形電荷が中心から距離 d の点に生じる電位の式を求めなさい。また $a = b (= w/2)$ の正方形のとき，$d = 0$ における電位を求め，電荷量とこの電位の比が前問の正方形導体の静電容量にはならないことを説明しなさい。

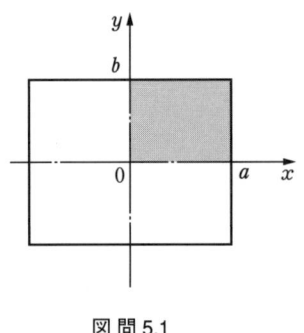

図問 5.1

3. 本文 5.5 節では各要素の電荷密度 $\sigma(j)$ が一定の場合の計算手順を説明した。電荷密度が座標の一次式で，しかも各要素間で連続であるとすると，一定の場合とどのように違うか考えなさい。

4. 本文 5.5 節で述べたように，導体表面では電界 E と電荷密度 σ に $E = \sigma/\varepsilon_0$ の関係がある。電荷密度 σ の電気一重層は $\sigma/(2\varepsilon_0)$ の電界を生じるはずであるが，2 倍の違いがあるのはなぜかを考えなさい。

第6章

電荷重畳法

　電荷重畳法（charge simulation method）は，1969年当時の西ドイツミュンヘン工科大学の H. Steinbigler が博士論文で提案した方法である[6.1]。第1章に述べた影像（電荷）法と似ているが，影像法はごく簡単な配置の計算にしか使えないのに対し，もっと一般的な配置に適用できる計算法である。電荷重畳法とは電極内部に配置した仮想的な電荷の作用を重畳して，真の電界分布を模擬することを意味している。一方，境界（単一誘電体では電極表面）上に輪郭点を置く点では前章の表面電荷法と似ているが，表面電荷そのものを直接相手にしない。

　たいていの数値計算法は電界計算だけに適用されるわけではないが，電荷重畳法は等電位面を電極の模擬に用いる点で，他の場の計算にはほとんど用いられず，もっぱら静電界計算に使用されるユニークな方法である。とくに高電圧工学や絶縁設計の分野では，プログラムが簡単でコーディングが容易な上に精度の高い電界計算法として重宝されてきた。

6.1　計算法の原理

　電荷重畳法は，とくに二次元場，回転対称場に適した方法である。図6・1のように，二次元場では無限長線電荷（紙面に垂直），回転対称場では点電荷，リング（円環）電荷，線電荷（軸上）を，「電極の内部に電極形状に近いように配置」し，これらの電荷の作る等電位面で電極を模擬するのが計算の基本である。

第6章 電荷重畳法

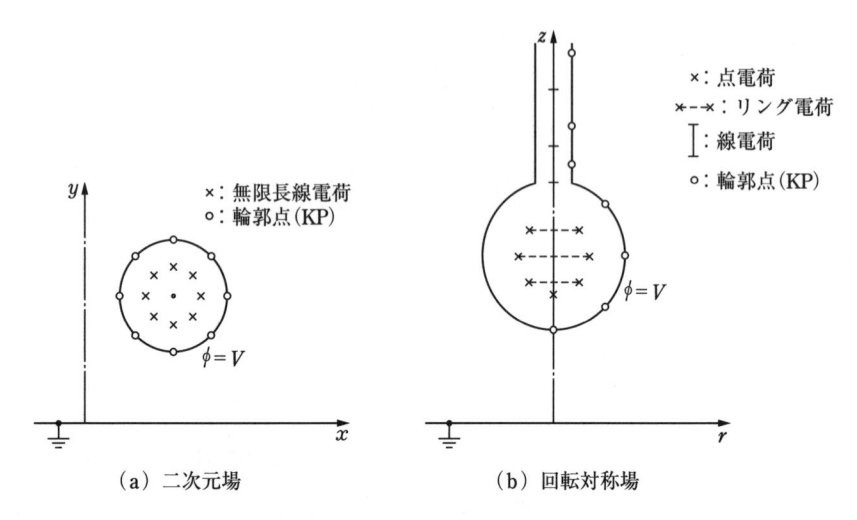

(a) 二次元場
×：無限長線電荷
○：輪郭点(KP)
$\phi = V$

(b) 回転対称場
×：点電荷
-：リング電荷
｜：線電荷
○：輪郭点(KP)
$\phi = V$

図6.1 電荷重畳法の説明図

内部に置く電荷を仮想電荷と呼ぶ．実際には電極表面に存在する電荷の代わりに代用するという点から仮想電荷を代用電荷，電荷重畳法を代用電荷法（ドイツ語では Ersatzladungsmethode；substitute charge method）と呼ぶこともある．

電荷重畳法では，電極の内部に置く一つ一つの仮想電荷は，もはや影像法の内部電荷のように電極の電位と直接の関係を持っているわけではない．電荷全体で（他に電極があればその中の仮想電荷の作用も含めて），できるだけ電極の形に近い等電位面ができるようにするだけである．そのために空間の本来電極表面である面上に有限個の点をとって，この点の電位が電極電圧 V になるように電荷群を決定する．この電荷群の作る $\phi = V$ の等電位面が電極表面と一致するなら，電荷群の作る電界は電極外部の正しい電界を与える．これは「等電位面を同じ電位の電極と置き換えても電界分布は変わらない」という静電界の定理によって保証されている．電位を与える電極上の点を輪郭点（ドイツ語で Konturpunkt；contour point）と呼び．しばしば KP と略称する．

電荷重畳法はまた次のように考えることもできる．それぞれがラプラスの式を満足する電位 $u_1, u_2, \cdots, u_n$ の和 ϕ（一次結合）が境界条件を満足するように $u_1 \sim u_n$ の係数を決めるのである．A_j を定数として $\phi = \sum A_j u_j$ が境界条件を満足す

58

ると、ϕ もラプラスの式を満足するので、ϕ は電極外部の正しい解である。これは「ラプラスの式を満たし、境界条件を満足する解はただ一つである」という静電界の一意性の定理によって保証される。このような部分解の和によって真の解を求める方法は、1.1節に述べた座標変換による級数解（しばしば無限級数）もその例である。したがって部分解 u_j は必ずしも具体的な電荷の作用である必要はないが、これまでに提案されているのはすべて具体的な形状の電荷である。

6.2 仮想電荷の電位，電界

図6・2に電荷重畳法で使用される仮想電荷の種類と位置を与える値（特性値：X, Y, R, Z など）を示す。これ以外の仮想電荷を使うことも可能であるがこの点は6・6節で説明する。電界計算には図6・2の電荷が領域の点 (x, y) または (r, z) に与える電位，電界の式が必要であるが、これらは付録1にまとめて示した。このうち回転対称場のリング電荷についてだけいくらか説明を加える。

図6・3のような z 軸に関して回転対称なリング電荷の電位は、帯電コイルあるいは帯電円環という名前で通常の電磁気学の本にも述べられているが、ほとんどはルジャンドル関数を用いた無限級数式が与えられている。電荷重畳法では完全だ円積分の式を用いるのが普通である。リング電荷の位置（高さ）を Z, 半径を R, 電荷密度を λ とすると、P点 (r, z) の電位は次式になる。

無限長線電荷(紙面に垂直)　軸上点電荷　軸上線電荷　回転対称リング電荷

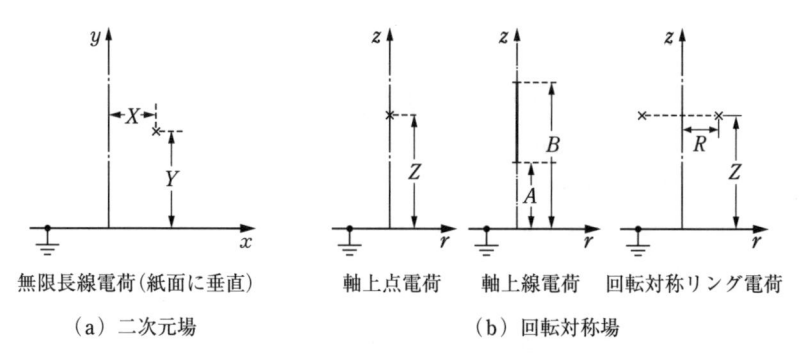

（a）二次元場　　　　　（b）回転対称場

図6.2　電荷重畳法で使用される仮想電荷

第6章 電荷重畳法

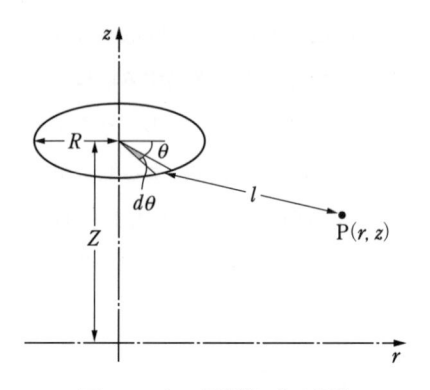

図6.3 リング電荷による電位

$$\phi = \frac{1}{4\pi\varepsilon_0} \int_0^{2\pi} \frac{\lambda R d\theta}{l} \tag{6・1}$$

ここで l はリング電荷の $d\theta$ 部分と P 点との距離である。

$$l = \sqrt{(r - R\cos\theta)^2 + (z - Z)^2 + R^2 \sin^2\theta}$$
$$= \sqrt{(r + R)^2 + (z - Z)^2 - 4rR \cos^2\left(\frac{\theta}{2}\right)} \tag{6・2}$$

$\theta/2 = \alpha$ と置き，$\cos^2 \alpha$ の対称性を考慮すると(6・1)式は，

$$\phi = \frac{\lambda R}{4\pi\varepsilon_0} \times \frac{4}{\sqrt{(r+R)^2 + (z-Z)^2}} \int_0^{\frac{\pi}{2}} \frac{d\alpha}{\sqrt{1 - k^2 \sin^2\alpha}} \tag{6・3}$$

積分は第1種完全だ円積分と呼ばれ，通常 $K(k)$ と表される。これを用いると，

$$\phi = \frac{Q}{2\pi^2\varepsilon_0} \times \frac{K(k)}{\sqrt{(r+R)^2 + (z-Z)^2}} \tag{6・4}$$

ここで Q は全電荷で $Q = 2\pi R\lambda$，また母数 k は，

$$k = \sqrt{\frac{4rR}{(r+R)^2 + (z-Z)^2}} \tag{6・5}$$

また r 方向，z 方向の電界 E_r，E_z は，付録1に与えているが，(6・4)式をそれぞれ r，z で微分し，

$$\frac{dK(k)}{dk} = \frac{1}{k(1-k^2)} \{E(k) - (1-k^2)K(k)\} \tag{6・6}$$

の式を用いれば導くことができる。ここで

$$E(k) = \int_0^{\frac{\pi}{2}} \sqrt{1-k^2 \sin^2 \alpha}\, d\alpha \tag{6・7}$$

は第2種完全だ円積分と呼ばれる。

なお付録1の式はすべて $y=0$ または $z=0$ の位置にある大地（接地平面）を考慮した式で，二次元場では $(y+Y)$，回転対称場では $(z+Z)$，$(A+z)$，$(B+z)$ を含む項が大地に対する影像電荷の作用である。逆に $y=0$ または $z=0$ が対称面になるときは，これらの項で電荷の符号を逆にすればよい。すなわち $(y+Y)$，$(z+Z)$，$(A+z)$，$(B+z)$ を含む項の符号をすべて変えれば対称面を考慮した式になる。

6.3 仮想電荷の方程式と電界

図6・1に示したように，電荷重畳法では電極内部の「適当な位置に適当な個数」の仮想電荷を置き，この仮想電荷 $Q(j)$ を未知数として境界条件を満足するように決定する。仮想電荷の個数と配置は前もって（入力データとして）与えるのが普通の方法である。$Q(j)$ によって i なる点に $u_j = P(i,j)Q(j)$ の電位を生じるが，$P(i,j)$ は「電位係数」と呼ばれ，(6・4)式あるいは付録1の電位の式から分かるように，電荷の種類と位置，ならびに被作用点 i 点の位置だけに依存し，$Q(j)$ によらない。そこで n 個の仮想電荷によって i 点の電位 ϕ_i は線形和，

$$\phi_i = \sum_{j=1}^{n} P(i,j)Q(j) \tag{6・8}$$

となる。電極表面上の適当な n 点（輪郭点）をとって，仮想電荷群の生じる電位（通常は大地に対する影像電荷の作用も含める）を電極電圧に等しいと置く。輪郭点は電極電圧と等しい電位の等電位面をなるべく電極形状（輪郭）に一致する面にするためである。

仮想電荷と輪郭点の個数がともに n 個であると，(6・8)式の n 個の $Q(j)$ を未知数とする次の多元連立一次方程式（支配方程式）が形成される。

第6章 電荷重畳法

$$\begin{pmatrix} P_{11} & P_{12} & \cdots\cdots\cdots P_{1n} \\ \cdots\cdots\cdots & & \\ P_{n1} & P_{n2} & \cdots\cdots\cdots P_{nn} \end{pmatrix} \begin{pmatrix} Q_1 \\ \vdots \\ Q_n \end{pmatrix} = \begin{pmatrix} V_1 \\ \vdots \\ V_n \end{pmatrix} \qquad (6 \cdot 9)$$

ここで簡単のため $Q(j)$ を Q_j, $P(i,j)$ を P_{ij} と書いている。Steinbigler の博士論文では，仮想電荷と輪郭点の数を変え，誤差の最小二乗法によって支配方程式を作る方法も提案されているが，これについては付録2に紹介する。

電極電圧 $V_1 \sim V_n$（図 6・1 ではすべて V）は境界条件として与えられ，係数 $P(i,j)$ も仮想電荷の種類と位置が与えられれば決まる値なので，(6・9)式から $Q(1) \sim Q(n)$ が求められる。この電荷量（普通は大地に対する影像電荷の作用も含めて）は領域（電極外）全体の電界分布を等価的に与えるもので，任意の点の電位，電界を容易に計算することができる。

すなわち電位 ϕ は(6・8)式と同じ式で，既知の（求められた）$Q(j)$ を用いて，

$$\phi = \sum_{j=1}^{n} P(i,j) Q(j) \qquad (6 \cdot 10)$$

から計算される。電界は領域分割法のように電位を微分するのではなく，各仮想電荷の電界の解析式（付録1）を加算する。二次元場では x, y 方向，回転対称場では r, z 方向について，それぞれ電界係数（単位の電荷量による電界）F_x, F_y, F_r, F_z を使用して次式のように表される。

二次元場； $E_x = \sum_{j=1}^{n} F_x(i,j) Q(j)$, $E_y = \sum_{j=1}^{n} F_y(i,j) Q(j)$ （6・11）

回転対称場； $E_r = \sum_{j=1}^{n} F_r(i,j) Q(j)$, $E_z = \sum_{j=1}^{n} F_z(i,j) Q(j)$ （6・12）

電界の精度は，仮想電荷の作る等電位面がどのくらい電極形状に近いかに依存するので，二つの輪郭点の中間の電極表面上（に相当する領域中の点）に「検査点（しばしば AP：ドイツ語で Aufpunkt と呼ばれる）」をとり，この点の電位がどのくらい電極電圧と相違しているかを調べる。

6.4 簡単な例

電荷重畳法の計算原理とその問題点を理解するためにごく簡単な例題を示す。図6・4のような球対大地（接地平面）の配置の電界を対象とする。球の直径を 2 cm，大地との離隔距離を 1 cm，球の電位を 1 kV とする。

図のように，輪郭点を z 軸上の両端，すなわち座標 $(0,1),(0,3)$ に，仮想電荷として点電荷 Q_1, Q_2 を $(0,1.5),(0,2)$ に置く。これによって電荷と電位の式，(6・8)式は，大地に対する影像電荷の作用も含めて，

$$\left(\frac{1}{0.5}-\frac{1}{2.5}\right)q_1+\left(\frac{1}{1}-\frac{1}{3}\right)q_2=1 \quad , \quad \left(\frac{1}{1.5}-\frac{1}{4.5}\right)q_1+\left(\frac{1}{1}-\frac{1}{5}\right)q_2=1$$

となる。ただし，単位は〔cm〕と〔kV〕で，$Q_i/(4\pi\varepsilon_0)=q_i(i=1,2)$ としている。これを解くと，

$$q_1=0.136 \quad , \quad q_2=1.175$$

である。球先端の最大電界 E_m は求めた Q_1, Q_2 の作用を計算すればよい。

$$E_m=\left(\frac{1}{0.5^2}+\frac{1}{2.5^2}\right)q_1+\left(\frac{1}{1}+\frac{1}{3^2}\right)q_2=1.869$$

となる。影像電荷の作用は電位ではマイナスに，電界ではプラスになることに注意が必要である。この 1.87 kV/cm という値は詳しい計算による真値の 1.77 と比べて 5.6% 相違するだけである。

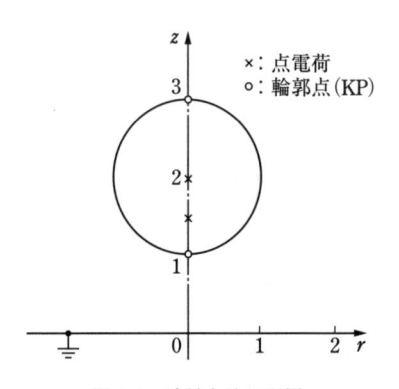

図6.4 球対大地の配置

仮想電荷の位置はそのままで$(0,3)$の点の輪郭点を球側面の$(1,2)$に移した場合，電荷と電位の関係式はいくらか複雑になるが，それでも未知数が2個であるから筆算でも求められる。結果は，$q_1=0.114$，$q_2=1.227$である。球先端の最大電界 E_m は 1.84 kV/cm となって，真値との差はわずか 4.0% である。

この計算例からつぎのことが分かる。

（a）　たった2個の輪郭点と2個の電荷（2個の未知数！）で，かなり真値に近い最大電界値が得られるのは驚くべきことである。これはたとえば差分法や有限要素法で領域を分割して計算することを想像すれば容易に理解されよう。輪郭点の数と仮想電荷の種類や数を増やせば計算手順はそのままで高い精度が得られそうであるが，実際にそうである。

　　　電荷重畳法は原理が簡単なために影像電荷法の一種のように考えられたり，また誰にでも思いつける方法のようにみなされることがあるが，それはいわば「コロンブスの卵」である。Steinbigler が発表するまでは，誰も電荷重畳法がこのように精度の高い，一般的な電界計算法になるとは考えなかったのであり，この点から電荷重畳法を「Steinbigler 法」と呼んでも差し支えない。

（b）　計算例からも分かるように，計算すべき配置が与えられても輪郭点の取り方，仮想電荷の種類と配置方法には相当の自由度がある。計算結果がこれらに依存することと，良い配置の選定には「経験と勘」を必要とすることが電荷重畳法の欠点でもある。以下において輪郭点と電荷の配置方法などを説明する。

6.5　計算上の2, 3の問題

6.5.1　仮想電荷と輪郭点の配置

電荷重畳法の計算精度は仮想電荷と輪郭点の配置に顕著に依存するので，良い配置を選ぶことが重要である。輪郭点は電極表面上なので，まず輪郭点の位置を

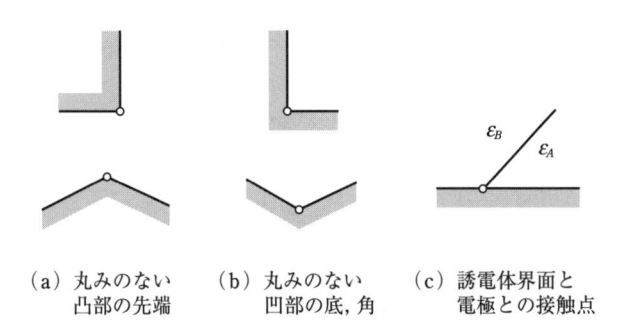

(a) 丸みのない　　(b) 丸みのない　　(c) 誘電体界面と
　　凸部の先端　　　　凹部の底, 角　　　電極との接触点

図6.5　輪郭点を配置できない箇所

定めそれに対応させて仮想電荷の位置を決めるのが普通である。

　輪郭点は電界値を求めたい重要な箇所や，電界変化が急激なところでは密に配置する。外側の電極（シース）やタンク壁，近接物体のように電界値を必要とせず，電位を与えればよいものは，わずかの輪郭点と仮想電荷でも十分である。図6・5のように丸みを帯びない凸部や凹部の先端，2種類の誘電体の界面と電極表面が接触している箇所（三重点，11.6節）は，二次元場でも回転対称場でも輪郭点を置くことができない。これらの点は電界特異点で電界が理論上無限大または0になる点である。丸みを帯びない凹部は実際にたとえば図6・1(b)の配置にあるように，電極と支持導体との接続部分などでしばしば生ずる。

　仮想電荷の配置は輪郭点に比べさらに自由度があり，すでに述べたように良い配置を選ぶにはいくらかの経験が必要である。二次元場の無限長線電荷や回転対称場の点電荷，リング電荷のように断面図で境界に対して点状になるものは，図6・6のように輪郭点に対向して境界の垂線上に置くのがよい。この垂線の長さaと両隣りの輪郭点間の距離の和bとは適当にバランスさせる必要がある。すなわち

$$f=\frac{a}{b} \tag{6・13}$$

と置くと，fが小さすぎると図6・6(b)のように等電位面は輪郭点の中間（検査点）で電極形状が模擬できず，電位不足になる。一方，fが大きすぎると電荷が

第6章 電荷重畳法

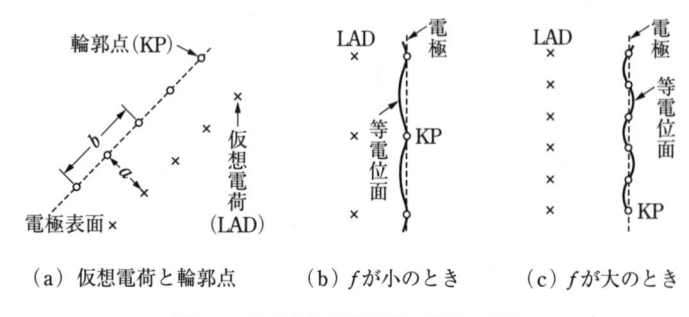

(a) 仮想電荷と輪郭点　　(b) fが小のとき　　(c) fが大のとき

図 6.6　輪郭点と仮想電荷の位置の関係

密すぎて，図(c)のように等電位面が正負に振動してかえって電界誤差が大きくなることがあるうえに，けた落ち誤差も生じやすくなる（6.5.2 項脚注参照）。

f の最適値は配置によって異なり，一般に 0.2～1.5 の範囲とされている。筆者らは電荷重畳法の計算経験から通常の配置には $f=0.6$ を用いている。また輪郭点の粗な場合は 0.5，密な場合は 1.0，一般に 0.75 付近が良いという報告もある[6.2]。いずれにしても輪郭点が粗になるに従い，電荷はほぼ一定の f になるよう電極表面から離して配置しなければならない。

6.5.2　電位係数について

(6・9)式の係数行列は領域分割法における電位方程式の係数行列のように 0 項の多いいわゆる疎（スパース）行列ではない。単一誘電体の場合には通常電位係数 $P(i, j)$ のすべてが 0 でない。したがって計算時間を短くするには，電位係数，電界係数，特に回転対称場では完全だ円積分の計算をなるべく速くする必要がある。たとえば回転対称場に輪郭点，検査点がそれぞれ n 個，計算点が k 個，リング電荷が l 個使用されていると，検査点では電位だけ計算するとしても大地に対する影像電荷も含めて $4(n+k)l$ 回の第 1 種完全だ円積分，$4kl$ 回の第 2 種完全だ円積分の計算が必要である。

完全だ円積分は数学の書では母数 k のべき級数展開式が与えられていることが多い。たとえば $K(k)$ は[6.3]，

$$K(k) = \frac{\pi}{2}\left[1 + \left(\frac{1}{2}\right)^2 k^2 + \left(\frac{3}{8}\right)^2 k^4 + \cdots + \left\{\frac{(2r-1)!!}{(2r)!!}\right\}^2 k^{2r} + \cdots\right]$$

または,

$$K(k) = \frac{(1+l)\pi}{2}\left[1 + \left(\frac{1}{2}\right)^2 l^2 + \left(\frac{3}{8}\right)^2 l^4 + \cdots + \left\{\frac{(2r-1)!!}{(2r)!!}\right\}^2 l^{2r} + \cdots\right] \quad (6 \cdot 14)$$

ここで, $l = (1-\sqrt{1-k^2})/(1+\sqrt{1-k^2})$, $(2r-1)!! = (2r-1)(2r-3)\cdots 3 \cdot 1$, $(2r)!! = 2r(2r-2)\cdots 4 \cdot 2$

$E(k)$ についても同様に k または l の展開式があり, ともに k よりも l のべき級数のほうが収束が速い. しかし, より収束が速いのは次の算術幾何平均法である[6.4].

2数 a, b に対して, $a_1 = (a+b)/2$, $b_1 = \sqrt{ab}$ とし, 以下

$$\left.\begin{array}{l} a_n = \dfrac{a_{n-1} + b_{n-1}}{2} \\ b_n = \sqrt{a_{n-1} \cdot b_{n-1}} \end{array}\right\} \quad (6 \cdot 15)$$

と置くと, 数列 $\{a_n\}$, $\{b_n\}$ は同じ極限値, 算術幾何平均 $L(a, b)$ に収束し, たとえば第1種完全だ円積分 $K(k)$ は,

$$K(k) = \frac{\pi}{2L(1, \sqrt{1-k^2})} \quad (6 \cdot 16)$$

で与えられる. $E(k)$ については付録3に述べる.

電荷重畳法でもう一つの問題は, (6・9)式を解く際にけた落ち※が起こりやすいことである. 特に電荷や輪郭点の配置が密であると起こりやすい. これはたとえば j 番目の電荷と k 番目の電荷が同じ種類で近接していると, $P(i, j)$ (j列) と $P(i, k)$ (k列) が近い値となって, 係数行列が「特異 (singular)」に近くなるためである. 輪郭点が近接すると係数行列の2行が近い値となって同様な現象が起こる. これを防ぐには倍精度計算※が有効で, 基本的には常に倍精度計算とするのがよい.

※: 数値計算には離散化誤差, 打切り誤差, 丸め誤差, けた落ちといった種々の誤差を伴う. 離散化誤差は連続的に変わる量をとびとび (discrete) の値で近似するための誤差で, たとえ

ば積分を Δh のきざみ幅の関数和で代用するために生じる（台形公式，シンプソンの公式などすべての数値積分の）誤差である。打切り誤差は本来無限回の操作の必要な計算を有限回で打ち切ることによる誤差で，無限級数の和を求めるときや反復計算で収束を判定して打ち切るときに生じる。また丸め誤差は本来無限あるいはもっとけた数の多い数を，有限のけた数で近似して取り扱うために生じる。けた落ちは二つの数 a, b が近い値の数であると，差 $(a-b)$ の有効けた数が a, b の有効けた数に比べて小さくなることを意味する。

けた落ち誤差を防ぐには倍精度計算が有効である。倍精度計算は，普通の計算（1倍精度計算）で一つの数字を1語（たとえば32ビット）で表すのに対し，2語で表現して有効けた数を増やすものである。1倍精度の有効数字は約7けた，倍精度のそれは約16けたである。なおさらに有効けた数を増やす4倍精度計算がある。

6.6 仮想電荷の種類

6.6.1 仮想電荷の条件

通常の電荷重畳法で用いる仮想電荷は，6.1節で述べたように，二次元場では無限長線電荷，回転対称場ではリング電荷と z 軸上の点電荷，線電荷の3種類である。したがって，これ以外の電荷あるいは一般に具体的な電荷と関係のないラプラスの式の解を使用することが考えられる。

しかし上記の仮想電荷で非常に一般的な計算法が構成できているため，新たに使用する電荷は少なくとも次の条件を満たさなければならない。

（a） 電位，電界が解析的に表されること。もし数値計算が必要であるとむしろ表面電荷法を使用するほうが良い。

（b） 電荷重畳法では計算の難しい，または不可能な配置を計算できること。

（c） 計算精度や時間が改善されること。

旧著には，二次元場で複素関数を用いて仮想電荷の数を減らしたり，計算時間を短縮する例が説明されている。一つの例は一部の境界条件を満足する関数（有限領域のグリーン関数）を使用する方法で，計算対象は接地された半無限矩形導体壁間の円筒導体チャネルである。壁上で0になるような関数を用いれば壁外

の仮想電荷が不要になる。しかし，種々の配置に対してそのたびに異なるグリーン関数を用いるのでは計算法の一般性が失われ，面倒である。他の例は厚みのない箔状電極の計算である。電荷重畳法は仮想電荷が常に電極内になければならないという制約があるが，適当な座標変換（等角写像法）によって箔形状を円形にすると，内部に電荷をおくことができて，確かに電荷重畳法で計算できる。しかし適用はあくまでも二次元配置に限られるので，通常は表面電荷法で容易に計算できる。

6.6.2 円板電荷

円板電荷といっても円板上の電荷密度の分布によって無数の可能性があるが，たいていは電位，電界を解析的に表せない。図6・7のように無限空間中にある電位一定の円板電荷（円板導体）に限り，電位，電界を解析的に表せる[6.5]。特に$z=0$平面上にあるときの電位，電界の式は，

$$\phi = \frac{Q}{4\pi\varepsilon_0 R}\arctan\frac{\sqrt{2}R}{\sqrt{r^2+z^2-R^2+\sqrt{(r^2+z^2-R^2)^2+4R^2z^2}}} \quad (6\cdot17)$$

$$E_r = \frac{Q}{4\pi\varepsilon_0 R}\frac{Y}{1+Y^2}\frac{r}{\sqrt{(r^2+z^2-R^2)^2+4R^2z^2}} \quad (6\cdot18)$$

$$E_z = \frac{Q}{4\pi\varepsilon_0 R}\frac{1}{Y}\frac{z}{\sqrt{(r^2+z^2-R^2)^2+4R^2z^2}} \quad (6\cdot19)$$

ここで，$Y=\sqrt{r^2+z^2-R^2+\sqrt{(r^2+z^2-R)^2+4R^2z^2}}/(\sqrt{2}R)$，$Q$は円板上の全電荷である。

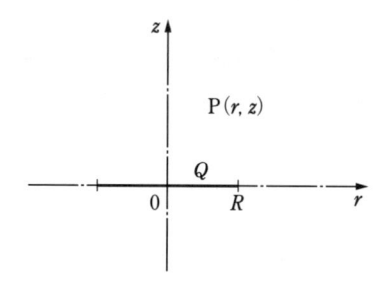

図6.7 円板電荷（帯電円板導体）

第6章 電荷重畳法

円板電荷は先に述べた(a)～(c)の条件をほぼ満たしている。電位，電界の式が解析的に表されるうえに，リング電荷と比べて完全だ円積分の計算が不必要なので計算時間は約 1/2 で済む。また回転軸に垂直な導体という性格から，次のような種々の特殊な利用が可能である。

(a) 平たい電極を少ない数の電荷で模擬する場合。
(b) 先端で電界が無限大となる切断された丸棒の模擬（電荷上でも電位が一定なため棒先端表面に置くことができる）。
(c) 厚みのない部分を有する特殊な（すべてではない）電極の模擬。

図 6・8 に支持円板を有するシールド電極を計算するための電荷配置と得られた電界分布を示す。円板電荷で注意すべきことは単独に存在する厚みのない円板を円板電荷で模擬できないことである。すなわちこのような円板を1個（1枚）の円板導体で模擬しようとしても，大地や他の電極の作用で導体が一定電位にならないためである。また複数個の半径の異なる円板電荷を重ねるのは，それぞれの端部が電界特異点で無限大の電荷密度であるため，正確な模擬にならない。同じ理由で穴のあいた円板導体も模擬できない。

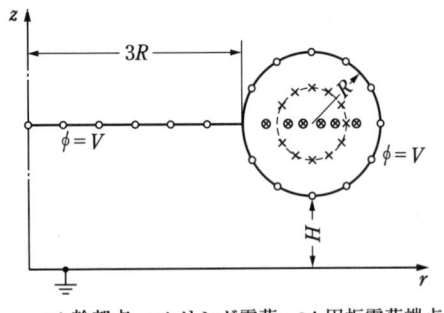

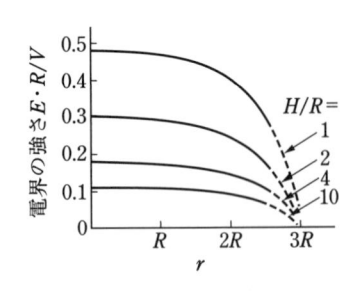

○：輪郭点，×：リング電荷，⊗：円板電荷端点
(a) 電極，輪郭点，仮想電荷の配置
(b) 上部平板上下側（大地側）の電界

図 6.8　厚みのない平板を含む配置の計算例

6.6.3　仮想電荷の一般化

　標準的な電荷重畳法に用いる仮想電荷は点，直線，曲線（リング）という体積のない電荷であるが，より一般的な電荷形状として体積を有する電荷を用いることができる。たとえば二次元の場合，(x, y) 座標で断面がだ円の電荷はだ円筒電荷であるが，この電位，電界は簡単な式で表せる。さらに，だ円の長半径，短半径をそれぞれ a，b とすると，だ円筒電荷は $a=b$ のときは円筒電荷，$b=0$ は（厚みのない）箔電荷，$a=b=0$ のときは線電荷になるという融通性がある。ただし適用は二次元配置に限られる。

　回転対称場については考えられる電荷形状が図 6・9 のように整理されている[6.6]。図の矢印は縮退の方向を示し，縮退の少ないものほど一般的な形状である。この図によると回転だ円体は有限長線，円板，点を縮退形状として含んでいるので，回転だ円体電荷とリング電荷を用いる通常の電荷重畳法よりも一般的な電荷重畳法を構成できることになる。それだけではプログラム上仮想電荷の種類を増やすにすぎないが，球やだ円体電荷の利点は高電圧の配置でしばしば生じる球，半球，回転だ円体形状の電極表面に直接（表面に一致させて）置くことが可能な点である。このような電極の一部と一致する電荷が作る電界分布は，模擬しようとする電極の作る電界分布に近いと考えられる（ただし前項で述べた円板電

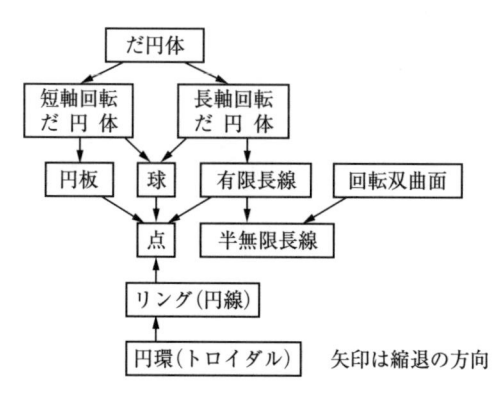

図 6.9　電荷形状の整理

第6章 電荷重畳法

荷は端部で電界が無限大になるので例外である）ので，仮想電荷の数を減らしたり精度を向上させることができる。実際に一般三次元の水平配置球ギャップに回転だ円体電荷を適用して計算し，そのような効果が報告されている[6,7]。問題は縮退形状を含めて7～8種類もの仮想電荷を使用することで，プログラムや入力データの作成が面倒になることである。ただ回転だ円体電荷の電位，電界の式はあまり複雑なものではない。

第6章 演習問題

1. 電荷重畳法の簡単な例を計算する。図問 6・1 のように両端が半球（半径 1 cm）で，z 軸に対して回転対称な円筒電極（円筒部分の長さ 2 cm）がある。これを 3 個の点電荷 Q_1，Q_2，Q_3 で模擬する。Q_2 の位置を原点とし，点電荷をそれぞれ $(0, 1)$，$(0, 0)$，$(0, -1)$ に置く。電極の電位が 1 V のとき，輪郭点（KP）の位置を，
   （a） 半球先端 $(0, 2)$ と円筒部分中央 $(1, 0)$
   （b） 円筒部分の端 $(1, 1)$ と円筒部分中央 $(1, 0)$
   の場合について，各電荷の値ならびにこの電極の静電容量の近似値を求めなさい。

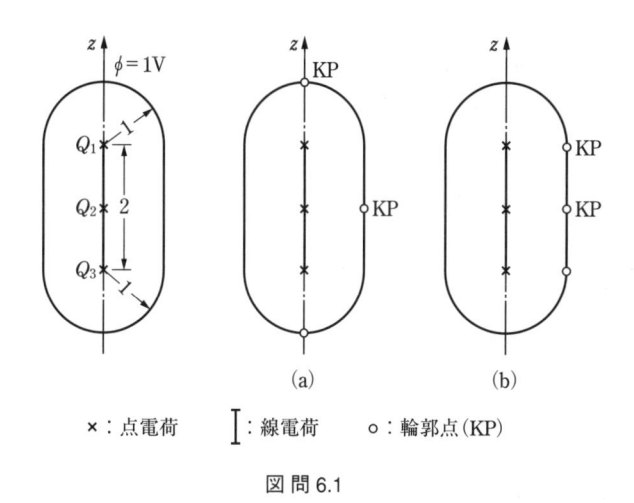

×：点電荷　　|：線電荷　　○：輪郭点（KP）

図問 6.1

2. 前問題の仮想電荷を 2 個の点電荷 Q_1，Q_3 と 1 個の線電荷 Q_2 とし，点電荷はそれぞれ半球の中心 $(0, 1)$，$(0, -1)$ に，線電荷は 2 個の点電荷をつなぐ線上（軸上）に置く。輪郭点が前問題の（a），（b）の場合について，各電荷の値ならびにこの電極の静電容量の近似値を求めなさい。
3. 本文 6.6.2 項の円板導体上の電界と電荷密度を求めなさい。

第7章

電界計算法の比較と精度

　第3章から第6章で，代表的な数値電界計算法として，領域分割法である差分法と有限要素法，境界分割法である表面電荷法と電荷重畳法について説明した。2.5節に述べたように，他にもいくつかの電界計算法があるがこれらについては次章で述べる。

　電界計算ではどのような目的の計算を，どんな配置や条件で行うかによって適切な計算法が相違する。したがって，適当な計算法を選ぶには計算法の特徴を知らなければいけない。特に重要なのは計算精度である。この章では差分法と有限要素法の比較，表面電荷法と電荷重畳法の比較，全体の比較表，さらに計算精度について説明する。

7.1　差分法と有限要素法の比較

　差分法と有限要素法は微分を点間の差分で近似するか，要素の特性を簡単な関数で近似するかの違いがあるが，どちらも領域の各点の電位 ϕ_i の連立一次方程式になるので，計算上の相違はこの方程式を作るまでのプロセスである。ところが4.6節に述べたように，二次元場でも回転対称場でも一様に長方形格子で分割したときの差分法と，さらに二分割した三角形要素による有限要素法はまったく同じ ϕ_i の式を与える。したがって境界におけるいくらかの相違を除けば，同じ電位・電界値が得られるし精度も同じである。相違点は有限要素法のほうがプロ

グラム，入力データとも複雑で，何倍も手間がかかることだけである。比較的簡単な単一誘電体の配置で境界も複雑でない場合には差分法でなく有限要素法を適用するメリットはあまりないといってよい。それにもかかわらず，電界計算の分野でも有限要素法の利用が増加してきたのは，有限要素法のほうが柔軟性があり，一般的に複雑な問題ほど有利になるためである。高次近似関数の利用による精度の向上は4.7節で説明したが，他に次のような利点がある。

(1) 領域分割

差分法では通常領域を座標軸に平行な正方形あるいは長方形格子で一様に（規則的に）分割するが，有限要素法では電界の高いところや変化の激しいところを密にし，遠方領域を粗にするのが容易である。また座標軸に無関係に分割できるので，たとえば電極表面では法線方向に分割点を取れるなど，分割に自由度がある。これらによって，未知数の節約，同じ未知数の数では精度の向上が図れる。ただし差分法のほうが分割（メッシュ生成）の容易なのは当然である。

(2) 境界の処理

差分法は回転軸上や電極表面など種々の境界で特別な処理の必要なことを3.5節で説明した。有限要素法では方程式が要素の処理をもとにしているので，回転軸上でも特別な考慮を必要としない。電極表面上も常に節点を置くことができるので同様である。さらに第11章に述べるような複合誘電体界面においても，界面上に節点を置き，界面の両側で要素の誘電率を変えた式を使用するだけで済む。特に有利なのは，$\partial \phi/\partial n = 0$ となる対称面などの境界の処理である。この電気力線が境界に並行であるという条件は，「自然境界」あるいは「断熱境界」とも呼ばれるが，有限要素法では境界値を指定しない境界は自動的にこの条件が満足されるのである。このことはたとえば以下の例で示すことができる。

図7・1でiを$\partial \phi/\partial y = 0$上の点であるとすると，図4・2で計算したように，要素1，2，3に対する$\partial X_e/\partial \phi_i$は(4・26)～(4・28)式で与えられる。$h_x = h_y$のときポテンシャルエネルギーの微分を0とおくと，$\partial X/\partial \phi_i = \sum_{e=1}^{3} \partial X_e/\partial \phi_i = 0$から

$$4\phi_i - \phi_j - 2\phi_n - \phi_p = 0 \tag{7・1}$$

第7章　電界計算法の比較と精度

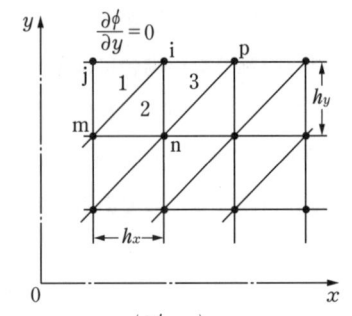

図7.1　自然境界 $\left(\dfrac{\partial \phi}{\partial y}=0\right)$ 上の節点（二次元場）

となって，差分法で与えた $\partial \phi / \partial y = 0$ の(3・24)式になる。

ただ無限遠に関しては差分法と同様にどこで領域を局限（人工境界の設定）して，いかなる境界条件を与えるかの考慮が常に必要で，2.2節あるいは3.5.3項で解説した方法を用いなければいけない。

（3）入力データの作成

プログラム，入力データが複雑で，作成に手間がかかるという有限要素法の難点は，計算機処理手法の発達によって，領域の自動分割法など入力データの自動作成ソフトが開発され，かなりの程度克服されるようになった。

このようなデータ作成ソフトは，CAD（19.1節参照）などにおける幾何形状モデリングソフトと格子分割ソフト（メッシュジェネレータ）とから成るが，有限要素法等の市販ソフトウェアにはたいてい付属している。またインターネット上で無料のソフトウェアも無数に公開されている。いくつかの研究機関もソフトウェアのライセンス提供を行っており，理化学研究所の V—CAD と呼ばれる三次元ボリュームデータ用ソフトウェア[7.1]，日本原子力研究開発機構の GRID3DST と呼ばれる並列メッシュジェネレータ[7.2] などが利用できる。

メッシュジェネレータの概要と動向については，メッシュの最適化や品質評価も含めて，文献[7.3]などが参考になる。この文献にはインターネット上の各種フリーコードの情報も記載されている。

7.2 表面電荷法と電荷重畳法の比較

電荷重畳法はまずプログラムが簡単で,その最大の理由は電位や電界が式で与えられることである。表面電荷法は平面電荷を用いる場合を除いて電位,電界の計算に数値積分が必要である。さらに数値積分における特異点の処理（5.6節）,要素形状の模擬方法,電荷密度を座標の高次式で表す場合の処理,要素境界での連続性などの付帯条件,などを考慮しなければいけない。

第二に計算時間は一般に表面電荷法のほうが長い。数値積分を伴う回転対称場の計算時間は,表面電荷法の要素数と同じ電荷数の電荷重畳法に比べて3-4倍とされている。第三に計算時間と関係するが,電荷重畳法は電極表面が滑らかであれば分割要素上で電荷密度が一定の簡単な表面電荷法よりは精度がよい。これは電荷重畳法では電極を等電位面（必然的に滑らかである）で模擬するのに,表面電荷法は表面電荷を直接用いるため,特に電極表面付近で誤差が大きくなることによる。旧著には,球対大地（接地平面）の電界計算の誤差が,16個の仮想電荷を使用した電荷重畳法では最大で0.2%,未知数が同じ数の16要素（各要素の電荷密度一定）に分割した表面電荷法では0.9%である結果を紹介している。

しかし表面電荷法で電荷密度を高次の多項式で表し,表面積分を十分な精度で実行すると,電荷重畳法より高精度な電界計算の可能なことが文献[7.4]に示されている。これは本来表面に存在する電荷を電荷重畳法では内部の（離れた位置の）仮想電荷で模擬するためとされている。このような高精度の計算は最近の計算機の大容量化で可能になったもので,さらに発展した曲面形状表面電荷法（SCM）-高速多重極法（FMM）の組合せについては第9章,10章でまとめて説明する。

また表面電荷法は次のような利点があり,電荷重畳法では計算できない配置もある。

(a) 入力データの作成が容易である。計算プログラムが存在すると,表面電荷法は電極形状（表面）を要素に分割するだけで,表面電荷の種類や位置を考えなくてよい。つまり電荷重畳法で必要な仮想電荷の種類,位置を決

めるための「経験と勘」が不要である。

（b） 厚みのない，あるいは薄い電極の計算が容易である。電荷重畳法では仮想電荷は通常電極内部になければならないので，金属箔のように厚みのない電極は計算ができない。絶対に計算できないわけではなく，図7・2に示すような仮想の境界（点線）を設けて領域を二つに分けて計算する方法がある[7.5]。この図で電極と境界の両側に仮想電荷を置き領域Aの電界は電荷7～12，領域Bの電界は電荷1～6で与え，輪郭点a～fの境界条件から電荷を求める。この方法は領域A，Bとも同じ誘電率であるが，本質的には第11章に述べる複合誘電体の電荷重畳法による計算と同じである。図7・2から分かるように電極上でも輪郭点の2倍の数の電荷が必要なうえに，余計な仮想の境界を作り余分な輪郭点と仮想電荷を与えなければならないので，たいていの場合表面電荷法で計算するほうが良い。

（c） 誘電体の界面（境界面）では電荷数が少なくて済む。複合誘電体の計算は第11章に説明するが，電荷重畳法では界面の分極電荷を模擬するのに，界面より離れた位置で両側に仮想電荷を配置しなければいけない。さらに，一方の誘電体が薄い場合などは適切に配置するのが必ずしも簡単でない。これに対して，表面電荷法では界面に直接電気二重層を置くだけでよく，半分の数の未知数（電荷）で済む上に配置が容易である。

数値計算では一般にプログラム内容は複雑でも，より一般性があり入力の手間の少ない方法は次第に使用割合が増加する。このことは表面電荷法と電荷重畳法

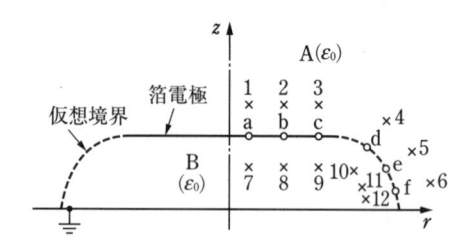

○：輪郭点，×：仮想電荷

図7.2　厚みのない電極の電荷重畳法による計算

との関係にも当てはまり，曲面要素による形状模擬手法（第9章に説明）の発展などに伴って汎用的な表面電荷法の使用が増えてきている。重要な点は，差分法と有限要素法の関係と異なり，表面電荷法と電荷重畳法は両者を併用するのが可能なことである。むしろ複雑な配置で，表面電荷と電極内の仮想電荷をそれぞれ適当する個所に配置し，積極的に両方法の長所を活用することでうまく計算できる場合がある。

7.3 計算法の比較表

2.5節に，数値電界計算法は領域分割法と境界分割法に大別されることを述べたが，計算法のもとになっている方程式（支配方程式）の形式から前者は微分方程式法，後者は積分方程式法と呼ばれることもある。領域分割法は領域を有限個に分割し分割点の電位を未知数とする方法で，差分法と有限要素法がこれに属し，境界分割法は境界と境界上に存在する電荷（あるいはその作用）を分割して電界を求める方法で，表面電荷法と電荷重畳法がこれに属する。

これら4種類の方法の主な特徴をまとめて表7・1に示す。表中の未知変数の数は32 bit PC（パーソナルコンピュータ）を使用した場合の概算値である。旧著の表では，未知数の数は領域分割法が400-50 000，境界分割法が1 000以下であったが，現在ははるかに大きくなっている。この頃以降のさらに大きな進展は，当時大型計算機でなければ出来なかった電界計算が，現在ははるかに複雑な問題を誰もがPCで解けるようになったことである。

以下では，領域分割法と境界分割法という区別が，次のような決定的な相違を生じることだけを再度強調したい。

（a） 領域分割法では系の（支配）方程式から求められるのが電位であるため，電界を計算する際の数値微分による誤差が大いに問題である。これについてはさらに7.5節で解説する。
（b） 領域が無限遠にまで至る場合（開空間），境界分割法では電荷の作用が無限遠で零になるので無限遠の境界条件が自動的に満足される。領域分割

第7章 電界計算法の比較と精度

表7・1 数値計算法の比較(原則的に電界計算に関する内容)

	領域分割法		境界分割法	
計 算 法	差分法	有限要素法	表面電荷法	電荷重畳法
有 限 化	領域全体の分割		境界と電荷の分割	
未知変数	格子点電位	節点電位	境界の電荷密度	仮想電荷量
未知変数の数	$\sim 10^7$		$\sim 5 \times 10^4$ (高速多重極法では 10^6 のオーダ)	
係数行列	疎(スパース)		密(フル)	
電界の求め方	電位差/距離,または近接点電位の数値微分		境界の電荷密度の作用を数値積分(平面電荷の場合は電界の式)	仮想電荷の作用(電界の式)を加算
領 域	閉空間(無限遠境界の考慮が必要)		閉空間でも適用可能だが開空間により適している(無限遠境界の考慮は不要)	
適当する問題とその他の特徴	・一般的(非線形問題も適用可能) ・領域の分割が容易 ・複雑な形状,境界は取り扱いが難しい ・ただし,分割の容易さから人体内誘導電界のような複雑,大規模な計算に用いられる	・一般的(非線形問題も適用可能) ・プログラム,入力データが複雑だがより柔軟性がある ・差分法より複雑な形状,境界,条件の問題に適している	・ラプラス場の計算であるが電荷重畳法より適用範囲が広い ・特異点の処理が面倒 ・非線形問題は適用が困難 ・電荷重畳法との併用が可能	・二次元,回転対称場のラプラス場の精密計算に適している ・仮想電荷の適切な配置に経験や勘が必要 ・薄い電極は計算が困難 ・非線形問題には適用できない

法では適当な箇所に仮想の境界(人工境界)を設ける必要がある。

(c) 境界分割法は領域分割法に比べ分割数が1次元少ないため,方程式(未知数)の数も1次元分少なくなる。その結果,境界分割法の連立一次方程式は未知数が少なければ直接法で解くことができる。境界分割法はフル(密な)行列であるのに対して,領域分割法の係数行列は大規模でスパース(疎な)行列になるので,3.6.2項に触れたような特別な方法が必要である。

(d) しかし記憶容量の点からは,境界分割法のほうが少なくて済むのは二次元,回転対称場までで,三次元配置では係数行列の番号付けを工夫するこ

とによって，領域分割法のほうがむしろ必要容量が少ない。ただし，これは1座標に対して同じような（間隔での）分割をした場合で，境界分割法でも高速多重極法（第10章）のような細かい分割が可能な方法はもちろん大容量が必要である。

　さてこのような長所短所から，各数値計算法がどのような電界問題に適しているか，言葉をかえれば与えられた問題に対してどの計算法を用いるのが良いかという点であるが，ごく一般的には表7・1に記したとおりである。読者の中には，電界だけでなくどんな場でも有限要素法で解けるので，これさえあれば他の計算法は不要と考える人がいるかもしれない。有限要素法はたしかにもっとも汎用性の高い方法といってよく，ほとんどあらゆる場の解析に適用されている。しかし電界計算では少し事情が違っていて，有限要素法はいくつかある数値計算法の一つにすぎない。これは第一に電界の多くの問題が高い精度を必要とし，計算機の限られた容量と計算時間のもとでは，電荷重畳法や表面電荷法のほうが精度が高いためである。また人体内の誘導電界計算のように，複雑で大規模な計算には有限要素法でなく分割の容易な差分法も使われている。

　計算法の選択に関して，筆者の独断的な意見を述べるとすれば，「境界分割法で計算できるところはなるべく境界分割法を用いよ」である。しかし境界分割法はあくまでもラプラスの式の解をもとにしているので，それ以外の場には適用できない。たとえば，空間電荷のある場合（ポアソンの式）や導電率が電界に依存する非線形の場では，特殊な問題を除いて領域分割法を用いるしか手がない。

　なお，具体的な配置に実際に計算法を適用し，比較することも行われている。たとえば，文献[7.6]は高電圧実験室の配置を有限要素法，電荷重畳法，モンテカルロ法で計算し，文献[7.7]はより線導体，凹み電極（固体誘電体の凸形ボイド），偏軸棒ギャップ，を各種の方法で計算し比較している。

7.4　計算精度の評価

　測定，計算を問わずすべての定量的な解析では精度が決定的に重要である。明

第7章　電界計算法の比較と精度

確な精度評価なくしては定量的な議論はできないといってよい。電界計算は定量的な解析に使われるものであるから，計算誤差はもちろん非常に重要で，自分の計算した結果の精度を常に把握あるいは評価できなければいけない。

ところが現実には残念ながら，計算精度がおろそかにされ，誤差の不明な計算結果の報告されることがしばしばある。実験の場合はまったく同じ条件でも測定値がばらつくのが普通であるが，計算では同じプログラムで計算する限り何度でもまったく同じ結果が得られる。そのために，もっともらしい値であると，正しい結果だと信じ込みやすい。さらに電界計算では次のような問題がある。

（a）　通常，計算誤差を評価するには実験値と比較することが行われるが，電界を求める実験，たとえばアナログ法による測定は数値計算より精度がはるかに低くほとんど使用できない。

（b）　そのため解析的に求められる配置を選んで，数値計算の結果を解析解（厳密解）と比較することがしばしば行われるが，解析解のあるのは単純な配置に限られる。そのために実際の複雑な配置の計算誤差よりも低く見積もられることが多い。

（c）　数値計算で求められる値には，電位，電界，電荷量，電荷密度などがあるが，電位の値で精度を評価するのは危険である。電界の誤差は電位より通常大きく，とくに領域分割法でははるかに大きくなることがある。

（d）　電極形状と表面電界の関係として，次の式を用いることができる。この式は力線の式，あるいは「Spielrein の関係式」などとも呼ばれるが，表面付近の電束密度の振舞いから容易に導出できる式である。

$$\frac{\frac{\partial^2 \phi}{\partial n^2}}{\frac{\partial \phi}{\partial n}} = \frac{\partial \ln E}{\partial n} = -2H \tag{7・2}$$

ここで n は電極表面の法線方向単位ベクトル，H は平均曲率（主曲率半径の逆数の平均）である。たとえば電極先端が半径 R の球状なら $H=1/R$ である。(7・2)式の左辺は電界計算から得られる値，右辺は形状から与え

られる値である。両辺を比較することによって，たとえば電荷重畳法では仮想電荷による近似の良さ，すなわち計算精度をチェックできる。通常両辺の値は 0.5% 以下の精度で一致しなければ良い近似といえない。

この式では左辺の計算に電位の 2 階微分が必要であるため鋭敏な精度評価が出来る。たとえば旧著の例では，仮想電荷の配置がまずい場合は，電位が 5 けた，電界が 2 けたまで合っていても左辺の曲率半径は 1 けたまでしか合わない例を示している[7.8]。これに対して，良い配置の場合は電位が 7 けた，曲率半径は 4-5 けたまで一致する。

7.5　領域分割法の計算誤差

領域分割法である差分法，有限要素法での電界の計算誤差は，主に電位から電界を近似的に（平均的に）求める際に生じる。この誤差は電極配置や分割の細かさに依存する。必要な精度を得るのにどのくらい細かく分割すべきかについて，簡単な配置での結果を述べる。

図 7・3 の配置で，二次元場，回転対称場で電気力線に沿って（x 方向に）一様に等間隔に分割して電位を求めたときの電界の誤差を調べる。

電気力線上の各点（格子点あるいは節点）の電位を $\phi(0)$, $\phi(1)$, $\phi(2)$, … とすると，電極表面（0 点）の電界値を得るのに次のような方法が用いられる。

（a）　E_1：電極と最近接点の電位差を距離で割って電界とする。図 7・3 では，

$$E_1 = \frac{\phi(0) - \phi(1)}{h} \tag{7・3}$$

（b）　E_2：二次式 $ax^2 + bx + c$ を隣接 3 点の電位にあてはめて電界を求める。

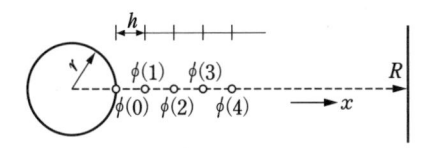

図 7.3　電極上の電界を求めるための分割

$$E_2 = \frac{3\phi(0) - 4\phi(1) + \phi(2)}{2h} \tag{7・4}$$

（c） E_3：四次式を隣接5点の電位にあてはめる。

$$E_3 = \frac{25\phi(0) - 48\phi(1) + 36\phi(2) - 16\phi(3) + 3\phi(4)}{12h} \tag{7・5}$$

中心電極，外側電極の半径をそれぞれ r, R とすると，中心電極表面の最大電界付近の電界は，二次元場では $K/(r+x)$（同軸円筒形），回転対称場では $K/(r+x)^2$（同心球形）となることが多い。K は r によらない定数である。同心球形の電位分布で電位が正しい値に求まったときの E_1, E_2, E_3 の誤差を図7・4に示す。誤差は真値からの最大相対誤差である。この図からもっとも簡単に電位差/距離として求めた電界（E_1）は誤差が非常に大きいこと，分割数を増やすと電界誤差がしばしば分割数の反比例以上に減少することが分かる。

結論として，電極表面の最大電界を誤差5%で求めるためには，電極付近の必要な分割のおおよその見積もりは，電界分布が $K/(r+x)^2$ の同心球形の場合 E_1,

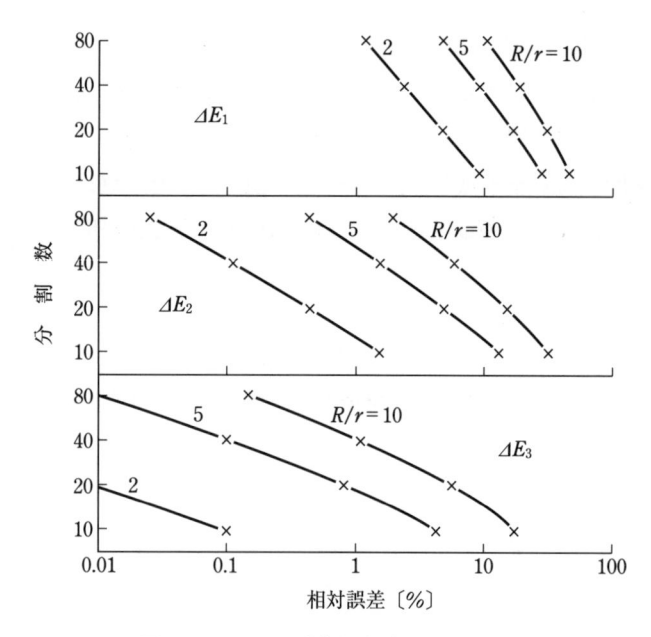

図7.4 図7.3の計算誤差（同心球形の場合）

E_2, E_3 でそれぞれ電極半径 r の 1/20, 1/5, 2/5 程度の分割が必要である。一方，図は省略したが，電界分布が $K/(r+x)$ の同軸円筒形の場合はそれぞれ 1/10, 1/3, 1/2 程度でよい。ただし，高電圧機器の絶縁設計や放電現象の解析などでは多くの場合 5% よりもっと高い精度が必要である。また通常の高電圧機器の電位，電界分布で 2% の精度を得るには，隣接する分割点間の電位差が電極間電圧の 5% 以下でなければならないという報告もある[7.9]。

7.6 境界分割法の計算誤差

電荷重畳法では第 6 章に述べたように，輪郭点(KP)の中間の境界面上に検査点(AP)をとり，境界条件がどの程度満足されているかを調べる。要するにその点での電極電圧との差を調べる。KP では境界条件が完全に満足されているので，計算された電位と電極電圧との差は一般に AP で最大（絶対値で極大）に近くなる。しかし電界の誤差は KP と AP の両方で極大値をとることが多い。

電荷重畳法の仮想電荷群で与えられる近似的な電位を ϕ，真の電位を ϕ_r とすると，電位の誤差，

$$P = \phi - \phi_r \tag{7・6}$$

もやはりラプラスの式を満足する。そこで誤差 P のポテンシャル問題を考えることによって電界誤差の検討が行われている[7.10][7.11]。すなわち，電極上では真値 $\phi_r = V$ に対して ϕ は図 7・5(a)または(b)のような分布になることが多いが，これらは図 6・6 で説明したように輪郭点と仮想電荷の相対的な配置から生じる。電界特異点のない電極を対象に，これらの分布を次のように正弦波で近似する。

（a）　　$P = P_m \sin^2 n\theta$ 　　　　　　　　　　　　　　　　　(7・7)

（b）　　$P = P_m \sin n\theta$ 　　　　　　　　　　　　　　　　　(7・8)

ここで P_m は電極上の電位誤差の最大値，θ は電極（球電極を想定）表面を表す角度，n は分割数である。この近似を用いると電界誤差の最大値 f_m は一般に次式で与えられる。

第7章 電界計算法の比較と精度

(a) $P = P_m \sin^2 n\theta$ (b) $P = P_m \sin n\theta$

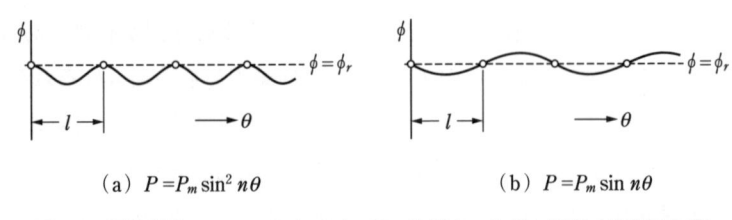

図7.5 電位誤差の二つのタイプ（○印：輪郭点，ただし実際の輪郭は曲面）

$$f_m = k\frac{\pi}{l}P_m \tag{7・9}$$

ここで，$k=2$：球電極の軸上で電位誤差が(7・7)式のとき

$=1.5$：球電極の軸上で電位誤差が(7・8)式のとき

$=1$：その他のとき

また l は輪郭点間の距離である。

　P_m は検査点電位と電極電圧の差と考えてよいので，この式は電界誤差を評価するのに便利な式である。f_m は絶対誤差を意味し，相対誤差は f_m をその点の電界で割ればよい。実際の電位誤差は(7・7)式，(7・8)式のようなピーク値一定の分布にはならないが，問題にしている付近の最大電位誤差を P_m とすればやはり(7・9)式が適用できる。また輪郭点が等間隔でないときはその付近の電極上の電位誤差分布を(7・7)式，(7・8)式にあてはめればやはり電界誤差の近似値が得られる。(7・9)式によると輪郭点を密にして l を小さくすると電界の誤差がむしろ増えるように見えるが，実際には P_m が l 以上に減少して電界誤差も小さくなる。しかし境界の分割を細かくしても電界の精度は電位ほどは良くならず，l が非常に小さいと電界誤差は電位誤差よりはるかに大きくなりうることに注意しなければならない。

　なお，文献[7.12]では電荷重畳法で仮想電荷の配置の影響を調べている。6.5.1項の(6・13)式，すなわち（仮想電荷と輪郭点間の距離／両隣り輪郭点間の距離）と誤差の関係を円筒，球，回転だ円体，などの電極配置について検討したものである。

　第11章に説明する複合誘電体の場合には，誘電体の界面（境界面）において

7.6 境界分割法の計算誤差

境界条件がどの程度満足されているかを調べる。すなわち2種類の誘電体のそれぞれについて，界面上のKPの中間に検査点(AP)をとり，電位，法線方向電界(電束密度)，接線方向電界を計算，表示して比較する。電位の合致度（連続性）に比べて電界の連続性は相対的にはかなり劣るのが普通である。

一方，表面電荷法の計算精度はこれまでに述べた電荷重畳法の考えがほとんどそのまま適用できるが，表面に直接電荷が存在する点が相違する。表面電荷法で，特に滑らかな電極を滑らかでない形状で模擬することや不連続な電荷分布の使用は表面に近いほど大きな電界誤差をもたらす。たとえば，文献[7.13]は電荷密度をステップ状（区分的に一定の）関数で近似したときの誤差を検討している。しかし電荷密度の高次表現や高精度の表面積分によって表面電荷法が電荷重畳法以上の高精度を実現し得ることをすでに7.3節で述べた。

複合誘電体場でのもう一つの相違点として，第11章に述べるように，表面電荷法では複合誘電体は界面の電気二重層で表されるので，電位と接線方向電界の連続性は常に満足されている。したがって電荷重畳法と異なり，電束密度（の法線方向成分）の連続性だけをチェックすればよいという利点がある。ただし，電位の局所的な誤差が電界では拡大されて現れることがあるので，接線方向電界もチェックすることが望ましい。なお電極表面の電界は，すべての電荷の作用を積分して得られる電界の他に，5.5節の(5・16)式のように，電荷密度 σ から得られる σ/ε_0 の2通りが可能なので，両方を計算して比較することも精度の評価に用いることができる。

第7章 演習問題

1. 次のような電界を計算するのに最も適している方法（数値計算法）を選択の理由とともに述べなさい。
   - （a） 縦向きの球ギャップ（支持するための柄も含む）の最大電界
   - （b） 送電線（鉄塔の効果は無視）下の地上電界
   - （c） 薄い正方形電極対大地の配置（電界計の校正に使われる）の電界分布
   - （d） 誘電率が電界に依存する固体材料内部の電界分布
   - （e） 電磁界によって誘導される人体内の電界分布
2. 電荷重畳法と表面電荷法を比較して長所短所を述べなさい。
3. 電界計算の精度の評価に用いられる，電極形状と表面電界の関係式(7・2)式を，曲率半径 R の電極表面について導出しなさい（図問7.1参照）。

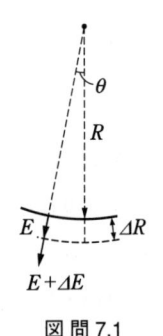

図問7.1

第8章
その他の方法

　これまでに述べた代表的な四つの方法のほかにもいろいろな方法が使用，あるいは提案されている。モンテカルロ法のようにまったく異なる計算原理によるものもあるが，四つの方法のバリエーションというべきものもあり，それらを含めるとかなり多数に上る。

　ここでは電界計算法として比較的重要と思われるいくつかを説明する。ただし，主に周波数の高い電磁波（電波）の計算に用いられる方法は扱わない。ここで取り上げるのは，モンテカルロ法，境界要素法（BEM），コンビネーション法である。また，時間的に変動する磁界によって生じる場の計算が，たとえば人体内誘導電界や誘導電流の計算で行われるが，これらのいくつかもここで簡単に説明する。それらは FDTD 法，FI 法（あるいは FIT 法），SPFD 法などである。これらの方法を実際に使用するには媒質のモデリングや境界条件の設定などについてもっと詳しく解説する必要があるが，ここでは各方法の特徴と相互の比較を中心に簡単に説明する。

　ほかに，過渡的電磁界の解析方法として，線電流や面電流の分布を仮定し周波数成分ごとに電磁界を計算するモーメント法，人体の誘導電界や電流の計算で，人体を抵抗からなる電流回路網で構成し，この回路網方程式を解く方法（「インピーダンス法」と呼ばれる），格子点での物理量に加えてその微分値（または積分値）も考慮する，セミ・ラグランジュ法の一種である CIP（constrained interpolation profile）法，などもあるがここでは述べない。

第8章 その他の方法

8.1 モンテカルロ法[8.1][8.2]

モンテカルロ法(Monte Carlo method)は，一般に数学や物理の問題を対応する確率的な過程に置き換えて解く方法で，偏微分方程式の解法の一つである。電界計算では，ラプラスの式に従うような「ランダム歩行」(酔歩あるいは乱歩とも呼ばれるが，ジグザグの勝手な運動をさせた試行を意味する)をさせた確率から電位分布を求める。これまでに解説した方法のどれとも全く相違しているが，空間の電位を求める点では領域分割法に属する。

図8・1のような二次元場で規則的に分割した領域内の1点P点から，境界の1点B_jに至る確率$p(P, B_j)$を考える。格子間隔ずつしか移動できないとすると，この確率はP点の隣接格子点の確率と次の関係にある。

$$p(P, B_j) = \frac{1}{4}\sum_i p(P_i, B_j) \tag{8・1}$$

Pが境界上の点のときは

$$\left. \begin{array}{l} p(P, B_j) = 1 \quad P = B_j \\ p(P, B_j) = 0 \quad P \neq B_j \end{array} \right\} \tag{8・2}$$

と定義すると，

$$\phi(P) = \sum_i V(B_j) \cdot p(P, B_j) \tag{8・3}$$

は，(8・1)式によって領域内で(正方格子の)差分方程式を満足し，境界で与え

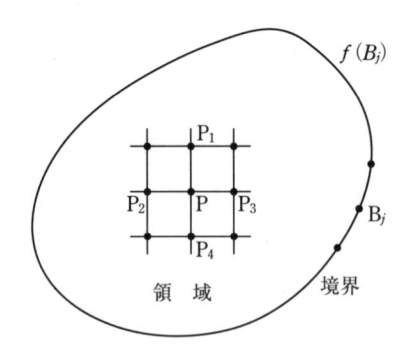

図8.1 ラプラス式の計算領域

られた関数 $V(B_j)$ となるようなラプラスの式の解である。そこで確率 $p(P, B_j)$ を，P 点からランダム歩行させて B_j に至るものの比率として求めれば (8・3) 式から $\phi(P)$ が得られる。したがって，モンテカルロ法は全体の電位を計算することなく，局所の電位だけを求めることのできるのが特徴である。

モンテカルロ法の可能性は前から知られていたが，電界計算に限らずたいていの偏微分方程式は直接解くほうが有効であった。モンテカルロ法の最大の欠点は格子間隔ずつ移動して境界に達するのにきわめて長い時間のかかることである。その後 "floating random walk method" と呼ばれる計算の速い方法が提案され，電界計算への応用も報告された。この方法は歩行の方向を格子点に限らず任意の方向に取り，しかも1回の歩行長さを境界までの最短距離に取るものである。文献[8.3]は，有限要素法，電荷重畳法，モンテカルロ法を種々の電極配置で比較して，モンテカルロ法は入力データ，記憶容量が少なくて済むので，複雑な一般三次元配置の局所領域の電界計算に適していると述べている。

またポアソンの式へ適用した論文[8.4]も報告されたが，その後約4半世紀を経た現在，モンテカルロ法は電界計算にほとんど適用されていない。これは計算機の発達とこの方法以外の数値計算手法の進展によって，当時計算の困難であった複雑な配置の電界計算が比較的容易にできるようになったためである。

8.2 境界要素法

8.2.1 境界要素法の基礎

表面電荷法がもっぱら電界計算に使用される方法であるのに対して，境界要素法 (boundary element method, BEM) はより一般的な方法である。表面電荷法は間接境界要素法として境界要素法の一部と見なされることもある。

電界計算におけるポテンシャル ϕ は，2.1 節に述べたポアソンの式，(2・6) 式で与えられるが，誘電率 ε_0 が一定で空間電荷密度が0の場合，次のラプラスの式になる。

$$\mathrm{div}(\mathrm{grad}\,\phi)=0 \tag{8・4}$$

一方,ϕ と ψ が2階微分可能な関数のとき,図8・2(a)のような領域 Ω,境界 S において,グリーンの定理から次の関係が成り立つ。

$$\int_{\Omega}\{\phi\,\mathrm{div}(\mathrm{grad}\,\psi)-\psi\,\mathrm{div}(\mathrm{grad}\,\phi)\}dv=\int_{S}\left(\phi\frac{\partial\psi}{\partial n}-\psi\frac{\partial\phi}{\partial n}\right)ds \tag{8・5}$$

ϕ と ψ がともにラプラスの式を満足するときは,

$$\int_{S}\phi\frac{\partial\psi}{\partial n}ds=\int_{S}\psi\frac{\partial\phi}{\partial n}ds \tag{8・6}$$

となる。ψ は「基本解」と呼ばれるが,三次元場では $1/(4\pi r)$,二次元場では $\ln(1/r)/2\pi$ である。すなわち係数を別にして三次元では P 点にある点電荷,二次元では無限長線電荷の作る電位を示し,r は P 点から任意点までの距離である。

P が領域内にあるとき,P を中心とする半径 R の球面(二次元場では円)を境界 S_s として,この境界で次の積分を考える。

$$\oint_{S_s}\phi\frac{\partial\psi}{\partial n}ds=\oint_{S_s}\phi\left(\frac{1}{4\pi r^2}\right)ds=\frac{1}{4\pi R^2}\oint_{S_s}\phi ds \tag{8・7}$$

S_s の半径 R を 0 に近づけるとこの積分は P 点の電位 ϕ となる。図8・2(b)のように(8・5)式の積分表面 S を S_s とそれ以外に分けて,このような操作を施すと,一般に次式が成り立つ。

$$C\phi+\int_{S}\phi\frac{\partial\psi}{\partial n}ds=\int_{S}\psi\frac{\partial\phi}{\partial n}ds \tag{8・8}$$

係数 C は P が領域内部にあって S_s が球面であれば 1 であるが,滑らかな境界

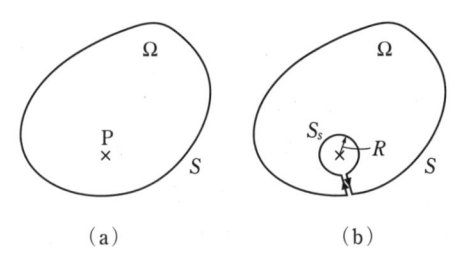

図8.2 境界要素法の計算領域と境界

上なら1/2となる。このようにして得られた(8・8)式は，電位が境界での値とその法線方向微係数の境界積分によって表されることを示し，境界要素法の基本式である。

8.2.2 表面電荷法との違い

媒質の境界（電極表面と誘電体界面）だけを分割し，分割要素（セル，パッチなどともいう）上の量を未知数とするのは表面電荷法も境界要素法も同じである。しかし，表面電荷法は具体的な電荷密度（誘電体界面では分極電荷密度）を未知数とするのに対して，境界要素法の未知数はポテンシャル（電界計算では電位 ϕ）とその法線方向微係数 $\partial\phi/\partial n$（電界では法線方向成分 E_n）の二つである。電極表面では電位の値は与えられ（既知），電荷密度 σ は5.5節の(5・16)式のように E_n に比例するので，二つの方法は同じである。

一方，誘電体界面では電位は既知でなく，電荷密度 σ は両誘電体表面の E_n の差に比例するので，ϕ と $\partial\phi/\partial n$ の両方を未知数とする境界要素法は表面電荷法と相違する。これを説明するには，基本式(8・8)式において内部の点に対しては $C=1$ であるが，境界 S の外部を考えると(8.6)式から，

$$\int_S \phi_e \frac{\partial \phi}{\partial n} ds + \int_S \phi \frac{\partial \phi_e}{\partial n} ds = 0 \qquad (8\cdot 9)$$

である。ここで，ϕ_e は外部領域でのラプラスの式の解で，境界 S 上では法線の向きが逆になるために2項目は(8・6)式と符号が異なる。(8・8)，(8・9)式から S 上では $\phi = \phi_e$ であることを用いると，

$$\phi = \int_S \phi \left(\frac{\partial \phi}{\partial n} + \frac{\partial \phi_e}{\partial n} \right) ds \qquad (8\cdot 10)$$

すなわち，任意点での電位は S 上の（内部領域と外部領域の）電位の法線方向微係数で表され，法線の向きを考えると両者の差である。誘電体界面の電荷密度はこの値に比例する。このような定式化から，表面電荷法は「間接境界要素法（indirect BEM）」あるいは「間接法」と呼ばれることがある。

また表面電荷法は，実際に存在する電荷（分極電荷も含める）を対象として，

存在するすべての境界での電荷の作用を加算（積分）するのに対して，境界要素法は前節の式の導出から分かるように，任意の閉曲面を対象としてよい。具体的な媒質の境界でなくてもよいのである。この点から，境界要素法のほうが融通性に富むといってよい。逆に，同じ誘電体界面で同じ分割なら境界要素法は未知数が2倍になる。表面電荷法はぎりぎりの少ない未知数で計算法を構成（場を表現）するために融通性が乏しいのである。

8.3　コンビネーション法[8.5][8.6]

　コンビネーション法は領域分割法と境界分割法を併用する方法である。7.3節に説明したように，領域分割法と境界分割法はそれぞれ長所，短所が異なり，適当な計算対象（電極配置）も異なっている。そこでそれぞれ別な計算法が適している部分から成り立っている計算対象の場合に，適材適所で各計算法が分担すれば効果的と考えられる。コンビネーション法は，有限要素法（あるいは差分法）と電荷重畳法を組み合せた計算などが報告されている。計算対象は2種類あるいはそれ以上の個数の複合誘電体で領域が無限遠にまで広がっている場合である。以下文献[8.5]にしたがってこの方法の概略を述べる。

　コンビネーション法は全体の領域を有限要素法で計算する領域（FE領域）と電荷重畳法で計算する領域（CS領域）に分け，二つの領域の境界として結合面を置く。結合面は実際の誘電体界面にとってもよいが，全く仮想の境界面でもよい。むしろ全く仮想の境界面にとったほうが処理が簡単で，また一度作成しておけば他の問題にも適用できるというメリットがある。図8・3に示すように，FE領域内部の節点数を N_F，結合面上の節点数を N_G，CS領域の仮想電荷数を N_C とすると，結合面上でCS領域の電位（境界条件）を与えるためにFE領域内に N_G 個の仮想電荷を置く必要がある。そこで全体の未知数は，

$$N = N_F + 2N_G + N_C \tag{8・11}$$

となる。N 個の未知数がすべて求まると，FE領域内では $(N_F + N_G)$ 個の節点電位から，CS領域では $(N_C + N_G)$ 個の仮想電荷の電荷量からそれぞれ電界分

8.3 コンビネーション法

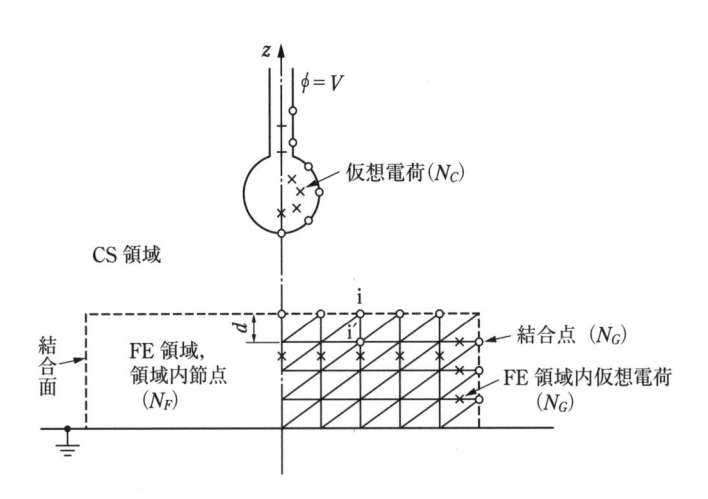

図 8.3 コンビネーション法の説明図

布が求められる。さてコンビネーション法の支配方程式であるが，結合面以外の領域ではそれぞれ通常の有限要素法，電荷重畳法の式である。結合面の i 点ではまず電位の連続条件から，

$$\phi_{FE}(i) = \phi_{CS}(i) \quad (i=1 \sim N_G) \tag{8・12}$$

$\phi_{FE}(i)$ は未知数そのものであるが，$\phi_{CS}(i)$ は次式で与えられる。

$$\phi_{CS}(i) = \sum_{j=1}^{N_C+N_G} P(i,j) Q(j) \tag{8・13}$$

また電束密度（の法線方向成分）の連続条件から，結合面に垂直な方向の電界 E_n について，

$$\varepsilon_{FE} E_{nFE}(i) = \varepsilon_{CS} E_{nCS}(i) \quad (i=1 \sim N_G) \tag{8・14}$$

結合面が同一誘電体中であればもちろん $\varepsilon_{FE} = \varepsilon_{CS}$ である。この式で E_{nFE}，E_{nCS} をそれぞれ次式で与える。

$$E_{nFE} = -\frac{\phi_{FE}(i) - \phi_{FE}(i')}{d(i)} \tag{8・15}$$

$$E_{nCS} = \sum_{j=1}^{N_C+N_G} F_n(i,j) Q(j) \tag{8・16}$$

ここで $d(i)$ は i 点と法線方向の隣接節点 i' 点との距離，$F_n(i,j)$ は法線方向電界

$$
\begin{array}{c}
① \\ ② \\ ③ \\ ④
\end{array}
\begin{pmatrix} A_{11} & A_{12} & 0 & 0 \\ A_{21} & A_{22} & 1 & 0 \\ A_{31} & A_{32} & A_{33} & A_{34} \\ 0 & 0 & A_{43} & A_{44} \end{pmatrix} \cdot \begin{pmatrix} Q_C \\ Q_G \\ \phi_G \\ \phi_F \end{pmatrix} = \begin{pmatrix} V \\ 0 \\ 0 \\ 0 \end{pmatrix}
$$

Q_C：電極内仮想電荷，Q_G：FE領域内仮想電荷，ϕ_G：結合点電位，ϕ_F：FE領域内節点電位，V：電極電圧

図 8.4　コンビネーション法の方程式構成

係数（単位の電荷による法線方向電界，第 11 章参照）である。

以上で $\phi(i)$，$Q(i)$ に対し線形な方程式が $2N_G$ 個できた。全体の方程式は FE 領域に一定電位の電極がない場合，図 8・4 のような行列になる。この図で①は CS 領域の輪郭点に対する式，②，③はそれぞれ (8・13) 式，(8・14) 式，④は FE 領域の各節点に対する式である。電荷重畳法と有限要素法の係数が混在するために，一部は零要素が無く，一部（図 8・4 の A_{44}）は零要素の多い行となっており，方程式の解法に配慮が必要である。未知数が少ないときはできるだけ直接法で解くのがよいが，多いときは SOR 法などの反復解法や部分行列を用いることになる。計算例としては，球電極の下に平板の絶縁物がある場合，平板上に表面電荷が存在する場合や，さらに複雑な配置として棒電極，絶縁油，油浸紙，ガラス，空気からなる回転対称配置の計算結果が報告されている。

8.4　FDTD 法と FI 法

8.4.1　FDTD 法

FDTD（finite difference time domain；有限差分時間領域）法は，もともとの時間変化も含めたマクスウェルの式を差分法で解く方法である。時間的変化を追う点に特徴がある。三次元配置の電磁現象の汎用的な解析法として，1966 年に K. S. Yee によって提案された[8.7]が，当時は計算機性能の点で活用できる状態に至らなかった。1985 年ごろから利用が増加し，最近はとくにアンテナなど波源

や散乱体を含む電波伝搬の標準的解析方法として広く用いられるようになった。

時間を含めたマクスウェルの式として，(2・1)式の

$$rot\boldsymbol{E} = -\frac{\partial \boldsymbol{B}}{\partial t} \tag{8・17}$$

ならびに，

$$rot\boldsymbol{H} = \boldsymbol{j} + \frac{\partial \boldsymbol{D}}{\partial t} \tag{8・18}$$

を用いる。(8・17)式の右辺に，磁界のエネルギー損失を表す $\kappa'\boldsymbol{H}$ なる項を付加する（κ' は「等価磁気伝導率」と呼ばれる）こともある。FDTD法はこれらの式と媒質の特性を与える（関係づける）構成方程式をもとにして差分法で解く。構成方程式は，次のような2章の(2・5)式ならびに $\boldsymbol{B}$ と $\boldsymbol{H}$ の関係式である。

$$\boldsymbol{D} = \varepsilon \boldsymbol{E}$$

$$\boldsymbol{B} = \mu \boldsymbol{H}$$

ε，μ はそれぞれ媒質の誘電率，透磁率である。電波解析の分野に多数の解説があるので，これ以上の詳細は述べないが，座標軸に平行な分割格子の各点にポテンシャルではなく電界，磁界を定義し，一般的に時間を含めて電磁波（電波）の挙動を追う。

このとき，安定に解くためには，時間ステップ δt は領域分割セルの大きさ（分割格子間隔）h と伝播速度 v の比 h/v より小さくなければいけない（これは「CFL（Courant-Friedrichs-Levy）条件」あるいは「Courantの条件」と呼ばれる）。伝播速度 v を光速とすると，この条件のために低周波では電磁界の変化時間に比べてけた違いに小さい時間ステップになる。そこで低周波の場合は，電磁波の伝播速度を人為的に小さく（遅く）して条件を緩和するとか，高周波（たとえば10 MHz）で計算しその結果を「周波数スケーリング」によって低周波（たとえば商用周波）に換算する，といった方法も用いられる。

FDTD法は差分法であるから分割は座標軸に平行で，直方体セルを用いるのが基本である。媒質の境界が座標軸に平行でない場合に斜め格子を用いる方法や斜交座標の適用もすでに報告されている[8.8]が，いずれもプログラムが複雑になる。

8.4.2 FI 法[8.9]

FI (finite integral；有限積分，あるいは finite integral technique；FIT) 法は三次元の電界，磁界を時間変化を含めて追う点で FDTD 法に近いが，FDTD 法とは独立に 1977 年に T. Weiland によって提案された。積分形式のマクスウェルの式をもとにし，これを離散化して計算する。前項の(8・17)，(8・18)式を境界 S 上で面積分すると，

$$\int_S \frac{\partial \boldsymbol{E}}{\partial t} \cdot \boldsymbol{n}\, ds = \frac{1}{\varepsilon}\left(\int_C \boldsymbol{H}\cdot \boldsymbol{dl} - \int_S \boldsymbol{J}\cdot \boldsymbol{n}\, ds\right) \quad (8\cdot 19)$$

$$\int_S \frac{\partial \boldsymbol{H}}{\partial t} \cdot \boldsymbol{n}\, ds = -\frac{1}{\mu}\left(\int_C \boldsymbol{E}\cdot \boldsymbol{dl} - \kappa'\int_S \boldsymbol{H}\cdot \boldsymbol{n}\, ds\right) \quad (8\cdot 20)$$

となる。ただし，回転の面積分を閉曲線 C に沿う $\boldsymbol{dl}$ の線積分に書き換え，また等価磁気伝導率 $\kappa'\boldsymbol{H}$ の項も含めている。これらの式を離散化して解くが，$\boldsymbol{E}$ と $\boldsymbol{H}$ の代わりに $\boldsymbol{E}$ と $\boldsymbol{B}$ を変数にすることもある。

このように，積分形がもとになるので，計算対象の境界に応じた要素形状を使用することや，場所によって格子間隔を変化させることが FDTD 法より容易である。また，媒質境界で磁束密度の法線方向成分の連続性や要素の辺で電界の接線方向成分の連続性が自動的に満足されるなどの利点がある。

8.5 SPFD 法[8.10]

SPFD 法 (scholar potential finite difference；スカラポテンシャル差分法) は，変動磁界によって発生する電界，誘導電流を，誘導電流が十分小さいとき発生する磁界（二次効果）を無視して解く方法である。低周波での人体誘導電界，電流の計算に用いられ，人体を立方体のセルに分割して分割点(格子点)のスカラポテンシャル（電位）を計算する。

人体の電気的特性は導電率だけを考慮し，外部（空気部分）の分割は不要である。前節のマクスウェルの式(8・17)，(8・18)式において時間変化を角周波数

8.5 SPFD 法

ω の複素数で扱うと,

$$rot\ \boldsymbol{E} = -j\omega \boldsymbol{B} \tag{8・21}$$

$$rot\ \boldsymbol{H} = \boldsymbol{j} = \kappa \boldsymbol{E} \tag{8・22}$$

である。ただし，商用周波領域の低周波であるため変位電流の項を無視している。また，人体の電気的特性は導電率 κ だけで考える。変位電流を無視した場合の電流連続の式は，

$$div\ \boldsymbol{j} = div(\kappa \boldsymbol{E}) = 0 \tag{8・23}$$

である。(8・23)式より，導電率 κ を有する媒質（人体）と空気（導電率0）との境界の境界条件は，

$$\boldsymbol{n} \cdot \boldsymbol{E} = 0 \tag{8・24}$$

である。一方，磁束密度 $\boldsymbol{B}$ は $div\ \boldsymbol{B} = 0$ の条件より，

$$\boldsymbol{B} = rot\ \boldsymbol{A}$$

とベクトルポテンシャル $\boldsymbol{A}$ で表すことができる。これを(8・21)式に代入すると，

$$rot(\boldsymbol{E} + j\omega \boldsymbol{A}) = 0 \tag{8・25}$$

である。回転が0のベクトルはスカラポテンシャルで表されるので，

$$\boldsymbol{E} + j\omega\ \boldsymbol{A} = -grad\ \phi$$

$$\boldsymbol{E} = -grad\ \phi - j\omega\ \boldsymbol{A} \tag{8・26}$$

となる。(8・26)式を(8・23)式に代入して整理すると，

$$div(\kappa\ grad\ \phi) = -j\omega\ div(\kappa \boldsymbol{A}) \tag{8・27}$$

となる。媒質と空気との境界の境界条件は，(8・26)式を(8・24)式に代入して，

$$(grad\ \phi)_n = -j\omega A_n \tag{8・28}$$

である。したがって，この式を境界条件として，(8・27)式を離散化して解けばよい。人体内の誘導電界や誘導電流の計算では，外から印加される磁界をベクトルポテンシャル $\boldsymbol{A}$ で与え，この $\boldsymbol{A}$ に対して，スカラポテンシャル ϕ を差分法で求める。これが SPFD なる名称の由来である。(8・27)式を積分形式に書き換えると，

$$\int (\kappa\ grad\ \phi)_n ds = -j\omega \int (\kappa \boldsymbol{A})_n ds \tag{8・29}$$

である（演習問題）。

3.5.4項にも触れたが，滑らかな境界を（座標軸に平行な）等間隔格子で凹凸に模擬することは誤差になる。このような「階段近似（staircasing）」の誤差については文献[8.11]で検討されているが，SPFD法に限らず差分法に共通する問題である。この文献は具体的に簡単な配置での誤差を調べているが，低周波一様磁界下の球内の誘導電界では最大値が20-30%，一様電界下の球導体ではやはり最大値が250%を越える誤差を生じている。これを防ぐには，境界上に分割点（格子点）を取った不等間隔格子の適用が考えられるが，その付近では差分式の変更が必要で，人体の誘導電界・誘導電流計算のような複雑かつ膨大な分割の場合には非常に面倒である。実際に階段近似誤差の有効な防止方法の開発や定量的評価はまだほとんど行われていない。

第8章 演習問題

1. 本文(8・8)式の C が滑らかな境界表面上で1/2になることを説明しなさい。
2. コンビネーション法の難点を述べなさい。
3. SPFD法の離散化した式を考える。図問8・1のような二次元配置（x, y座標）で格子間隔がすべて等しい正方格子の場合，点線の領域で電流の出入りを考えて離散化した式を作りなさい。

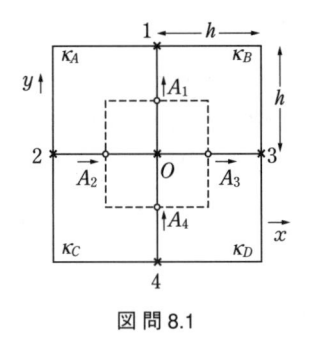

図問8.1

第9章

曲面形状表面電荷法

　一般三次元形状の曲面物体に対しては，第5章や15.5節に述べる平面要素より曲面要素を用いる方が，実際に近い模擬ができる上に，必要な演算時間や記憶容量が少なくて済む場合が多い．電界計算の分野で，旧著の刊行以降に著しく進展したのが曲面形状表面電荷法であるが，内容が多岐にわたるのでここで独立した章にまとめて説明する．曲面形状表面電荷法は計算技法が複雑でコーディングの手間も大きいが，計算プログラムが完成すれば汎用性が高く，魅力的である．この章の説明は，曲面要素による形状の表現(模擬)，電荷密度の表現，境界条件の表現(整合法)，さらに数値積分を高精度・高速に実行する技法，であるが，目標は実際の表面電荷状態になるべく近い模擬状態を数値的に実現することである．

9.1　曲面形状の表現

9.1.1　ベジエ曲面による曲面の表現

　表面の分割要素をここでは「パッチ」と呼ぶことにする．まずベジエ (Bezier) 曲面パッチ[9.1]を例にして，媒介変数を用いた曲面形状の表現方法を説明する．なお，CAD分野ではベジエ曲線という線分端部の接線方向を自由に制御できる曲線が有名であるが，ベジエ曲面はベジエ曲線を拡張したものであり，面の接線方向や法線方向を制御できるという便利な長所をもつ．

第9章　曲面形状表面電荷法

図9・1(a)の平面三角形の表現を考える。空間中の3点 P_1, P_2, P_3 を頂点とする平面三角形上の P 点は，付録4に説明のある面積座標 (u, v, w) を媒介変数として次式で表される。

$$P(u, v, w) = \frac{P_1 u + P_2 v + P_3 w}{u + v + w} = P_1 u + P_2 v + P_3 w \quad (9・1)$$

容易に分かるように，$P(1, 0, 0) = P_1$, $P(0, 1, 0) = P_2$, $P(1/3, 1/3, 1/3) = P_1/3 + P_2/3 + P_3/3$ などの関係があり，結局，P は総和が1の重みが付いた P_1, P_2, P_3 の平均値と理解できる。ここではこれを「ブレンド」と呼ぶことにする。このように面積座標を用いれば，空間図形を数個のベクトルのブレンドとして表現できる。平面三角形は面積座標の一次式であるが，この考え方を高次に拡張する。

図9・1(b)のように6点 $P_1 \sim P_6$ が与えられたとする。先ず $P_1 P_6 P_5$, $P_6 P_2 P_4$, $P_5 P_4 P_3$ の三つの組合せに注目し，(9・1)式より3枚の平面三角形を作る。(u, v, w) を与えるとそれぞれ平面三角形上の1点(計3点)が定まる。これらを P_{165}, P_{624}, P_{543} とする。次に図9・1(c)のように，これらの3点を頂点とする

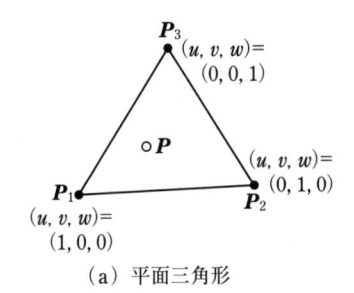

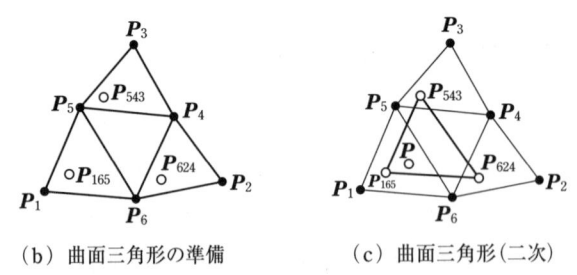

(a) 平面三角形

(b) 曲面三角形の準備　　　(c) 曲面三角形(二次)

図9.1　一次曲面パッチと二次曲面パッチ

新たな平面三角形を考えて P 点を次式で表す。

$$P(u, v, w) = P_{165}u + P_{624}v + P_{543}w \tag{9・2}$$

(9・1)式の拡張を意図しているのであえて(9・1)式と同形としている。この点が (u, v, w) とともにどのように変化するかを考える。$P(1, 0, 0) = P_1$ は容易に分かる。$P(1/3, 1/3, 1/3)$ は3個の小三角形の重心を3頂点とする新たな三角形の重心位置である。さらに (u, v, w) を変化させた状況を考えると，P は $P_1 \sim P_6$ で定義された三角形領域上を動く点であることが分かる。ここで，$P_1 \sim P_6$ が1平面上に無ければ，P も平面上に固定されず曲面上の点となる。P_{165} などを(9・1)式で表現して(9・2)式に代入すると次式となる。

$$\begin{aligned}P(u, v, w) &= (P_1u + P_6v + P_5w)u + (P_6u + P_2v + P_4w)v \\ &\quad + (P_5u + P_4v + P_3w)w \\ &= P_1u^2 + P_2v^2 + P_3w^2 + 2P_4vw + 2P_5uw + 2P_6uv\end{aligned} \tag{9・3}$$

つまり P は $P_1 \sim P_6$ を (u, v, w) の二次式でブレンドした点であり，これを二次のベジエ三角形パッチと呼ぶ。$P_1 \sim P_6$ の固定点は制御点と呼ばれ，制御点座標を数値で与えれば，(u, v, w) に応じた空間上の点(この曲面パッチ上の点)を計算できる。なお，P_1, P_2, P_3 は常にこのパッチ上の点であるが，高次パッチの場合は P_4 以降はパッチ上の点にはならないことに注意を要する。たとえば，$P(0, 1/2, 1/2)$ は P_4 の近傍に位置するが，一般的には P_4 と一致しない。

さらに高次への拡張も手順は同様で，三次の場合の結果は図9・2の記号を用いて次式となる。

$$\begin{aligned}P(u, v, w) &= P_1u^3 + P_2v^3 + P_3w^3 + 3P_4v^2w + 3P_5vw^2 + 3P_6w^2u \\ &\quad + 3P_7wu^2 + 3P_8u^2v + 3P_9uv^2 + 6P_{10}uvw\end{aligned} \tag{9・4}$$

この場合は，10個の制御点ベクトルのブレンドで曲面パッチが表現される。

9.1.2 曲面上の接線ベクトル

次に必要なのは面上の接線ベクトルである。図9・3のように (u, v, w) で表現される曲面上では一般に，u を一定としたときの $\partial P/\partial v$, $\partial P/\partial w$, v を一定と

第9章 曲面形状表面電荷法

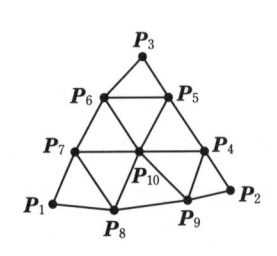

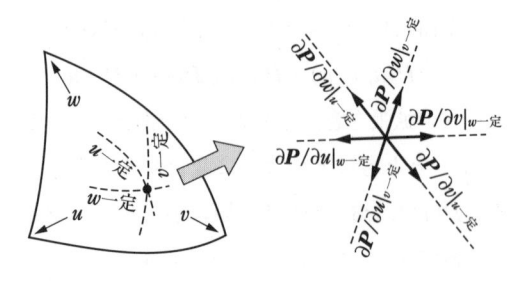

図9.2 三次パッチの制御点　　図9.3 曲面上の接線ベクトル

したときの $\partial P/\partial w$, $\partial P/\partial u$, w を一定としたときの $\partial P/\partial u$, $\partial P/\partial v$ の 6 種類の接線ベクトルが基本となる。ただし，$u+v+w=1$ より（あるいは接線ベクトルだから明らかに），u, v, w がそれぞれ一定な線上の各 2 本のベクトルは大きさが等しく，逆向きである。さらに $\partial P/\partial u|_{v-定}=\partial P/\partial v|_{u-定}+\partial P/\partial u|_{w-定}$ など（同形の式が 6 種類）の関係も一般に成立する。これは図 9・3 のベクトルの 2 本の和（または差）は他の 1 本と一致することを意味する。結局，接線ベクトルは 6 種類中 2 種類のみが独立である。

具体的な式は(9・1)，(9・3)，(9・4)式を偏微分すれば得られる。一次パッチの場合は (9・1) 式から $\partial P/\partial u|_{v-定}=P_1-P_3$, $\partial P/\partial v|_{u-定}=P_2-P_3$ が得られるが，これらは図 9・1(a) の三角形の辺のベクトル表示に一致する。平面パッチなので場所 (u, v, w) によらない定ベクトルとなっている。三次パッチの場合は (9・4)式を偏微分して形を整えると以下となる。

$$\left.\frac{\partial P}{\partial u}\right|_{v-定}=3((P_1-P_7)u+(P_8-P_{10})v+(P_7-P_6)w)u$$
$$+3((P_8-P_{10})u+(P_9-P_4)v+(P_{10}-P_5)w)v$$
$$+3((P_7-P_6)u+(P_{10}-P_5)v+(P_6-P_3)w)w \quad (9 \cdot 5)$$

$$\left.\frac{\partial P}{\partial v}\right|_{u-定}=3((P_8-P_7)u+(P_9-P_{10})v+(P_{10}-P_6)w)u$$
$$+3((P_9-P_{10})u+(P_2-P_4)v+(P_4-P_5)w)v$$
$$+3((P_{10}-P_6)u+(P_4-P_5)v+(P_5-P_3)w)w \quad (9 \cdot 6)$$

三次パッチの接線ベクトルは，制御点間ベクトルの差（図 9・2 の小さな一次パ

ッチの接線ベクトル）を二次ブレンドした形式であることが分かる。

9.1.3 制御点座標の決定方法

　ここまでは制御点座標を既知としていたが，実際には与えられた，あるいは所望する曲面形状に合わせて制御点座標を定める必要がある。目標とする面形状が既知の場合，基本の3頂点 P_1, P_2, P_3 はその面上に適宜配置すれば良いが，他の点（P_4〜P_{10}）を目標面上に配置してもパッチ形状は端部で滑らかにならない。そこで P_4〜P_{10} は，所望する面の接線ベクトルや法線ベクトルを考慮して定める。三角形頂点位置 $P_3((u,v,w)=(0,0,1))$ において，接線ベクトル $\partial P/\partial u|_{v\text{-定}}$, $\partial P/\partial v|_{u\text{-定}}$ を考えると，図9・3よりこれらは P_3 位置での辺方向接線ベクトルを意味する。三次パッチの場合，これらは(9・5)，(9・6)式から計算でき，$\partial P/\partial u|_{v\text{-定}}=3(P_6-P_3)$, $\partial P/\partial v|_{u\text{-定}}=3(P_5-P_3)$ となる（図9・4参照）。つまり，P_3 と隣接制御点 P_5, P_6 だけで定まるベクトルとなっている。よって，三角形頂点位置 P_3 とそこでの辺方向接線ベクトルが既知なら，制御点 P_5, P_6 を逆算できる。P_4, P_7, P_8, P_9 も同様である。

　しかしなお，三角形頂点位置の辺方向接線ベクトルは既知でないのが普通である。一方，三角形頂点位置とそこでの面の法線方向が既知である場合は多いので，このときは次式で接線ベクトル $t_1=k\tau_1$, $t_2=k\tau_2$ を推定するとよい（図9・5参照）。

$$\tau_1=\frac{R-n_1(R\cdot n_1)}{|R-n_1(R\cdot n_1)|}, \quad \tau_2=\frac{-R-n_2(-R\cdot n_2)}{|-R-n_2(-R\cdot n_2)|}$$

$$k=3|R|\frac{-A+\sqrt{A^2+2(7+B)}}{7+B}, A=\frac{R}{|R|}\cdot(\tau_1-\tau_2), B=\tau_1\cdot\tau_2 \quad (9\cdot7)$$

ただし，R は2頂点間（辺の）ベクトル，n_1, n_2 は単位法線ベクトル，τ_1, τ_2 は単位接線ベクトルである。(9・7)式の k の導出については付録5で説明するが，この値を採用すると，曲線の両端点と中央点の3点で接線ベクトル長が自動的に一致する。このため，面積座標から実座標への形状の引き伸ばし率が曲線上の全域で概ね均一となり，形状のひずみが小さくなって都合が良い。

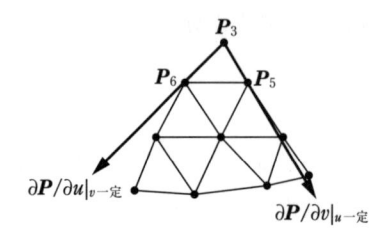

図 9.4　三次パッチ頂点（P_3）の接線ベクトル　　図 9.5　接線ベクトルの推定

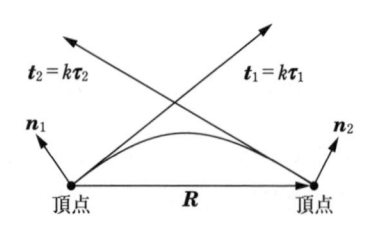

一方，P_{10} の設定には任意性があるが，簡易的に次のブレンド式で値を定めることが多い[9.1]。

$$P_{10} = -\frac{2}{12}(P_1 + P_2 + P_3) + \frac{3}{12}(P_4 + P_5 + P_6 + P_7 + P_8 + P_9) \quad (9・8)$$

あるいは，P_{10} を (u, v, w) の関数として適切に定義すればパッチの辺近傍形状の制御も可能になり[9.2]，隣接パッチと辺上で滑らかな接続（「幾何的連続（G^1 連続）」とも呼ぶ）も行えるが詳細は省く。

9.2　面積分

9.2.1　法線ベクトルと面積分

次に法線ベクトルの計算を考える．2個の独立な接線ベクトルの外積方向が単位法線ベクトル $n(u, v, w)$ を与えるから，$\partial P/\partial u|_{v-\text{定}} \times \partial P/\partial v|_{u-\text{定}} = J(u, v, w)$，$J(u, v, w)$ の絶対値を $|J(u, v, w)|$ とすると，$n(u, v, w) = J(u, v, w)/|J(u, v, w)|$ である．ここで，$|J(u, v, w)|$ は面積座標から実座標への変換のヤコビアン（面積素の引き伸ばし率）であり，次式が成立する．

$$dS_{(x, y, z)} = |J(u, v, w)| dS_{(u, v, w)} \quad (9・9)$$

よって，曲面上の面積分は次式のように面積座標上の面積分として実行可能である．

$$\int_{S_{(x, y, z)}} F(P) dS_{(x, y, z)} = \int_{S_{(u, v, w)}} F(P(u, v, w)) |J(u, v, w)| dS_{(u, v, w)}$$

$$(9・10)$$

この式で関数 F が 1 ならパッチ面積を与える面積分である。また，$\sigma(\boldsymbol{P}) = \sigma(u, v, w)$ を電荷密度として $F(\boldsymbol{P}) = \sigma r^{-1}$, $F(\boldsymbol{P}) = \sigma r^{-2}$ などとすれば電位，電界を計算できる。結局，空間曲面上の面積分を面積座標上の面積分に変換できたので，以下，面積座標上の面積分のみを考察すればよい。つまり面積分に関しては，空間座標が関与する手続きが完了したことになる。

9.2.2 面積座標上の面積分

三角形の面積座標上での通常の面積分は，「分点の面積座標」と「分点の重み」との対で表現される数値積分公式によって実行できる。例えば3点公式を採用すると分点が $(u, v, w) = (4/6, 1/6, 1/6), (1/6, 4/6, 1/6), (1/6, 1/6, 4/6)$ （図9・6(a) 参照）で重みがすべて 1/3 であり，面積分は次式となる。

$$\int_{S_{(u,v,w)}} f(u, v, w) \, dS_{(u,v,w)}$$
$$\sim \frac{1}{2} \left(\frac{f\left(\frac{4}{6}, \frac{1}{6}, \frac{1}{6}\right)}{3} + \frac{f\left(\frac{1}{6}, \frac{4}{6}, \frac{1}{6}\right)}{3} + \frac{f\left(\frac{1}{6}, \frac{1}{6}, \frac{4}{6}\right)}{3} \right) \tag{9・11}$$

ここで因子 1/2 は，J を外積（平行四辺形面積）で算出したための調整係数，または基準三角形の面積を 1/2 とする規格化係数と解釈できる。$f(u, v, w) = F(\boldsymbol{P}(u, v, w)) |J(u, v, w)|$ と見なせば(9・10)式の計算が行える。高次の三角形積分公式[9.3]の使用方法も3点公式と同様である。参考のため図(b)に73点公式の分点を示す。三角形形状に応じた対称的な分点配置となっている。なお，分点の (u, v, w) が定数なので，パッチの位置，接線ベクトルのブレンドの重みも定数となる。これらの定数を予め計算しておけば分点の座標や接線ベクトルを高速に計算できる。73点公式などの単一公式では精度が不足する場合は，三角形領域を階層的に多分割して三角形公式を複合使用することもある。図(c)にこの例を示すが，電界計算点近傍（この例では重心付近）に分点が集中している。

表面電荷による電位，電界の計算においては，特異点処理の常套手段として極座標変換が使用される。そこで，(u_0, v_0, w_0) を極として極座標変換を行う方法

第9章 曲面形状表面電荷法

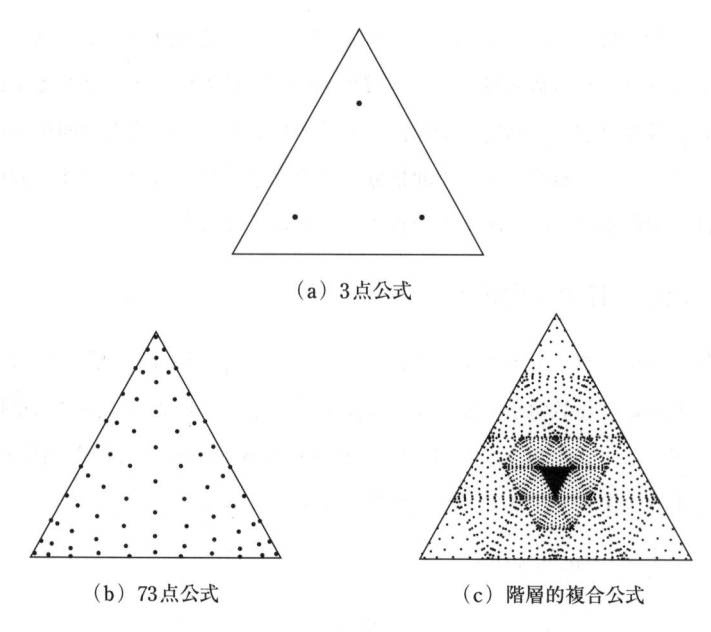

(a) 3点公式

(b) 73点公式

(c) 階層的複合公式

図9.6　各種積分公式の分点

を説明する。面積座標を図 9・7(a) の様に正三角形として作図する。$(u, v, w) = (1, 0, 0), (0, 1, 0), (0, 0, 1), (u_0, v_0, w_0)$ に対応する位置を p_1, p_2, p_3, p_0 とし，三角形重心から p_1 に向かう方向に角度 θ の基準線をとる。p_0 と p_i を結ぶ線分の長さを $\overline{p_0 p_i}$，この線分の角度を θ_i とする。この正三角形の各頂点から対辺までの距離を単位長さとすると，辺長は $2/\sqrt{3}$，面積は $1/\sqrt{3}$ となり，次式が成立する。

$$\overline{p_0 p_1} = \frac{2\sqrt{v_0^2 + v_0 w_0 + w_0^2}}{\sqrt{3}} \quad , \quad \overline{p_0 p_2} = \frac{2\sqrt{w_0^2 + w_0 u_0 + u_0^2}}{\sqrt{3}}$$

$$\overline{p_0 p_3} = \frac{2\sqrt{u_0^2 + u_0 v_0 + v_0^2}}{\sqrt{3}}$$

$$\theta_1 = \cos^{-1}\left(\frac{2v_0 + w_0}{\sqrt{3} \cdot \overline{p_0 p_1}}\right) - \frac{1}{6}\pi \quad , \quad \theta_2 = \cos^{-1}\left(\frac{2w_0 + u_0}{\sqrt{3} \cdot \overline{p_0 p_2}}\right) - \frac{3}{6}\pi$$

（a）面積座標　　　　　　（b）極座標変換

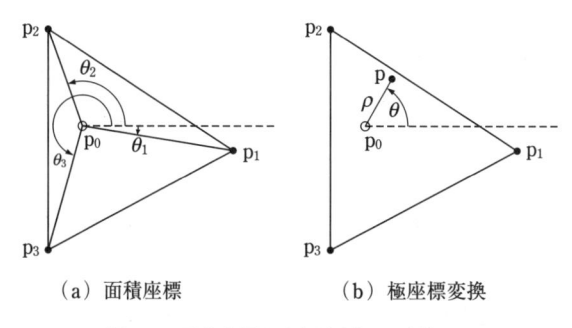

図9.7　面積座標から極座標への変換

$$\theta_3 = \cos^{-1}\left(\frac{2u_0 + v_0}{\sqrt{3}\cdot \overline{p_0 p_3}}\right) - \frac{7}{6}\pi \qquad (9\cdot 12)$$

以上の準備の下でp_0を極とする極座標を考える。図$9\cdot 7$(b)のようにp_0から角度θをなし距離ρに位置するp点の面積座標は，$u = \rho\cos\theta + u_0$，$v = \rho\cos(\theta - 2\pi/3) + v_0$と表現できる。因子$\cos$は線分$p_0 p$の$u$，$v$方向長さを幾何学的に算出したことを意味する。この変換のヤコビアンを計算すると$dS(u, v, w) = \frac{\sqrt{3}}{2}\rho d\rho d\theta$が成立することがわかる。よって，極座標変換時の面積分は次式で表される。

$$\int_{S(u,v,w)} f(u, v, w) dS_{(u,v,w)} = \int_{\theta_1}^{\theta_1 + 2\pi} \int_0^{\rho(\theta)_{\max}} f(u, v, w) \frac{\sqrt{3}}{2}\rho d\rho d\theta \qquad (9\cdot 13)$$

ただし，$\rho(\theta)_{\max}$は$\theta_1 \sim \theta_2$，$\theta_2 \sim \theta_3$，$\theta_3 \sim \theta_1 + 2\pi$の区間ごとに幾何学的に求める（図$9\cdot 8$参照）。図中の$A$，$B$は適宜$\overline{p_0 p_1}$，$\overline{p_0 p_2}$，$\overline{p_0 p_3}$に読み替えると良い。結局，極座標変換を実行すると，被積分関数が$f(u, v, w)\rho$の形式となり，$\rho = 0$の位置では$f(u, v, w)$の特異性が緩和される。

電位，電界の計算では，一般に(u_0, v_0, w_0)は三角形の頂点，辺上，三角形の内部，外部に位置し，これに応じてθ，ρともに積分区間が変化するが，19通りの場合を考慮すれば自由な極位置で変換を実行できる。このとき，ρの積分区間は一般に$\rho(\theta)_{\min} \sim \rho(\theta)_{\max}$となるが，以下ではそれぞれ$\rho_{\min}$，$\rho_{\max}$と表記する。なお，$\int_{\rho_{\min}}^{\rho_{\max}} d\rho$，$\int_{\theta_1}^{\theta_2} d\theta$はどちらも一次元の積分で，ガウスの積分公式などを用い

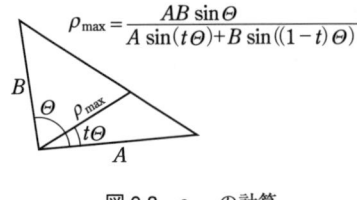

図 9.8 $\rho_{\max}$ の計算

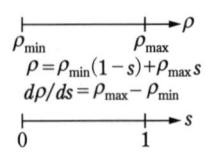

図 9.9 線積分の変換

て計算できる。積分公式が $\int_0^1 ds$ という形で与えられているときは，図 9・9 のように変数を s に線形変換して $\int_0^1 (\rho_{\max} - \rho_{\min}) ds$，$\int_0^1 (\theta_2 - \theta_1) ds$ などとする。

9.2.3 Log-L1 変換による準特異積分

5.6.3 項にも述べたが，動径方向（ρ 方向）の一次元積分を Log-L1 変換[9.4]して準特異積分を行う方法を説明する。この変換は図 9・10 に示すように，図 9・9 と同様な変数 s に対する積分で，結局次式となる。

$$\int_{\rho_{\min}}^{\rho_{\max}} d\rho = \int_{\ln(\rho_{\min}+D)}^{\ln(\rho_{\max}+D)} \exp(R) dR$$

$$= \int_0^1 \{\ln(\rho_{\max}+D) - \ln(\rho_{\min}+D)\} \exp(R) ds \tag{9・14}$$

ここで，R は図 9・10 に与えているが，積分公式の分点を極近傍では密に，遠方では疎にする変換である。また D は，実座標の極位置 $\boldsymbol{P}_0$ と積分値計算点 $\boldsymbol{C}$ との実垂直距離 d（図 9・11 参照）で定まる定数である。例えば ρ の射線毎（θ 毎）に $D = d/|\partial \boldsymbol{P}/\partial u|_{v-\text{定}} \partial u/\partial \rho + \partial \boldsymbol{P}/\partial v|_{u-\text{定}} \partial v/\partial \rho|$ と規格化する。なお，前項に述べたように，$\partial u/\partial \rho = \cos\theta$，$\partial v/\partial \rho = \cos(\theta - 2\pi/3)$ である。規格化式の分母は $\boldsymbol{P}_0$ 位置での積分路方向の接線ベクトル長であるが，$\boldsymbol{P}_0$ 位置での $d\rho$ から「$d\rho$ に対応する実空間微小距離」への引き伸ばし率でもある。実際には，$\boldsymbol{C}$ の実座標が与えられ，$\boldsymbol{P}_0$ および (u_0, v_0, w_0) は未知であることも多い。このときは面上点 $\boldsymbol{P}$ の中で $\boldsymbol{C}$ を鉛直上方位置とするものを，評価関数 $\partial \boldsymbol{P}/\partial u|_{v-\text{定}} \cdot (\boldsymbol{C}-\boldsymbol{P}) = 0$ かつ $\partial \boldsymbol{P}/\partial v|_{u-\text{定}} \cdot (\boldsymbol{C}-\boldsymbol{P}) = 0$ などとしてニュートン法などで探索するとよい。

図 9・12 に $(1/3, 1/3, 1/3)$ の位置を極としたときの極座標変換時の分点およ

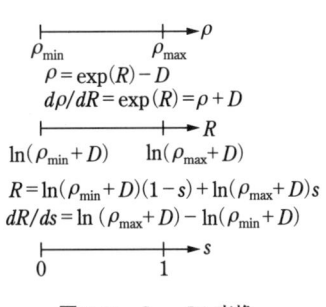

図 9.10 Log-L1 変換

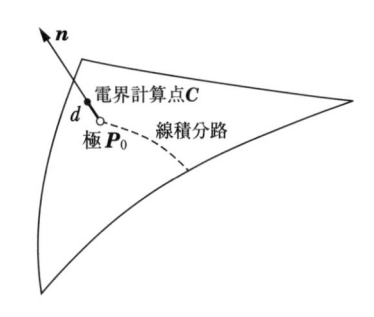

図 9.11 準特異積分点と極位置

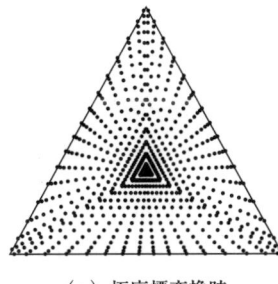

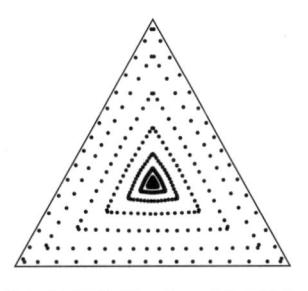

(a) 極座標変換時 　　　(b) 極座標変換＋Log-L1 変換時

図 9.12 積分の分点

び極座標変換＋Log-L1 変換時の分点の例を示す．(a)(b) の分点数は同数（16×16×3 点）とした．図 9・6 と比較すると，極座標変換により分点配置が極周辺で密となることが分かる．また，Log-L1 変換によりさらに極近傍に分点が集中し，極近傍での積分精度の向上に寄与することが分かる．

9.3 電荷密度の表現

　ここでは曲面形状の表現に用いたベジエパッチより一般的なラグランジュ補間多項式[9.5]を採用して，電荷密度 $\sigma(u, v, w)$ の表現を考える．一次の σ は具体的には次式で表現される．

$$\sigma(u, v, w) = \sigma_1 u + \sigma_2 v + \sigma_3 w \tag{9・15}$$

第9章 曲面形状表面電荷法

ただし，σ_1，σ_2，σ_3 は 3 頂点での電荷密度である。一般的には $\sigma = \sum_i \sigma_i N_i(u, v, w)$ と記述でき，$N_i(u, v, w)$ は形状関数と呼ばれる。形状関数といってもここでは「空間形状の表現」に使用しているのではないが，通称に従っている。(9・15)式は(9・1)式と同形であり形状関数は座標のブレンド表現と考えて良い。一方，二次の σ は次式となる。

$$\sigma(u, v, w) = \sigma_1 u(2u-1) + \sigma_2 v(2v-1) + \sigma_3 w(2w-1)$$
$$+ \sigma_4 4vw + \sigma_5 4wu + \sigma_6 4uv \tag{9・16}$$

ただし 6 点(各点をここではノードと呼ぶ)の番号は図 9・1(b)と同じとする。これらの関数の特徴は，例えば $N_1 = u(2u-1)$ は 1 番ノード位置では値が 1 で 2～6 番ノード位置では値が 0 となることである（図 9・13 参照）。$N_2 \sim N_6$ も同様の性質を持ち，(9・3)式の二次ベジエパッチとは性質が異なる。三次以上の形状関数も広く知られているが，通常の電界計算では電荷密度は二次表現で十分であることが多い。

なお，形状表現には端部接線制御が可能なベジエパッチを使用し，電荷密度の表現にはノード値が 1 または 0 になるラグランジュ多項式を使用するのは以下の理由による。形状の「端部勾配の不連続」は角（かど）を生成して電界強度を大

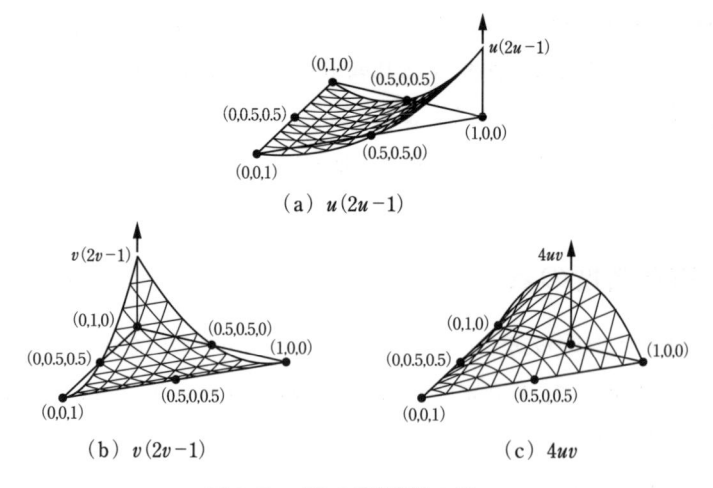

図 9.13 二次の形状関数の例

きく変動させるが，ベジエパッチを用いれば角の生成を回避できる。一方，電荷密度表現にラグランジュ多項式を用いると，電荷密度分布の一部がノード位置で0になり，ここでの特異積分に零因子として作用し有利である。

通常はパッチ（分割要素）を複数枚使用するが，要素の接続線上ならびに接続頂点上の電荷密度を，隣接要素の値と同じ（連続）とするかどうかという選択がある。滑らかな曲面上では電荷密度の値は連続的に変化するので，電荷密度の値（$\sigma_1 \sim \sigma_6$）を隣接要素と共有させた方が自然であり，精度もよくなる。しかし，形状の角部や媒質の不連続部などでは電荷密度は必ずしも連続でないのでこの原則は当てはまらない。

なお，隣接要素と電荷密度を連続的に表現することを「適合」，不連続に表現することを「非適合」と呼ぶこともある。適合表現と非適合表現とでは，電荷密度表現に必要な未知数（ノードの電荷密度値）の総数が相違するので，解くべき方程式の元数（＝境界条件式の個数）も相違する点に注意を要する。

9.4 境界条件の表現方法

表面電荷法による静電界計算では，導体境界にて電位 ϕ が指定値 ϕ_0 と一致する（$\phi - \phi_0 = 0$）ことと，誘電体境界（界面）にて電束密度法線方向成分が連続であること，すなわち界面の表値（$D_\mathrm{n}^\mathrm{face}$）と裏値（$D_\mathrm{n}^\mathrm{back}$）とが一致する（$D_\mathrm{n}^\mathrm{face} - D_\mathrm{n}^\mathrm{back} = 0$）ことが要請される。理想的には形状を表現するパッチ上のあらゆる位置でこの条件を満足させたいが，これは計算モデル（形状や電荷密度の表現）の近似誤差によっても，計算時間の制約によっても不可能である。特に，電荷密度表現に用いる未知数の総数は有限個（N 個）であるから，未知数を連立一次方程式の解として数値的に求めるために，境界条件式も N 個に集約する必要がある。N 個の境界条件式を適切に作成する汎用的な手法としては，モーメント法（重み付き残差法とほぼ同義）が標準的なので，まずこれを説明する。なお，重み付き残差法，後で述べるガラーキン法などについては有限要素法の4.5節でも解説している。

第9章 曲面形状表面電荷法

　通し番号でi番ノード（$i=1 \sim N$個）にて定義された電荷密度値σ_iはi番ノードを含む要素上に形状関数に応じた分布でσを「張る」（図9・13参照）。この影響領域をS_iと表示する。前節で述べた適合表現の場合はi番ノードを含む全要素がS_iの構成要素となる。S_iは幸いN種類存在し，しかも$S_{j \neq i}$とは必ず異なる領域となる。非適合表現の場合は電荷密度値の通し番号iを$1 \sim N'$として，σ_iの関与のある要素のみでS_iを定義すれば，やはりN'種の$S_i(\neq S_{j \neq i})$が得られる。そこで誘電体境界の場合は境界条件として次式を採用する。

$$\int_{S_i} w_i (D_n^{\text{face}} - D_n^{\text{back}}) dS = 0 \qquad (9 \cdot 17)$$

ここで，w_iはS_i上で定義される重み関数である。導体境界の場合も被積分関数を$\phi - \phi_0$に変更するだけである。$w_i = 1$とすれば(9・17)式は，S_i上の平均的な境界条件の満足具合（0かどうか）を表現する式である。この値が0ならば平均的には境界条件が満足されているというのが，モーメント法（重み付き残差法）の考え方である。(9・17)式の場合はS_iを通過する電束本数の連続にまで条件を緩めたとも解釈できる。

　実際には，w_iを1ではなく，w_iの形状関数（関連要素個ある）と同じとすることが多い。この場合は(9・17)式はS_i上の重み付き平均として境界条件を表現する。σ_iの形状関数はi番ノード位置で値がピークになるから，i番ノード位置の満足具合を重視した重み付き平均となる。この方式は特にガラーキン法とも呼ばれる。曲面要素を用いる表面電荷法の場合は(9・17)式を解析的に処理できず，数値面積分を行う必要があるが，この点をいとわなければガラーキン法の適用は容易である。数値面積分の方法はすでに説明したとおりである。しかし，D_nの計算に既に数値面積分を行っているので，(9・17)式は実は二重の数値面積分を行わねば計算できず，計算負荷がきわめて高い。

　実用的には計算負荷を低減する工夫が必要で，代表的な方法は2種類ある。一つは(9・17)式の数値面積分精度を緩める方法である。(9・17)式はそもそも平均的な意味しかもたないと割り切って必要精度を緩めれば，計算速度が改善され実用的な解法になる。この方法は，他の有効な計算手段が少ない角点や稜線近傍の

処理に特に有効である。もう一つは重み関数 ω_i に δ 関数を採用する方法である。要するに面積分を1点での境界条件式に置き換えて面積分を回避する方法であり、一般に選点法（ポイントマッチング）と呼ばれる。選点位置は可能ならノード位置を選択することが多いが、次の場合には不都合が生じる。

(a) 電荷密度表現に非適合部があれば境界条件の数より未知数の総数が大きくなる。

(b) 誘電体角点や稜線上のノードでは D_n を正しく計算できない。

(c) σ を二次表現したときの辺中点のノード位置でパッチの接続が辺上で滑らかでないときに(b)と同様の不都合を生じる。

このように選点法には制約が多いが適用可能なら計算速度を大幅に改善できる。ただし、解の安定性はガラーキン法に及ばない。筆者らの場合は、(a)、(b)はガラーキン法を適用し、(c)は滑らかな接続（G^1 接続）が可能なパッチ[9.3]の使用で対応している。この方法により経験的には相当に複雑な形状の系でも有意な数値解が得られている。一般論としては要素の次数や境界条件整合法の選択においては、連立一次方程式の数値解法の性質も加味した総合的な判断が必要で、たとえば次章に述べる高速多重極法などの高速解法を採用した上で、それに適した選択を行うことが望ましい。

第9章 演習問題

1. 高次のベジエ曲面パッチでは、P_1, P_2, P_3 以外の点は曲面上にないことを説明しなさい。
2. 本文(9・12)式を導出しなさい。
3. 本文9.2.2項の図9・7において、距離 ρ に位置する p 点の面積座標は、$u = \rho \cos\theta + u_0$, $v = \rho \cos(\theta - 2\pi/3) + v_0$ と表されることを説明しなさい。

第10章
高速多重極法

　高速多重極法（fast multipole method: FMM）は V. Rokhlin が 1983 年に提案した N 体間相互作用の O(N) 計算アルゴリズムである[10.1][10.2]。O(N) は N のオーダの数を意味する。N 体間相互作用の計算には古典的には O(N^2) 回の演算が必要であると考えられていたが，FMM を用いれば O(N) の演算量で実用精度内の数値計算が可能となる。境界要素法，表面電荷法などの $N \times N$ 密行列を扱う計算法に対しても FMM が適用可能で，必要な記憶容量と演算回数とを O(N) にまで激減させることができる。この章では，FMM アルゴリズムの骨子を解説するが，空間を分割する木構造を用いた分割統治法の適用と，場の級数展開表現とをうまく使った，大変に効率の良い計算手法である。説明の都合上，最初にツリー法（tree method）[10.3]と呼ばれる方法を説明する。なお，筆者の1人が執筆を分担した文献[10.4]にも基本的に本章と同じ内容が記載されている。

10.1　ツリー法

　ツリー法も N 体間相互作用の高速計算アルゴリズムの一種であり，このアルゴリズムを使用すると演算回数は O($N \log N$) となる。ツリー法と FMM とは考え方に高い共通性を持ち，ツリー法に追加と修正を加えることで FMM アルゴリズムが得られるという位置付けにある。

　図 10・1(a)に多数の点電荷が描かれた図を示す。この例では約 700 個の点が

描画されている。このうち，中央やや右上に1点だけ白丸印の点（矢印で指示）を描いている。この白丸位置での電気力（または電界，電位）を計算することを考える。最初の作業は，図(b)のような空間格子（セルと呼ぶ）を導入することである。図には最小サイズの正方形セル（リーフセル：葉セルと呼ぶ）が16×16個描かれている。セルの作成には，次のような階層的な手法を用いる。先ず点電荷全体を含む大きな正方形（図では辺長がリーフの16倍の正方形）を考え，これをルートセル（根セル）と呼ぶ。次にルートセルを4分割することで，一回り小さな正方形セルを4個作成する。この手順を繰り返して細分化されたセルを次々と作成していくと，各種大小セルからなる階層化されたセル群ができ上がる。このような階層的分割を木構造と呼ぶ。ここでは絵を描く都合から，二次元問題用の4分木正方形セルを用いて解説しているが，三次元問題を考える際は8分木立方体セルに読み替えるとよい。

　これらのセルを使って点電荷群をグルーピングしていくのが次の作業である。方針としては，なるべく多くの点電荷を大きくまとめてグルーピングしたいと考える。ただし，白丸印に「遠い」位置では大きなセルが使用でき，白丸印に「近い」位置では小さいセルしか使用できないとする。図(c)はリーフの8倍の辺長を持つセルを使ってグルーピングしたところである（太線で描いた左下の大きな正方形領域）。白丸印からある程度「遠い」位置とする必要があるので，この例では1個のグルーピングがやっとである。図(d)はリーフの4倍の辺長を持つセルを使ってさらにグルーピングをしたところである。今回は8個のグルーピングを行えた。セルサイズを小さくしながら同様の手順を繰り返すと，図(e)を経て，最終的に図(f)の状態となる。ただし，白丸点を含むリーフセルと，その周辺の8個のリーフセルについては，白丸印に「近すぎる」のでグルーピングをあきらめた（「遠い」「近い」の具体的判定方法は後述）。結局，白丸点の近傍を除いて，点電荷群が各種セルによって集団に分割されたことになる。

　このグルーピングを有効に利用して，ツリー法で白丸点位置の電気力を計算する。ただし，計算精度の面でやや荒っぽい手法を用いるが，精度の改善法は次節で述べる。図(g)は，先のグルーピングしたセルの内部点電荷群を，思い切って

第 10 章 高速多重極法

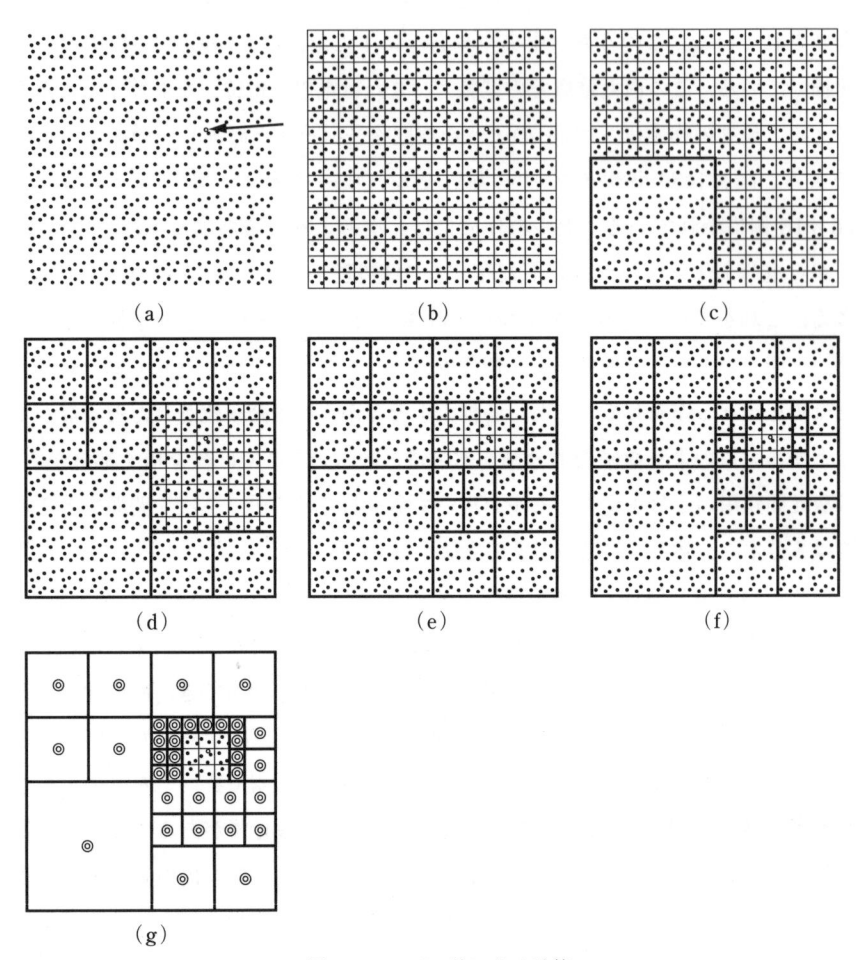

図 10.1 ツリー法による計算

等価な点電荷（2 重丸で表示）1 個で近似した様子である。もしもこの近似が許されるなら，特に大きなセルでは，多数の点電荷の寄与をたった 1 点で表現でき，計算効率が劇的に改善されると期待できる。等価点電荷の電荷量の求め方は後述するとして，図(g)の白丸位置の電気力の計算に必要な計算回数は，近傍点電荷の寄与：25 個分，遠方セルの寄与：34 個分で，計 59 回クーロンの式を適用すればよい。すべての点電荷に対する総当り計算では 700 回近い計算が必要であ

るから，これは大変に効率の良い方法といえる．ここで各寄与の計算回数を吟味すると以下のようになる．近傍点電荷の個数は概ね定数個である（Nが大きくなっても変化しない）．遠方セルの個数は，各大きさのセルごとには概ね定数個であるが，小さいものから大きいものまでのセルの種類は概ね $\log N$ 種である．よって，近傍点電荷の寄与数は O（定数）＝ O（N^0），遠方セルの寄与数は O（定数 ×$\log N$）＝ O($\log N$) と表現できる．相互作用計算では，白丸の位置を N 回変更して以上の計算を繰り返すことになるので，相互作用計算回数は先の結果に N を掛けて，総計算回数は O(N)＋O($N\log N$)＝O($N\log N$) となり，結局ツリー法は O($N\log N$) の相互作用計算アルゴリズムとなる．このようにツリー法のポイントは，階層的な空間セル構造を導入して，階層的分割統治を可能にした点といえる．

しかし，実はここまで説明してきた方法には重大な欠点がある．それは，このままの方法を実行しても「計算精度がさっぱりあがらない」という点である．理由は簡単で，遠方セルの寄与を「等価な点電荷」で近似するというのが，精度の面で問題があるのである．

10.2 多重極展開と局所展開

前節の方法では精度が不十分という結論であったが，これを改善するのは実は容易である．電荷群を 1 個の等価な「点電荷」で近似したのが精度があがらなかった原因なので，これを，「点電荷 ＋ 双極子 ＋ 四重極子 ＋…」で近似すれば精度向上が可能だと考えられる．実際にこの方法はうまくいき，電荷の近似表現の次数を目標精度に応じて必要な次数に上げることで，目的に適う精度での相互作用計算が可能となる．数学的にはこれは，場の多重極展開に対応し，次式で表現される．なお本章の数式はすべて一般三次元配置用の公式を示している．

$$\phi = \sum_{n=0}^{\infty} \sum_{m=-n}^{n} \frac{M_n{}^m}{r^{n+1}} Y_n{}^m(\theta, \phi) \qquad (10\cdot 1)$$

ここで，ϕ：展開半径外部の任意点のポテンシャル，r, θ, ϕ：ポテンシャルを求

める点の極座標(極座標中心は展開中心座標)，$Y_n{}^m$：球面調和関数，$M_n{}^m$：多重極展開係数である．この式は，先に述べた「点電荷 ＋ 双極子 ＋ 四重極子 ＋…」による表現そのものである．

　(10・1)式の使用方法を図10・2に示す．多重極展開係数が既知であれば，展開半径の外部から観測する限り，展開半径内部に存在する各点電荷の寄与を個別に直接計算することと，多重極展開係数を用いて(10・1)式で寄与を計算することとは，数学的に等価な結果を与える．静電界計算の場合だと，例えば6 ～ 10次程度までの計算でも，実用上十分な精度の計算が可能である．高精度を要求するほど高次の計算が必要で，演算の手間も増えるが，それでもたかだか10次程度の級数計算で，莫大な数の点電荷群をまとめて(10・1)式で取り扱えることになる．なお，演算の手間は目標精度に依存するが，Nとは無関係なので，全体の演算回数を考えるときにはNに対する定数部にあたる．このため，ツリー法が$O(N \log N)$の相互作用計算アルゴリズムであるという結論に変化はない．

　ツリー法の骨子は以上であるが，実際には多重極展開係数を具体的に決定する方法が必要で，それは次節で説明する．ここでは，少しだけ寄り道し，ツリー法では使用しなかった局所展開について触れる．多重極展開が展開球面の外部場を記述する式であるのに対し，展開球面の内部場を記述する式が局所展開で，次式で表現される．

$$\phi = \sum_{n=0}^{\infty} \sum_{m=-n}^{n} L_n{}^m r^n Y_n{}^m(\theta, \phi) \tag{10・2}$$

ここで，$L_n{}^m$：局所展開係数である．(10・2)式の使用方法を図10・3に図示した．局所展開係数が既知であれば，展開半径の内部から観測する限り，展開半径外部の点電荷の寄与を個別に直接計算するのと，局所展開係数を用いて(10・2)式で計算するのとは，数学的に等価な結果を与える．多重極展開とは表裏の関係にあり，FMMアルゴリズムでは局所展開を使用することになる．

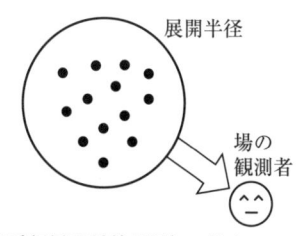

図 10.2　多重極展開の使用方法

多重極展開係数が既知の場合
「点電荷（●）の全寄与を加える」と
「多重極展開で寄与を計算する」とは
外部からの観測に関して等価

図 10.3　局所展開の使用方法

局所展開係数が既知の場合
「点電荷（●）の全寄与を加える」と
「局所展開で寄与を計算する」とは
内部からの観測に関して等価

10.3　多重極展開係数の階層的計算

　ツリー法では全セルの多重極展開係数が既知である必要がある。先に図10・1に示したように，ツリー法では様々な大きさのセルを使用し，さらに，図10・1の白丸の位置を変更すると，利用するセルの配置・組合せも変化する。そこで，関与しうるすべてのセル（大きなものも小さなものも）に対して，最初に一度だけ多重極展開係数の計算を実施する。最初に一度だけ計算しておけば，後は何度でも繰り返し，これらの係数を使うことができる。その計算には図10・4のような階層的な方法を使用する。

　図10・4(a)には点電荷群，(b)には「リーフセルに対して定義された多重極展開の収束円」を描画した。セル形状は正確には常に正方形または立方形であるが，以下ではこの円も単にセルと呼ぶことがある。実際には収束円同士はオーバーラップし隙間はできないが，図が煩雑になるので円のサイズを少し小さ目に作図している。図(b)の各リーフセルに多重極展開係数を定義するには，内部点電荷の個数回だけ，次の「点電荷の寄与を多重極展開係数に変換する公式」を実行すればよい。

$$M_n{}^m = q\rho^n Y_n{}^{-m}(\alpha, \beta) \tag{10・3}$$

ただし，q：点電荷量，ρ, α, β：点電荷の極座標（極座標中心は展開中心）である。

第10章 高速多重極法

点電荷が複数個存在するときは，単純に M_n^m のスカラ和を計算すればよい。この計算は，すべての点電荷について実行するので，総計 N 回(10・3)式を使用することになる。

次に，図(c)のように，リーフセルを4個まとめたひと回りサイズの大きいセルを考える。この大きなセルの多重極展開係数は，内部の4個のセルの多重極展開係数から計算できる。具体的な式は記載しないが，「多重極展開係数を別の多重極展開係数に変換する公式」は既知であるので，この公式を4回適用するのである。なお，多重極展開から多重極展開への変換を M2M（multipole to multipole）変換（図10・5(a)参照）と呼ぶ。これで，リーフセルよりひと回り大きい（親の）セルに多重極展開係数が定義される。

さらに，図10・4(d)のように，この操作を階層的に繰り返すと，全セルに多重極展開を定義できるので，これでツリー法が使用できる状態となる。なお，証明は省略するが，セルの総数を計算すると $O(N)$ となるので，M2M 変換の実行

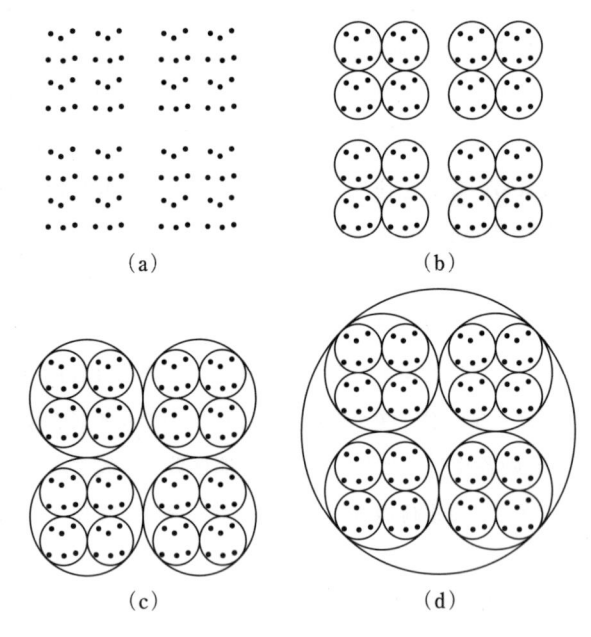

図10.4 多重極展開係数の階層的計算

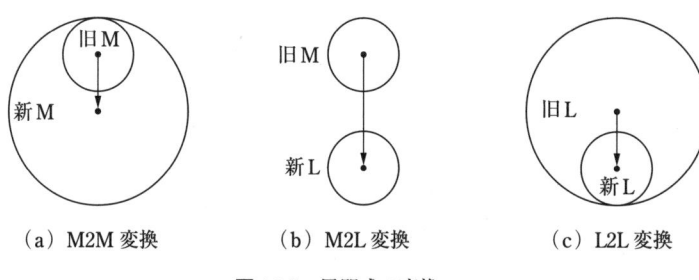

(a) M2M 変換　　(b) M2L 変換　　(c) L2L 変換

図 10.5　展開式の変換

回数も $O(N)$ となる．ツリー法は $O(N \log N)$ のアルゴリズムであるから，この節に述べた多重極展開係数の計算量は，N が大きければ $O(N \log N)$ に対して無視することができる計算量である．

10.4　距離の判定

ツリー法をベースにして，FMM の考え方を説明するのであるが，このためには，変更点 1 点と追加点 1 点の説明が必要である．この節では変更点の説明を行う．実はツリー法ではセルと白丸との「遠近」の判定を，「セルと白丸との距離 r」と「セルサイズ a（正確には多重極展開半径）」との比較で実行する．通常は次式を満足するときに，「遠い」と判定する（図 10・6(a) 参照）．

$$\frac{r}{a} > 「遠近判定値」 \tag{10・4}$$

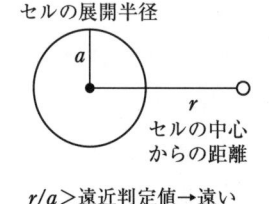

(a) ツリー法の実距離判定　　(b) FMMのセル間距離判定

図 10.6　距離の判定

一方，FMMでは「セルと白丸との遠近の判定」という考え方は用いず，「セル同士の遠近判定」という考え方だけを用い，しかも同サイズのセル同士の遠近だけを考慮する。例えば「セル同士の間に1セル分の離隔がある（図10・6(b)参照）」あるいは「セル同士の間に2セル分の離隔がある」のどちらかを満足するときに「遠い」と判定する。どちらの遠近判定規則を用いても構わないが，前者を採用する場合は，あるセルにとっては隣接するセルだけが「近い（近接）」セルとなり，それ以外のセルは「遠い（遠方）」セルとなる。いずれにしても，FMMでは遠近を「実距離」ではなく「セルの離隔数」だけで判定し，セルによる分割統治を徹底するのである。

10.5 局所展開係数の階層的計算

次にツリー法に対する追加点の説明を行う。実行する内容は，すべてのセルに局所展開係数を定義することである。ツリー法では，多重極展開係数だけを定義したが，今回はその多重極展開係数を用いて局所展開係数を定義する。このために，今回も階層的な方法を使用するが，使用する公式は以下の二つである。

（a） 多重極展開係数を局所展開係数に変換する公式（図10・5(b)参照）＝M2L（multipole to local）変換と呼ぶ。

（b） 局所展開係数を局所展開係数に変換する公式（図10・5(c)参照）＝L2L（local to local）変換と呼ぶ。

どちらも，具体的な変換公式が整備されているが，計算手法を理解する上では，数式の詳細は無視してよい。

局所展開の定義手順を示す。大きなセルから小さなセルに向かって階層的順序に従って定義していく。図10・7(a)のように，あるセルでは既に局所展開係数が定義されているとする。この局所展開係数には，近接セルの寄与を除く，遠方セルからの寄与がすべて記述されている。図(a)で描いた白丸セルより外側の遠方セルの寄与は，すでに局所展開係数の形で情報が記録されているという意味である。なお，系全体を内包する大きなセル，すなわちルートセルは，外側に点電

10.5 局所展開係数の階層的計算

荷が存在しないので，このセルの局所展開係数は値が零となる．よって，ルートセルは局所展開係数が定義済み（既知）のセルである．

図10・7(a)の中央セルの内部には，新たに局所展開係数を定義すべきセルが4個含まれているが，図(b)のようにその内の1個に注目する．なお，大きい方のセルを「親セル」，内側の小さいセルを「子セル」と呼ぶ．先ず図(c)のように，親セルの局所展開の内容を子セルの局所展開係数に変換する（L2L変換公式を使用）．次に，「親セルの近接セルの子セルで，自分の近接セルではないセル」を考えると，図(d)のように多数（この場合は27個）のセルが選択される．これらのセルの多重極展開の内容を，図(e)のように作成中セルの局所展開係数に変換して加える（M2L変換公式を使用）．この結果，図(f)に描いた8個の近接セルを除き，遠方セルの寄与はすべて局所展開係数の形で情報が記録される．同時に，図(f)と図(a)とはサイズの相違以外は全く同一の状態になっているので，さらに内側の子セル（孫セル，子孫セル）に関しても同様の手順で次々と局所展開係数を定義することができる．最終的には全セルに局所展開係数が定義されることになる．

なお，セルの総数は$O(N)$なので，L2L変換とM2L変換の実行回数も$O(N)$となる．ただし，図(c)と図(e)を比較すれば明らかなように，どちらも$O(N)$であっても，比例定数はM2L変換の方が圧倒的に大きく，要するに演算速度はM2L変換の計算効率に大きく依存することになる．

第10章　高速多重極法

(a)

(b)

(c)

(d)

(e)

(f)

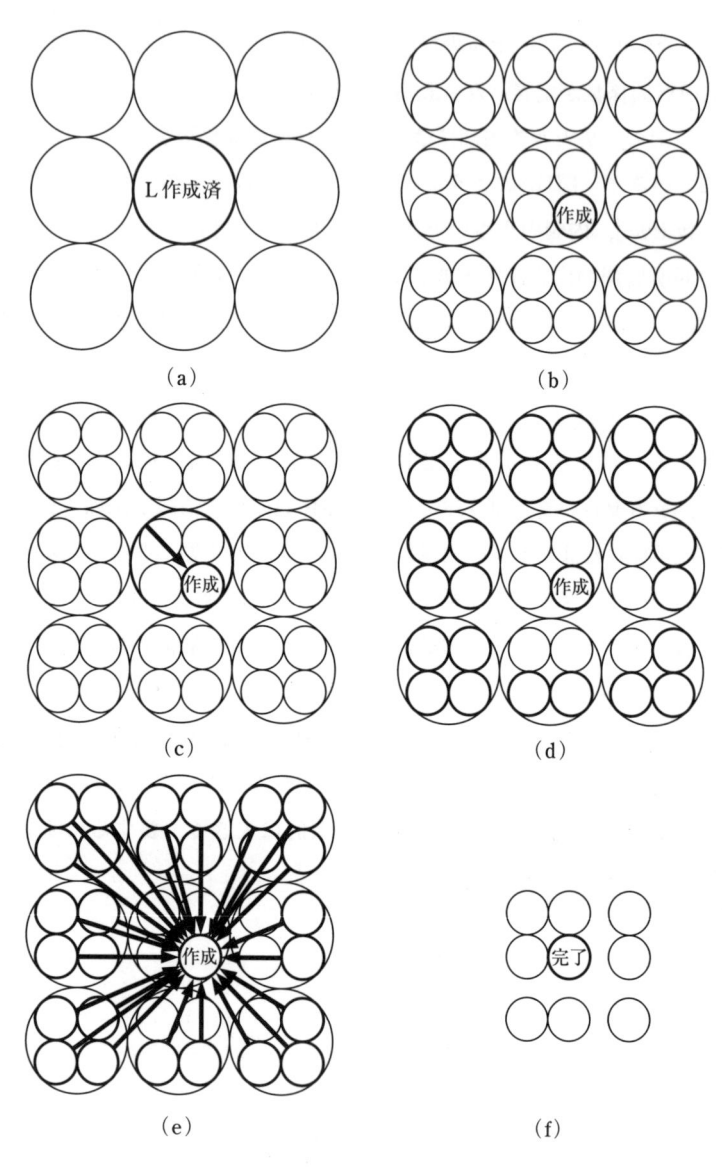

図10.7　局所展開係数の階層的定義

10.6 FMMによる相互作用計算

ようやく，FMMによる相互作用計算ができる段階に到達した。図10・8の真ん中に，電気力（または電界・電位）を計算すべき白丸の位置と，その白丸を含むリーフセル（これの局所展開係数は定義済み）を描いた。同図にはさらに，このリーフセルの局所展開係数が寄与情報を持っていない，近接セル群（周辺の8セル）内の点電荷群と，自セル内の点電荷群も描いた。白丸位置での計算を実行するが，必要な計算は次の2種類だけである。

（a） 局所展開係数を用いて遠方セルの寄与を1回だけ計算
（b） 残った点電荷の寄与を直接クーロンの式で計算

これで，全点電荷の寄与が漏れなく計算されることになる。このとき，（a）の計算回数は1回，（b）の計算回数は概ね定数個分（Nには依存しない）であるので，合計もNに依存しない定数回となる。相互作用計算回数はこの結果にNを掛ければ求められ，総計算回数は$O(N)$となる。

FMMアルゴリズムの説明は以上であるが，もう一度，FMMの演算回数を整理しておく。多重極展開係数の定義に$O(N)$，局所展開係数の定義に$O(N)$の準備計算を要し，相互作用の本計算に$O(N)$の計算を要するので，結局全計算が$O(N)$の計算量となる。

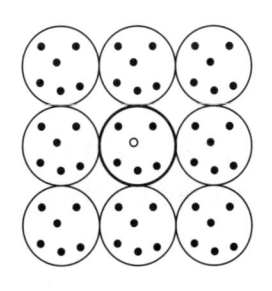

図10.8　白丸位置の場の計算

10.7 表面電荷法への適用

10.7.1 適用方法

FMMはもともと,境界要素法(BEM)のために開発された高速解法である。表面電荷法(SCM)は境界要素法の一種であるから,FMMはSCMにも適用できる。本節ではこの適用方法の概略を述べ,FMM-BEM,FMM-SCMの特徴を述べる。

SCMの支配方程式は連立一次方程式$Ax=b$である。ベクトルxは表面電荷密度分布を表すN個の未知数であり,$N \times N$密行列Aの各行が1個の境界条件式(積分方程式)を表す。$Ax=b$からxを解くことが目標である。まず,通常解法を用いる場合について述べる。Aは密行列なので,行列の成分をすべて記憶するには$O(N^2)$の記憶容量が必要である。標準的な直接解法(ガウスの消去法など)で連立一次方程式を解くと,求解にはさらに$O(N^3)$の演算量が必要であり,莫大な計算コストを要することになる。

そこで,非対称行列用の反復解法[10.5](Bi-CGSTAB法,GMRES法など)を使用して$Ax=b$を解くとすると,係数行列Aと任意ベクトルとの積(Axの演算結果)さえ計算できればxが求められる。係数行列ベクトル積Axさえ計算できれば良いので,係数行列Aを格納する必要はなくなる。これで,記憶容量が$O(N^2)$になるという問題点は解決される。

一方,係数行列ベクトル積Axの計算は,「境界条件式を立てた全境界位置での表面電荷分布xが作る電位・電界」を計算する作業を意味している。ところが,この作業はFMMで行うN体間相互作用の計算と同一作業とみなせるので,FMMを用いればAxが計算できる。しかもその演算量・必要記憶容量は$O(N)$でよい。よって反復解法と組み合せることで,演算量,記憶容量ともに$O(N)$でxを求めることができる。この計算法がFMM-SCMである。

なお,BEMやSCMで使用する境界要素は,図10・9(a)のような面(平面または曲面)形状だが,数値面積分公式で離散化すると(b)の様に複数の点電荷群

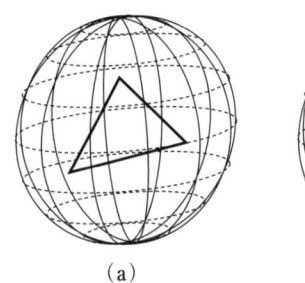

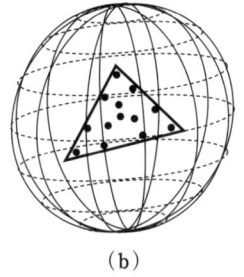

図 10.9　三角形要素の点電荷群への置き換え

と等価である．よって，面形状要素であっても，点電荷を用いて解説した FMM の考え方をそのまま適用できる．ただし，要素を分割統治（リーフセルへ配属）してから点電荷群へ離散化する考え方と，要素を点電荷群に離散化してから点電荷を分割統治する考え方とがあり，筆者らの場合は前者を採用している．

10.7.2　FMM-BEM，FMM-SCM の特徴

計算法の比較については 7.3 節にも記載したが，ここでは FMM も含めて説明する．FMM-BEM，FMM-SCM は，BEM あるいは SCM の特徴と FMM の長所を併せ持つ．未知数の個数を N，系の 1 次元あたり分割数の代表値を D として，主な特徴を列挙すると以下のとおりである．（a）N が $O(D^2)$，（b）演算コストが $O(N) = O(D^2)$，（c）ポテンシャル勾配すなわち電界の数値計算精度が高い，（d）無限境界の取扱いが容易，（e）要素分割（メッシュパターンの生成）が比較的容易，（f）表面力の優勢な系の解析に適する．

ここで特に（a）（b）が最も重要な特徴である．（a）は，三次元問題が境界面上の二次元問題に変換されるためである．なお，差分法（FDM），有限要素法（FEM）などの領域分割法では N は $O(D^3)$ となる．よって，同程度の要素サイズで同じスケールの問題を取り扱う場合は，BEM，SCM は FDM，FEM より少ない未知数で計算を行え，高速解法を適用すれば演算コストも FDM，FEM（$O(D^3)$ 以上）より有利である[10.6]．さらに，FMM を適用しない（普通の）SCM，BEM と比較したときの FMM-BEM，FMM-SCM の高速・大容量性能の

向上は顕著である．たとえば32bit のPC で一般三次元の電界計算を行う場合，前者はせいぜい1万未知数程度が限界なのに対し，後者は100万未知数を超える規模の計算が可能である．

一方，短所も把握しておくべきであり，全体的にはFDM，FEM と比較して汎用性・柔軟性の面で劣る．具体的には以下の点である．（g）非同次項の取扱いが困難，（h）非線形項の取扱いが大変困難である．こうした計算も必ずしも不可能ではないが，（a）を$O(D^3)$とせざるを得なくなり，（b）も$O(D^3)$となってしまう．結局「$O(D^2)$の長所を残したまま」というのは無理のようである．全体に，FMM-BEM，FMM-SCM とFDM，FEM は互いに補い合うような長所・短所を持っている．互いの長所をうまく組み合せて，効率の良い計算法を得るのが望ましい．

10.8　FMM-SCM の計算例

三次元ラプラス場の解析にFMM-SCM を適用すると，通常のSCM と比較して飛躍的に多数の要素，未知数を用いた計算が可能になる．特に，第9章で説明した曲面形状SCM にFMM を適用すると，高速，大容量，高精度の電界計算法になる．こうした長所を活かして，一般的には解析が困難な「大小スケールの媒体が混在する問題」や「画素データをそのまま要素とした解析」などがすでに行われている．以下では筆者らの計算例をいくつか示すが，すべて32bit PC で実行したものである．

10.8.1　多体系の計算[10.7]

口絵1に垂直方向の一様電界下にある多数個の誘電体球の電界計算結果を示した．各誘電体球は曲面要素192個で表現し，電荷密度分布は二次形状関数で表現した．1球あたり386未知数である．この球を $14 \times 14 \times 14 = 2\,744$ 個，格子状に配列させた．総未知数は1 059 184個である．図中のカラーグラデーションは電界強度の強弱を意味し，各球の上下方向の南北極付近が強電界となっている．注

意深く観察すると，球の位置に応じて電界分布が微妙に異なっていることが分かる。なお，球の位置が規則的な配列からずれた場合や，欠陥が存在する場合の計算なども可能である。

口絵2は一様電界下（上空に雷雲を想定）の大地に整列した多数の人体表面での電界強度である。人体は接地導体としており，曲面要素を使用し電荷密度表現は二次である。1人体あたり4 078未知数で表現して，これを8×20体整列させた。総未知数は652 480個である。電界強度分布をカラー表示したが，人体モデルの頭部で電界が強く，特に列の角にあたる位置のモデルの頭部で強くなっていることが分かる。全体として非常に複雑な形状であるが，問題なく電界計算を実行できる。

10.8.2　人体内誘導電流の計算

以下は静電界計算ではないが，変動磁界によって人体に誘導される電流（誘導電界が各所の導電率に対応する電流を生じる）の計算結果を示す。口絵3は人の両肺形状を2分岐細管で近似したモデルである。このモデルを胸郭状の容器内に納め，低周波一様磁界を印加した場合の体内誘導電界分布を計算した結果である[10.8]。分岐細管の作成には数学モデルを用い，気管支末端数は2 036，総未知数は414 391個である。形状は曲面要素表現，電荷密度は二次表現であり，境界条件の表現には細管分岐の谷部分でガラーキン法を採用している。分岐の谷部で誘導電界（＝電流）の顕著な増大が確認できる。

口絵4は情報通信研究機構（NICT）が公開している日本人成人男性標準モデルを対象とした計算[10.9][10.10]で，約800万個の立方体ボクセル（1辺2 mm）でモデルが表現されている。このボクセルの面に注目し，表裏の導電率が異なる面を平面四角形要素SCMの要素と見なすと，FMM-SCMが適用できる。鉛直方向一様交流磁界を印加して体内誘導電界を計算し，誘導電流（＝誘導電界×導電率）分布をカラー表示した図である。平面形状で電荷密度一定の要素を使用しているが，境界条件表現をガラーキン法として計算結果の安定性を確保している。総要素数は3 921 953個だが約6時間で電界計算が可能である。

第10章 高速多重極法

第 10 章 演習問題

1. 三次元解析用の 8 分木セル構造を考える。ルートセルは 1 個 (8^0) のセルからなり、これを第 0 層とする。その子セルは 8 個 (8^1) のセルからなり、これを第 1 層とする。第 L 層は 8^L 個のセルからなり、ここではこの層をリーフセル層とする。各リーフセルに点電荷が 1 個ずつ配属されている場合に、点電荷の総数 N とセルの総数 M との関係を示しなさい。

   なお、$r \neq 1$ のとき、$\sum_{k=1}^{n} r^{k-1} = (1-r^n)/(1-r)$ である。

2. 計算したい配置に一様な電界が存在する場合、高速多重極法ではどのように取り扱えばよいか考えなさい。

第 II 部

各種の場の計算法

第11章

複合誘電体の計算

次章以下の,一様電界,既知電界,静電誘導の計算などに複合誘電体の計算が出てくるので,第II部の最初にまず複合誘電体の計算法を説明する。

複合誘電体とは誘電体(絶縁物)が2種類以上ある配置である。一般に誘電率 ε が場所によって変わるときは,場の方程式は第2章の(2・6)式,すなわち

$$div(\varepsilon\, grad\, \phi) = -q \tag{11・1}$$

である。しかしほとんどの計算では,媒質として存在する気体(静電界では真空も同じである),液体,固体はそれぞれ誘電率が一定の材料として扱われる。このとき各誘電体の内部では,空間電荷が存在しない場合ラプラスの式

$$div(grad\, \phi) = 0 \tag{11・2}$$

が成り立つ。そこで ε が不連続に変化する誘電体界面(境界面)においてのみ境界条件を満足するような処理を行うのが普通である。ただし材料の誘電率がたとえば電界に依存して変わるような場合には,境界だけの処理では計算できない。

なお第I部では境界分割法を表面電荷法,電荷重畳法の順に説明したが,以下では電荷重畳法を先に説明する。

11.1 差分法による計算

差分法を使用する場合,誘電体界面ではまず格子点のあてはめ方が問題である。電極表面の場合の(3・15)式,(3・16)式のように,等間隔でない格子によっ

第11章　複合誘電体の計算

て界面上に格子点をとることもできるが，差分式が複雑になるので図11・1のように等間隔格子で，界面に最も近い格子点を界面上の点とする計算がほとんどである。界面と格子点が一致しない場合，界面付近の電界はもちろんあまり正確には求まらない。

界面上 i 点の差分式を得るには，i 点を囲む領域にガウスの定理を適用して求める方法と，界面に垂直な電束密度の連続条件を適用する方法とがある。前者の方法は，

$$\int_s (-D_n) ds = \int_s (\varepsilon\, grad\, \phi)_n ds = 0 \qquad (11\cdot 3)$$

を計算する[11.1]。ここで $(\varepsilon\, grad\, \phi)_n$ は微小面積 ds における電束密度の外向き法線方向成分を意味する。たとえば図11・1の二次元場で1〜8の各領域の誘電率が違う場合，領域1における(11・3)式の寄与分は図の点線に沿って，

$$\int_{y_0-\frac{h}{2}}^{y_0} \left(-\varepsilon_1 \frac{\partial \phi}{\partial x}\right) dy \simeq \frac{h}{2}\varepsilon_1 \frac{\phi_j - \phi_i}{h} = \frac{\varepsilon_1}{2}(\phi_j - \phi_i) \qquad (11\cdot 4)$$

領域2〜8についても(11・3)式を計算して加え合わせると次式が得られる。

$$(\varepsilon_6 + \varepsilon_7)(\phi_r - \phi_i) + (\varepsilon_1 + \varepsilon_8)(\phi_j - \phi_i)$$
$$+ (\varepsilon_4 + \varepsilon_5)(\phi_p - \phi_i) + (\varepsilon_2 + \varepsilon_3)(\phi_n - \phi_i) = 0 \qquad (11\cdot 5)$$

二つの誘電体（ε_A および ε_B）の境界面の格子点がたとえば図11・1の r, i, n であると，$\varepsilon_7 = \varepsilon_8 = \varepsilon_1 = \varepsilon_2 = \varepsilon_A$，$\varepsilon_3 = \varepsilon_4 = \varepsilon_5 = \varepsilon_6 = \varepsilon_B$，また境界面が j, i, q であ

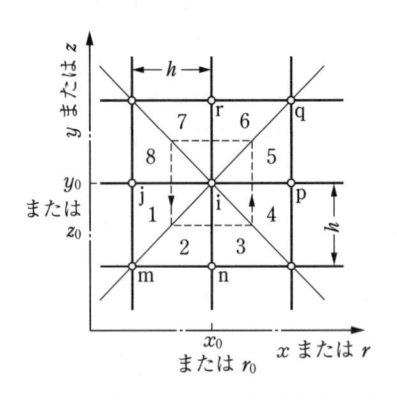

図 11.1　差分法における誘電体界面の処理

ると，$\varepsilon_1=\varepsilon_2=\varepsilon_3=\varepsilon_4=\varepsilon_5=\varepsilon_A$，$\varepsilon_6=\varepsilon_7=\varepsilon_8=\varepsilon_B$ としてそれぞれ(11・5)式を使用するわけである。

一方，回転対称場に(11・3)式を適用すると，たとえば領域1については(11・4)式の代わりに次式となる。

$$-2\pi\left(r_0-\frac{h}{2}\right)\int_{z_0-\frac{h}{2}}^{z_0}\left(\varepsilon_1\frac{\partial\phi}{\partial r}\right)dz \simeq \pi\varepsilon_1\left(r_0-\frac{h}{2}\right)(\phi_j-\phi_i) \tag{11・6}$$

領域1~8についても同様な式を作って加え合わせると，

$$\left\{\varepsilon_6\left(1+\frac{h}{4r_0}\right)+\varepsilon_7\left(1-\frac{h}{4r_0}\right)\right\}(\phi_r-\phi_i)+(\varepsilon_1+\varepsilon_8)\left(1-\frac{h}{2r_0}\right)(\phi_j-\phi_i)$$
$$+(\varepsilon_4+\varepsilon_5)\left(1+\frac{h}{2r_0}\right)(\phi_p-\phi_i)+\left\{\varepsilon_2\left(1-\frac{h}{4r_0}\right)+\varepsilon_3\left(1+\frac{h}{4r_0}\right)\right\}(\phi_n-\phi_i)=0$$
$$\tag{11・7}$$

界面以外の格子点では第3章に述べた通常の差分式ができるので，結局(11・5)式あるいは(11・7)式と界面以外の格子点電位に対する連立一次方程式を解けばよい。

ところが回転対称場では次式のようなもう一つの差分式がある。

$$\left\{\varepsilon_6\left(1+\frac{h}{2r_0}\right)+\varepsilon_7\left(1-\frac{h}{2r_0}\right)\right\}(\phi_r-\phi_i)+(\varepsilon_1+\varepsilon_8)\left(1-\frac{h}{2r_0}\right)(\phi_j-\phi_i)$$
$$+(\varepsilon_4+\varepsilon_5)\left(1+\frac{h}{2r_0}\right)(\phi_p-\phi_i)+\left\{\varepsilon_2\left(1-\frac{h}{2r_0}\right)+\varepsilon_3\left(1+\frac{h}{2r_0}\right)\right\}(\phi_n-\phi_i)=0$$
$$\tag{11・8}$$

両式の違いは h/r_0 の項だけであるから分割が細かいときにはあまり問題にならないとも言えるが，回転軸付近では明らかに差を生じる。(11・8)式はたとえば誘電体界面がr, i, nの場合，$\varepsilon_7=\varepsilon_8=\varepsilon_1=\varepsilon_2=\varepsilon_A$，$\varepsilon_3=\varepsilon_4=\varepsilon_5=\varepsilon_6=\varepsilon_B$ とすると，界面領域全体がそれぞれ ε_A，ε_B であるとした差分式と電束密度の連続性から導出される[11.2]。

(11・7)式を A-タイプ，(11・8)式を B-タイプと名付けると，界面の格子間隔，誘電率の相違によって差分式は複雑にも簡単にもなるが，常にこの二つのどちらかのタイプに分類される。実際に図11・2のような同心球の電極に，二つの

第 11 章　複合誘電体の計算

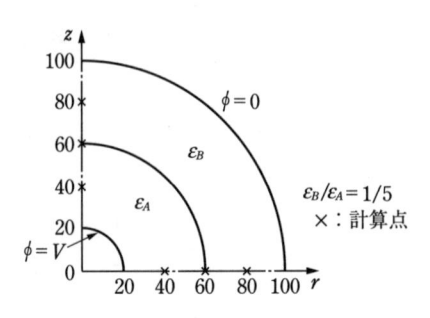

図 11.2　比較計算に用いられた同心球電極

差分式を適用して比較した例では，計算値の誤差は，特に回転軸上（$r=0$）で B-タイプの差分式のほうが小さいことが報告されている[11.3]。初期の差分法の文献には，A，B がほとんど同じくらいの割合で現れているが，その後は主に B-タイプが使用されているようである。これについては次節の有限要素法でも言及する。

なお図 11・1 で格子間隔がすべて相違するときの差分式（回転対称場では B-タイプ）は文献[11.4]に与えられているので必要とする読者は参照されたい。

11.2　有限要素法による計算

有限要素法は複合誘電体場の計算でほとんど何の問題も生じない。節点を常に誘電体界面上にとることができるし，4.1 節で説明したように，最初のポテンシャルエネルギーの式に誘電率が含まれているので，各三角形要素が有する誘電率をポテンシャルエネルギーの式に与えるだけで済む。ためしに前節で差分式を導出した図 11・1 の配置について，有限要素法で電位の式を求めて差分法の場合と比較してみる。

二次元の場合三角形要素 1 については，ポテンシャルエネルギーの微分は 4.6 節の(4・26)式で $h_y=h$ とした式と同じで

$$\frac{\partial X_1}{\partial \phi_i}=\frac{\varepsilon_1 h^2}{4\Delta}(\phi_i-\phi_j) \tag{11・9}$$

ここで Δ は要素の面積である。要素 2〜8 についても全く同様で，$\partial X_e/\partial \phi_i$ ($e=1\sim 8$) の式は誘電率が対応する要素の誘電率，ϕ_j が図 11・1 の i 点と対向する点 (j, n, p, r) の電位になるにすぎない。結局，

$$\frac{\partial X}{\partial \phi_i} = \sum_{e=1}^{8} \frac{\partial X_e}{\partial \phi_i} = 0 \tag{11・10}$$

によって差分式と同じ (11・5) 式が得られる。すなわちこの場合にも「領域を規則的に分割した有限要素法は差分法と同じ電位の式を与える」という原則が成り立っている。もちろん要素内の電位を座標の一次式で近似した場合である。

一方，回転対称場で同様な計算を行うと要素 1, 2 のポテンシャルエネルギーの微分は (4・32) 式，(4・33) 式で $h_r=h_z=h$ とした式である。

$$\frac{\partial X_1}{\partial \phi_i} = \frac{\pi \varepsilon_1 h^2}{2\Delta} \left(r_0 - \frac{2}{3}h \right) (\phi_i - \phi_j) \tag{11・11}$$

$$\frac{\partial X_2}{\partial \phi_i} = \frac{\pi \varepsilon_2 h^2}{2\Delta} \left(r_0 - \frac{h}{3} \right) (\phi_i - \phi_n) \tag{11・12}$$

要素 3 については

$$\frac{\partial X_3}{\partial \phi_i} = \frac{\pi \varepsilon_3 h^2}{2\Delta} \left(r_0 + \frac{h}{3} \right) (\phi_i - \phi_n) \tag{11・13}$$

要するに (4・19) 式から分かるように，定数倍を除き二次元場で $x \to r$, $y \to z$ とした式に各三角形要素の重心の r 座標を掛ければよい。i 点のまわりのすべての要素についてこれらを加えると，(11・10) 式から次式が得られる。

$$\left\{ \varepsilon_6 \left(1 + \frac{h}{3r_0} \right) + \varepsilon_7 \left(1 - \frac{h}{3r_0} \right) \right\} (\phi_r - \phi_i) + (\varepsilon_1 + \varepsilon_8) \left(1 - \frac{2h}{3r_0} \right) (\phi_j - \phi_i)$$
$$+ (\varepsilon_4 + \varepsilon_5) \left(1 + \frac{2h}{3r_0} \right) (\phi_p - \phi_i) + \left\{ \varepsilon_2 \left(1 - \frac{h}{3r_0} \right) + \varepsilon_3 \left(1 + \frac{h}{3r_0} \right) \right\} (\phi_n - \phi_i) = 0 \tag{11・14}$$

この式は，差分法の (11・7) 式とも (11・8) 式ともすべての電位の係数が相違している。そこで前節で行ったガウスの定理 (11・3) 式からの導出とどこが相違するのかを検討する。実は (11・14) 式は図 11・3 のような i 点を中心とする断面の 1 辺が $4h/3$ の四辺形（実際には回転対称な円筒）にガウスの定理を適用し，(11・

第11章 複合誘電体の計算

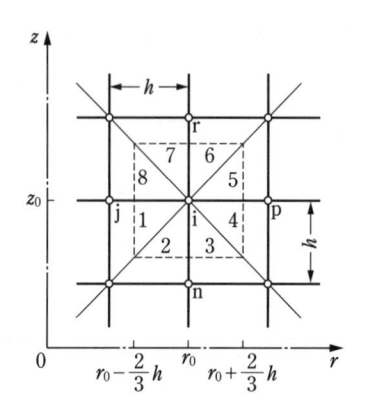

図11.3 有限要素法の(11.14)式を与える区分(点線)

6)式の代わりに，

$$-2\pi\left(r_0-\frac{2}{3}h\right)\int_{z_0-\frac{2}{3}h}^{z_0}\left(\varepsilon_1\frac{\partial\phi}{\partial r}\right)dz \simeq \frac{4}{3}\pi\varepsilon_1\left(r_0-\frac{2}{3}h\right)(\phi_j-\phi_i) \tag{11・15}$$

を作ってすべての側面について加え合わせれば得られる。すなわち回転対称場ではi点を囲むどのような体積にガウスの定理を適用するかで電位の式が相違する。

(11・7)式，(11・8)式，(11・14)式の相違は$r_0\simeq 0$のとき，すなわち回転軸付近でのみ差を生ずるが，回転軸上で最大電界を生じる配置ははなはだ多いので無視できない問題である。実は領域を規則的に分割した場合に，差分法と有限要素法とで電位の式が異なることは単一誘電体の場合にもあり，回転軸上の式（差分法では(3・20)式）がその例である。差分法でどの式を用いると最も精度が高いかは現在のところ必ずしも明らかにされていないようであるが，領域のポテンシャルエネルギー最小の条件から導かれる(11・14)式が最も良いと思われる。しかしこれは付近の電界分布に依存するかもしれない。

11.3 電荷重畳法による計算

二つの誘電体が電界の作用を受けて分極するとき，それぞれの誘電率が場所に

11.3 電荷重畳法による計算

よらず一定であると分極電荷は界面にのみ現れ，この界面電荷は電気一重層である。電気一重層は単極性の電荷の層であって，その両側で電位は連続であるが，電界は存在する電荷量（密度）に比例した不連続を生じる。また場の電界は分極電荷を含めてすべての空間が単一誘電体（真空と見なしてよい）である場合の電界に等しい。

電荷重畳法では，実際は電極表面に存在する電荷の作用を電極内部に配置した仮想電荷の作用で置き換えるように，誘電体の界面電荷を仮想電荷で代用する。ただ誘電体の界面は電極表面と違った境界条件であり，また二つの誘電体の両方の電界を与えなければならない。そのために図 11・4 に模式的に示すように，誘電体 ε_A, ε_B の双方の内部に仮想電荷を配置し，ε_A 内の仮想電荷 Q_A と電極内の仮想電荷 Q とで ε_B 内の電界を，ε_B 内の仮想電荷 Q_B と電極内の仮想電荷 Q とで ε_A 内の電界を与える。それぞれの仮想電荷は電極表面と誘電体界面の境界条件から与えられる全体の連立一次方程式を解いて求められる。

境界条件は，
（a） 電極上：電位一定（$=V(i)$）
（b） 誘電体界面上：電位の連続および電束密度（の法線方向成分）の連続，

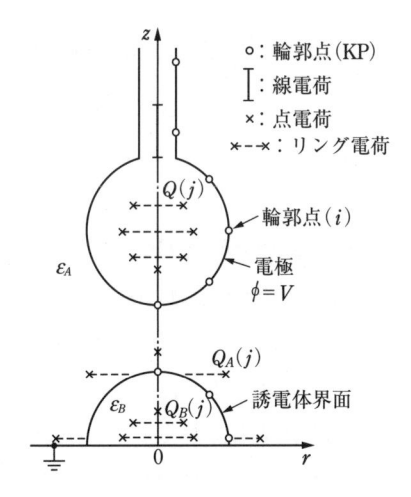

図 11.4　複合誘電体場の電荷重畳法（説明図）

第11章 複合誘電体の計算

である。
図 11・4 に示したように,電極内,ε_A 内,ε_B 内の仮想電荷を番号付けしてそれぞれ $Q(j)$ $(j=1\sim k)$,$Q_A(j)$ $(j=k+1\sim m)$,$Q_B(j)$ $(j=m+1\sim n)$ と表わすと,各輪郭点 i における境界条件(a),(b)は次のようになる。

(a) 電極上

$$\varepsilon_A 側電極上:\sum_{j=1}^{k}P(i,j)Q(j)+\sum_{j=m+1}^{n}P(i,j)Q_B(j)=V(i) \quad (11\cdot 16)$$

$$\varepsilon_B 側電極上:\sum_{j=1}^{k}P(i,j)Q(j)+\sum_{j=k+1}^{m}P(i,j)Q_A(j)=V(i) \quad (11\cdot 17)$$

ただし図 11・4 では ε_B 側の電極はない。また大地(接地電位)は影像電荷の作用として $P(i,j)$ に含める。

(b) 誘電体界面上

電位の連続条件

$$\sum_{j=k+1}^{m}P(i,j)Q_A(j)-\sum_{j=m+1}^{n}P(i,j)Q_B(j)=0 \quad (11\cdot 18)$$

電束密度の連続条件

$$\varepsilon_A\left\{\sum_{j=1}^{k}F_n(i,j)Q(j)+\sum_{j=m+1}^{n}F_n(i,j)Q_B(j)\right\}$$
$$-\varepsilon_B\left\{\sum_{j=1}^{k}F_n(i,j)Q(j)+\sum_{j=k+1}^{m}F_n(i,j)Q_A(j)\right\}=0 \quad (11\cdot 19)$$

これらの式で,$P(i,j)$ は 6.2,6.3 節で説明した電位係数で,付録 1 に与えられている。また電界係数 $F_n(i,j)$ は,同様に(6・11)式,(6・12)式に与えた電界係数 F によって,

二次元場;$F_n(i,j) = F_x(i,j)\sin\theta+F_y(i,j)\cos\theta$ $\quad (11\cdot 20)$
回転対称場;$F_n(i,j)=F_r(i,j)\sin\theta+F_z(i,j)\cos\theta$ $\quad (11\cdot 21)$

のように与えられる。$F_n(i,j)$ は j 点の単位電荷量が界面上 i 点に生じる法線方向電界である。角度 θ は図 11・5 に示すように $\varepsilon_A<\varepsilon_B$ として ε_B から ε_A に立てた垂線が y 軸または z 軸となす角と定義しておくと,(11・20)式,(11・21)式をすべての場合に変更なしに使用できる。その代わり,θ は 0~360°(あるいは −180°

142

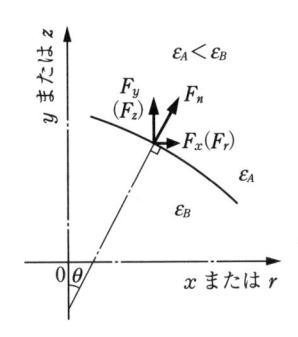

図 11.5 界面上電界の法線方向成分

から 180°）の範囲をとる。

ここで往々にして誤解を生じるのは，電位係数，電界係数と電荷との関係である。最初に述べたように分極電荷を含めてすべての空間を真空中と見なすなら，電位係数，電界係数は ε_0 のついた式を用いる。またすべての空間を ε_A 中と見なすなら ε_0 の代わりに ε_A とおいた式を用いる。どちらでも同じ電界を与えるが，求められる仮想電荷は $\varepsilon_A/\varepsilon_0$ 倍だけ相違する。たとえば真空中と見なした取扱いでは電極表面の電荷密度は（真電荷＋分極電荷）が求められ，実際に ε_A 内にある場合の真電荷と相違するので「静電容量」を求める際に注意が必要である。この点については 13.4 節でより詳しく解説する。

(11・16)～(11・21)式によって仮想電荷 $Q(j)$，$Q_A(j)$，$Q_B(j)$ を未知数とし，表 11・1 のような係数を有する支配方程式ができる。単一誘電体の場合と異なり係数行列はかなり 0 項を含んでいる。この方程式から得られた電荷量を用いて各所の電位，電界を求める手順は，6.3 節に説明した単一誘電体の場合と同様である。ただし計算点がどちらの誘電体に属するかを入力データによって与え，それぞれ電位，電界の計算式を使い分けなければならない。解の精度をチェックするためには誘電体界面でも輪郭点(KP)の中間に検査点(AP)をとるが，電極表面のように電極電圧との一致の程度で判定するわけにはいかない。7.6 節に述べたように，界面上の検査点には ε_A 側と ε_B 側のそれぞれの電位，電界，電界の法線方向成分，接線方向成分，両者の ε_A 側，ε_B 側の比を求めて総合的に判断する

のが普通である。

　もう一つ電極表面と誘電体界面とが相違する点は，後者では1個の輪郭点に対して2個の仮想電荷（未知数）が必要なことである。これは輪郭点1個に境界条件が二つあることに対応している。その結果複雑な形状で誘電体が多数ある場合には電荷重畳法の適用は難しくなる。

表 11.1　複合誘電体場の係数行列の各項

輪郭点(i) ＼ 仮想電荷(j)	電極内 Q	ε_A 内 Q_A	ε_B 内 Q_B
(11・16)	$P(i,j)$	0	$P(i,j)$
(11・17)	$P(i,j)$	$P(i,j)$	0
(11・18)	0	$P(i,j)$	$-P(i,j)$
(11・19)	$(\varepsilon_A-\varepsilon_B)F_n(i,j)$	$-\varepsilon_B F_n(i,j)$	$\varepsilon_A F_n(i,j)$

11.4　表面電荷法による計算

　分極電荷は電気二重層であるから表面電荷法では電極の表面電荷と同様に表現でき，電荷重畳法のように2個（界面両側）の電荷を与える必要がない。これは，表面電荷法では界面において電位の連続性が満足されていて，電束密度の連続条件のみ必要なことに対応している。

　図11・6のような複合誘電体の界面 i 点における電荷密度を $\sigma(i)$，法線方向電界を ε_A, ε_B についてそれぞれ E_{nA}, E_{nB}，また $\sigma(i)$ 以外の電荷による輪郭点の電界を E_{n0} とすると，

$$\varepsilon_A E_{nA} = \varepsilon_B E_{nB} \tag{11・22}$$

$$E_{nA} = E_{n0} + \frac{\sigma(i)}{2\varepsilon_0} \quad , \quad E_{nB} = E_{n0} - \frac{\sigma(i)}{2\varepsilon_0} \tag{11・23}$$

ここでは全空間を真空中と見なしている。ε_A 中と見なすときは(11・23)式および電位，電界の式の ε_0 を ε_A とすればよい。この二つの式から，

11.4 表面電荷法による計算

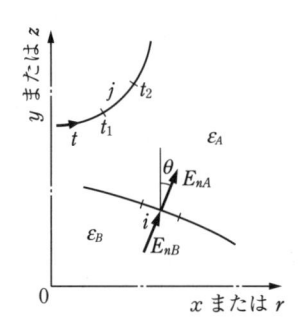

図 11.6 複合誘電体における表面電荷法

$$(\varepsilon_A - \varepsilon_B) E_{n0} + \frac{\varepsilon_A + \varepsilon_B}{2\varepsilon_0} \sigma(i) = 0 \tag{11・24}$$

電極表面あるいは界面の j 要素（区間 $t_1 \sim t_2$：図 11・6）にある電荷 $\sigma(j)$ による i 点の法線方向電界 $E_n(i,j)$ は，二次元場では，

$$E_n(i,j) = \int_{t_1}^{t_2} \sigma(j) F_x(i,j) dt \cdot \sin\theta + \int_{t_1}^{t_2} \sigma(j) F_y(i,j) dt \cdot \cos\theta \tag{11・25}$$

回転対称場では，

$$E_n(i,j) = \int_{t_1}^{t_2} \sigma(j) F_r(i,j) dt \cdot \sin\theta + \int_{t_1}^{t_2} \sigma(j) F_z(i,j) dt \cdot \cos\theta \tag{11・26}$$

と書ける。ここで F_x, F_y は単位電荷密度の無限長線電荷による電界，F_r, F_z は単位電荷密度のリング電荷の電界でともに付録1に与えられている。(11・24)式の E_{n0} は，(11・25)式あるいは(11・26)式を輪郭点のごく近傍を除く全要素について加え合わせて次式を得る。

$$(\varepsilon_A - \varepsilon_B) \sum_j E_n(i,j) + \frac{\varepsilon_A + \varepsilon_B}{2\varepsilon_0} \sigma(j) = 0 \tag{11・27}$$

これが誘電体界面の電荷密度に対する方程式である。ここで電荷密度が座標の関数として要素内で変化するときは，同じ要素内であっても $\sigma(j)$ の値は輪郭点によって異なる。電極表面電荷に対する式と(11・27)式とが全体の電荷量（電荷密

第11章　複合誘電体の計算

度）を求める支配方程式となる．あるいは電極については電荷重畳法，界面については表面電荷法とすることも可能である．なお，第5章で触れたように，表面電荷法にはいろいろな計算技法（バリエーション）が存在するが，電極や誘電体形状の模擬，電荷密度表現，境界条件の設定方法の詳細などはまとめて第9章で説明した．

　実際の計算にあたって重要なのは，誘電体界面の角度，電界の方向を間違えないように定めておくことである．界面の角度は，前節の図11・5で説明したように ε_B から ε_A ($\varepsilon_A<\varepsilon_B$) に立てた垂線が y 軸または z 軸となす角とし，E_{nA}，E_{nB} は常に ε_B から ε_A の向きを正と決めておくとよい．

11.5　誘電率が非常に異なるときの計算

　誘電率が非常に異なる2種類の誘電体が電界の方向に直列に存在すると，誘電率の大きい方の電界が小さくなるが，このような配置を電荷重畳法で計算すると大きな（相対）誤差を生じる．これは誘電率の大きい方の電界は外部の（たいていは電極の作る）電界と誘電体界面の（分極）電荷による電界が重畳あるいは相殺して表されるが，両者が同じような大きさで逆方向であるので，電荷重畳法や表面電荷法では大きなけた落ち誤差を生じるためである．

　電荷重畳法で仮想電荷を用いて電界を表すのに別な方法[11.5][11.6]がある．これは各誘電体の電界を，それを直接とりまく周囲の電荷だけで表すもので，図11・4を例にとると ε_B 内の電界を ε_A 内の仮想電荷だけで与える．すなわち $Q(j)$ ($j=1\sim k$) と $Q_B(j)$ ($j=m+1\sim n$) で ε_A 内の電界を，$Q_A(j)$ ($j=k+1\sim m$) で ε_B 内の電界を与えるのである．電極上，界面上の境界条件は，(11・16)～(11・19)式とは違った式で表され，係数行列も表11・1とは相違するが，これらは(11・16)～(11・19)式にならって容易に作れるのでここでは省略する．この方法を β 法と名付けると，実際の ε_B 内の電界は電極表面電荷と誘電体界面電荷で形成されているから，先に説明した通常の方法（α 法）のほうが実際の状況に近いが，多くの場合両方法は等価である．しかし次のような違いがある．

（a） β-法は，図11・4でいえば ε_B が ε_A より非常に大きいときの電界計算に適している。このときは ε_B 内部の電界が非常に小さくなるので，α-法では電極内の電荷 Q と ε_A 内の電荷 Q_A の作用が ε_B 内でちょうど相殺される必要があるが，有限個の電荷個数あるいは近似した電荷分布ではこれは必ずしも容易でない。それに比べ β-法では Q_A が 0 に近づけばよいので模擬しやすく，精度が高くなる。これは $\varepsilon_B=\infty$ という実際に導体の場合をとってみれば容易に理解できる。

（b） 逆に $\varepsilon_B/\varepsilon_A$ が 1 に近いと α-法が有利である。このときは，α-法の Q_A が 0 に近くなる。$\varepsilon_A=\varepsilon_B$ のとき実際に界面電荷は 0 になり α-法では $Q_A=Q_B=0$ となるが，β-法では Q_A が有限の値を有することになる。

（c） 同じ使用電荷数であっても，実際に電位，電界を計算するときの延べ使用電荷数は β-法のほうが少なくいくらか有利である。

電荷重畳法では ε_A と ε_B の界面の電荷を界面両側の電荷で模擬するために，その作用を一方は ε_B 内の電界，他方は ε_A 内の電界を表すように分離して扱うことができる。しかし表面電荷法の表面電荷は電気一重層で，通常は分離できない。そのために，誘電率の非常に異なる複合誘電体場の計算では，2種類の表面電荷を用いる方法が試みられている。電荷重畳法の β-法と同様に，ε_B 内の電界は一方の表面電荷だけで表される。各区分の輪郭点の未知数が2倍になるのに対応して境界条件も電位の連続条件と電束密度の連続条件が課される。あるいは輪郭点で電位と電束密度の二つを未知数とする境界要素法（8.2節）を用いても通常の表面電荷法より精度が向上する。

11.6　計算例 ─ 三重点効果

複合誘電体の計算例は多数あるが，ここでは実用的にも重要な三重点効果（triple-junction effect）の計算を述べる。三重点効果とは，電極と2種類の誘電体がそれぞれ直線上の境界面をなし1点に会する点での電界の特異性である[11.7][11.8]。通常は一方の誘電体が固体絶縁物なので接触点の電界と考えてもよ

第11章　複合誘電体の計算

い。6.5.1項の図6・5に電荷重畳法で輪郭点を置けない場所として，丸みを帯びない電極凸部や凹部の先端とならんで複合誘電体の界面が電極と接触している点，すなわち三重点をあげた。これらの点は理論上電界が無限大あるいは零になる点で，本来電荷重畳法による電界の模擬が難しく，また差分法，有限要素法でも電界の振舞いを調べるには，三重点付近で分割を非常に細かくしなければならない。

　電極と固体絶縁物との接触は支持絶縁物としてしばしば生じるが，接触角が90度でないときは接触点は常に電界特異点になる。この場合の電界計算は誘電体界面が（断面で）直線であれば表面電荷法が適しているが，ここでは電荷重畳法の計算を説明する。計算例は図11・7に示すような二次元の平行平板（平面）電極間に斜めの誘電体界面がある配置で，誘電率の比は$\varepsilon_B/\varepsilon_A=4$である。なお現実の配置は二次元ではないが接触点のごく近傍の電界挙動を考えるときは二次元としてよい。上下の電極との接触点P点，Q点付近の電界Eは，それぞれP，Qからの距離lに対して両対数グラフで直線になる。すなわち，

$$E = K\left(\frac{V}{d}\right)\left(\frac{l}{d}\right)^m \qquad (11 \cdot 28)$$

と表される。ここでVは印加電圧（電極間の電位差），dは電極間距離，K，mは配置に依存する定数である。図の場合接触角αが90度以下であると，P点付

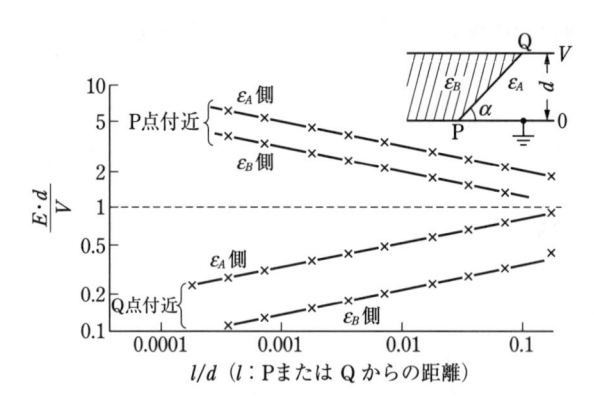

図11.7　「高木効果」の配置と計算結果──三重点付近の誘電体界面上電界（$\varepsilon_B/\varepsilon_A = 4$, $\alpha = 45°$）

11.6 計算例 — 三重点効果

近では$m<0$で電界は無限大に近づき,Q点付近では$m>0$で零に近づく。筆者の一人はこの電界特異性を最初の報告者にちなんで「高木効果」と名付けている。$\alpha=90°$の場合には$m=0$となって電界特異性は生じない。

図11・8に三重点付近の電界を電荷重畳法で計算する場合に筆者らが用いている輪郭点と仮想電荷の配置を示す。仮想電荷は三重点を通る直線上に配置し,輪郭点の位置をx軸上で$x_K(j)$とすると,対応する仮想電荷のx_L,y_L座標を次式で与える。

$$x_L(j)=x_K(j) \quad , \quad y_L(j)=\tan\left(\frac{\alpha}{2}\right)\cdot x_L(j) \tag{11・29}$$

ここでjは輪郭点あるいは電荷の番号,αは図11・7の接触角である。さらに隣接電荷に次の関係,

$$y_L(j)=1.2\{x_K(j)-x_L(j-1)\} \tag{11・30}$$

を与えると,三重点に一定の比で(等比級数的に)近づく配置になって,電界が無限大あるいは零に近づくような場所でも比較的容易に計算できる。三重点から離れるにしたがって,輪郭点と仮想電荷の数はバランスを保ちつつ少なく(まばらに)する。

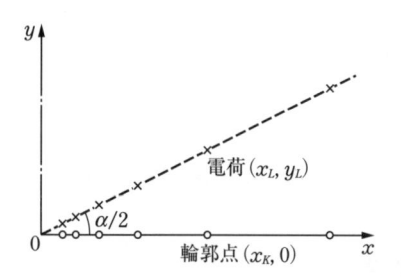

図11.8 三重点付近の輪郭点と仮想電荷の配置

第12章

対称的配置，周期的配置，一様電界，既知電界の計算

　計算する配置が与えられたとき，すぐに計算に取りかからずになるべく楽に，つまり容量や計算時間を節約できる方法を考えると，計算時間やコストだけでなく，計算精度も改善されることがある．その典型的な例は，対称(的)配置や周期的配置，あるいは一様電界，既知電界が印加されたときの計算である．以下では主に電荷重畳法や表面電荷法を対象にして，これらの計算法を述べる．ただし，大容量計算機の進展のおかげでいろいろ面倒な工夫をするより，複雑なまま直接計算したほうがよい場合も多くなった．計算精度は分割を細かくすることで稼ぐという，技よりも力任せの方向であるが，少なくとも以下に述べるケースは適用して損はないと思われる．

12.1　対称的配置，周期的配置の計算

12.1.1　対称性と境界

　計算すべき配置の対称性を利用すると，多くの場合計算が非常に簡単になる．そもそも回転対称配置は，回転角に依存しない r, z だけの配置であることを利用している．そのほかの配置では，図 12・1 はよく知られた例で，一様電界 E_0 中に球あるいは円筒があると，中心を通って E_0 に垂直な面（図(a)の点線部分）が等電位面になる．したがって一様電界対大地上半球あるいは半円筒の配置にな

12.1 対称的配置，周期的配置の計算

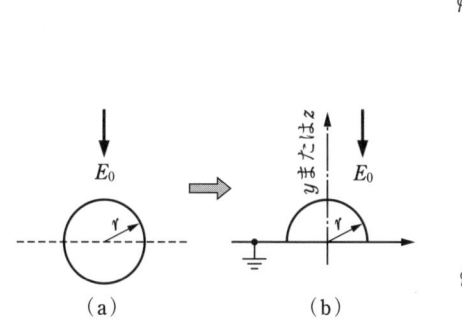

図 12.1　一様電界中の球あるいは円筒

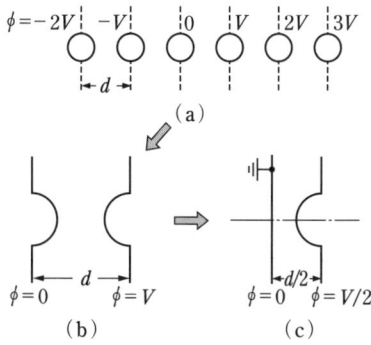

図 12.2　球あるいは円筒の無限列 ①

る。もちろん y 平面 ($x=0$) あるいは z 軸に対しても対称であるから，結局図(a)全体の 1/4 の配置を考えるだけでよい。

これらはすぐ分かる例であるが，ほかに図 2・1 の配置を 2.2 節で説明した。図 12・2 のような球あるいは円筒が等間隔に無限個並んだ配置になるとうっかりすることが多い。図のように各電極の電位差が同じであると，点線の面（球あるいは円筒の中心を通って紙面に垂直な面）が等電位面になる。したがって図(b)のような 0 と V（あるいは V と $2V$ でも同じ）の電極で囲まれた領域だけを計算すればよい。これはさらに中間の等電位面があるから結局図(c)の領域が計算の領域になる。もちろん一点鎖線の面に対しても対称で，この面上では電位の法線方向微係数 $\partial \phi / \partial n = 0$ である。

同じ球あるいは円筒の無限列でも電圧が異なると対称面の電界条件が相違する。図 12・3 で円筒に交互に同じ電圧を与えた配置は，電気集じんなどの分野で荷電粒子の移動や閉込めに使われる「電界カーテン」の配置である。この配置は対称性から V_1 と V_2 の球の中心を通る図(a)の点線の面が $\partial \phi / \partial n = 0$ の面になる。そこで図(b)のような領域をとって電界を計算すればよい。一点鎖線の面も $\partial \phi / \partial n = 0$ である。4.3 節に述べたように，有限要素法ではこの境界条件は自然境界と呼ばれ自然に満足される。電荷重畳法では，左右の境界外に配置した仮想電荷を $Q(j)$ とすると，輪郭点における次の式から電荷量が求められる。

第12章 対称的配置，周期的配置，一様電界，既知電界の計算

(a)

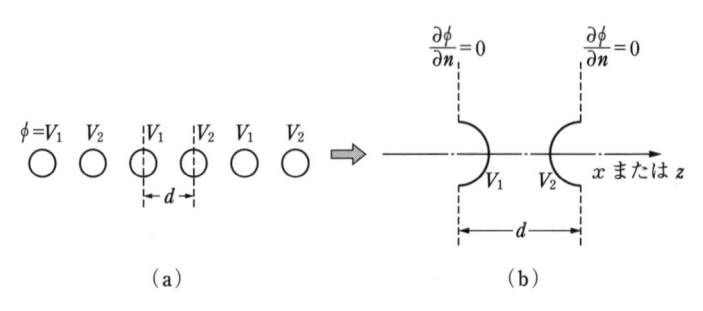

(b)

図12.3 球あるいは円筒の無限列 ②

$$\left.\begin{array}{l}電極上（図の実線上）：\sum_j P(i,j)Q(j)=V_k \quad (k=1,2) \\ 左右の点線の境界上：\sum_j F_n(i,j)Q(j)=0\end{array}\right\} \quad (12・1)$$

ここで，$P(i,j)$ は電位係数，$F_n(i,j)$ は法線方向電界係数で，図(b)の場合は $F_n(i,j)=F_x(i,j)$（二次元場）あるいは $F_n(i,j)=F_z(i,j)$（回転対称場）である。

12.1.2 周期境界など

球あるいは円筒が図12・4のように V_1, V_2, V_3 の三つの電圧で繰り返すときは少々複雑である。V_1, V_2, V_3 が三相交流の場合は，進行波を生じる「進行波電界カーテン」の配置である。この配置には対称な等電位面あるいは $\partial\phi/\partial n$ の面はないが，3導体ずつ全く同じ電界分布を繰り返すことから，たとえば図(a)の点線間の領域をとって次のような周期(的)境界として計算できる。

（a） 領域分割法では，領域内の通常の方程式のほかに，図(b)のように両側の境界の格子点i点で，次の条件を付加する。

$$\left.\begin{array}{l}V_l(i)=V_r(i) \\ \dfrac{\partial V_l(i)}{\partial n}=-\dfrac{\partial V_r(i)}{\partial n}\end{array}\right\} \quad (12・2)$$

ここで，添字の l, r は左右の境界を意味している。

（b） 電荷重畳法では，図12・5の説明図に示すように電極内の仮想電荷と左右の境界外の仮想電荷を $Q(j)$ とすると，次の式から仮想電荷量が求めら

12.1 対称的配置, 周期的配置の計算

(a)

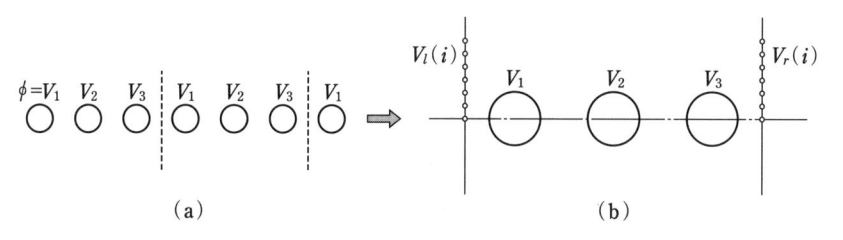

(b)

図 12.4 三相の球あるいは平行円筒の無限列

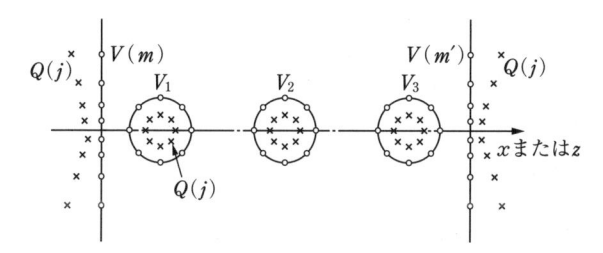

図 12.5 図 12.4 の電荷重畳法による計算

れる。ただし，境界外の電荷の配置には注意が必要である。

$$\left.\begin{aligned}
\text{電極（導体）上：} & \sum_j P(i,j)Q(j) = V_k \quad (k=1,2,3) \\
\text{左右の境界上：} & \sum_j P(m,j)Q(j) = \sum_j P(m',j)Q(j) \\
& \sum_j F_n(m,j)Q(j) = \sum_j F_n(m',j)Q(j)
\end{aligned}\right\} \quad (12\cdot3)$$

ここで，m, m' は左右の境界上の輪郭点番号である。$F_n(i,j)$ はやはり二次元場では $F_x(i,j)$，回転対称場では $F_z(i,j)$ である。図 12・5 はもちろん上下にも対称で，一点鎖線上（$y=0$ の平面あるいは z 軸）で $\partial\phi/\partial n=0$ である。

大地（接地平面）があると対称性も変化する。図 12・2(a)で電極列の下部に大地がある場合には電界分布はもはや同図の(b)，(c)の簡単な領域の分布と同じではない。しかし図 12・3 の場合は図 12・6 のように，相変わらず点線の面が $\partial\phi/\partial n=0$ になるので，図(b)のような領域の計算を行えばよい。上下方向に関してはもはや対称性がなく，特に球の場合は一般三次元の配置になる。図 12・4 の三相電圧（進行波電界カーテン）のときも，上下の対称性が失われるだけで計算方法は図 12・4(b)，図 12・5 に関して述べたものと全く同じである。

第12章　対称的配置，周期的配置，一様電界，既知電界の計算

　図12・7はもう少し複雑な列で，一平面に規則正しく無限個並んだ球と大地の配置である[12.1]。球の電位がすべて同じであると，この配置は高電圧部分のシールドに用いられる分割形電極（ポリコン電極）の例である。ポリコン電極は高電圧機器の寸法が大きく，またその電圧が非常に高いために1個のシールド電極では大きすぎる場合，その代わりに使われる。実際には球ではないが簡単のために球電極として話を進める。この配置は上から見た図(a)に点線で示したように，六角形の電界分布の繰り返しで，さらにそのうち角度30°の部分が分かれば他の部分はすべて同じである。したがって高さ方向（z方向）も考えると，六角柱あるいは三角柱の電界分布を求めればよい。図(c)に示すようにこの点線は面の対称性から $\partial \phi / \partial n = 0$ の面になっている。

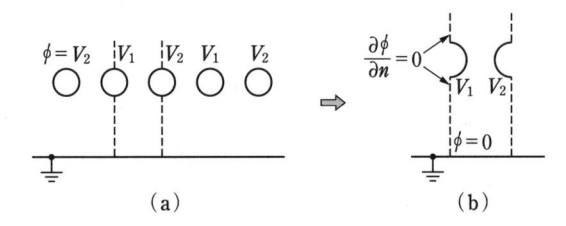

図 12.6　球あるいは円筒の無限列対大地

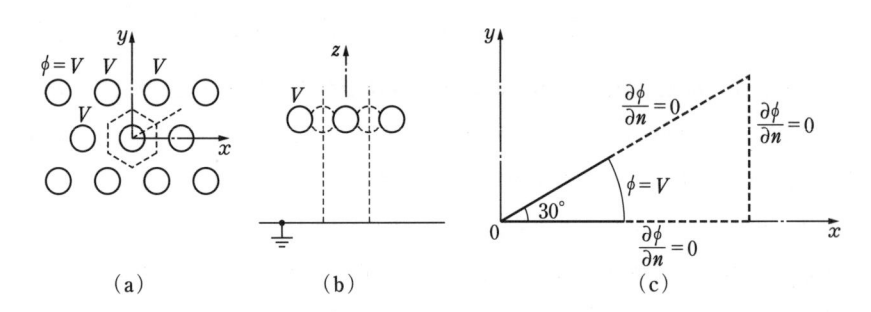

図 12.7　無限個の球(ポリコン)対大地

12.2 一様電界,既知電界を含む計算

12.2.1 原理

　無限遠での電界が一様電界や簡単な既知の電界 E_0 で,求める電界 E は局部の変化にすぎないという配置がしばしばある。典型的な例としては雷雲下の地上物体付近の電界などがあげられる。もっと小さな電極でも要するに考慮すべき局部に比べて,全体の電界を形成する電極が十分大きく離れていればこのような取扱いができる。さらに一様電界中では理論解の求まる配置がいろいろあるので,数値計算結果の精度を調べるためにも重要である。

　問題は求める電位 ϕ,電界 E を,

$$\phi = \phi_p + \phi_0 \qquad (12・4)$$

$$E = E_p + E_0 \qquad (12・5)$$

として,変動項 ϕ_p,E_p の計算をごく局部の数値計算だけで済ませられるかということである。差分法や有限要素法のような領域分割の方法では,(12・4)式,(12・5)式のように分けても計算が非常に簡単になるわけではなく,計算の領域が小さくなることもない。せいぜい ϕ_p,E_p が ϕ_0,E_0 に比べて小さく,ϕ_0,E_0 が正確に(たとえば解析式で)与えられるときに数値計算の誤差を小さくする目的に使われる程度である。

　これに対して電荷重畳法や表面電荷法では,局限された境界部分にある電荷だけで領域全体の電界を与えるので,きわめて効率の良い計算のできる場合がある。回転対称場の電荷重畳法を例にこの方法を説明する。二次元場,表面電荷法でもほとんど同様である。

　なお既知電界の特別な場合として,電界が無限大となる特異点近傍での電界や電荷の振舞いが分かっている場合,対象とする(求める)変数からこの関数を差し引くことで特異性を軽減できることがある。たとえば,$x=-1$ から 1 の幅の箔状導体の端部の電荷密度が $1/(\pi\sqrt{1-x^2})$ となることを用いるなどである[12.2]。

第12章　対称的配置，周期的配置，一様電界，既知電界の計算

12.2.2　単一誘電体の場合

第6章に述べた式の代わりに電極上の輪郭点 i 点に対して次式を用いる。ϕ_0 が既知の電位である。

$$\sum_{j=1}^{n} P(i,j) Q(j) + \phi_0(i) = V(i) \tag{12・6}$$

電界についてはそれぞれ次式より計算する。

$$E_r = \sum_{j=1}^{n} F_r(i,j) Q(j) - \frac{\partial \phi_0(i)}{\partial r} \tag{12・7}$$

$$E_z = \sum_{j=1}^{n} F_z(i,j) Q(j) - \frac{\partial \phi_0(i)}{\partial z} \tag{12・8}$$

ここで $Q(j)$ は仮想電荷，$V(i)$ は i 点の電位（電極電圧），$P(i,j)$，$F_r(i,j)$，$F_z(i,j)$ は第6章に述べた電位係数，電界係数である。

12.2.3　複合誘電体の場合

11·4節の(11·16)～(11·19)式の代わりに境界条件の式が次式のようになる。

（a）　電極上

$$\varepsilon_A \text{側電極上}: \sum_{j=1}^{k} P(i,j) Q(j) + \sum_{j=m+1}^{n} P(i,j) Q_B(j) + \phi_0(i) = V(i) \tag{12・9}$$

$$\varepsilon_B \text{側電極上}: \sum_{j=1}^{k} P(i,j) Q(j) + \sum_{j=k+1}^{m} P(i,j) Q_A(j) + \phi_0(i) = V(i) \tag{12・10}$$

（b）　誘電体界面上

電位の連続条件

　　　　(11·18)式と同じ。

電束密度の連続条件

$$\varepsilon_A \left\{ \sum_{j=1}^{k} F_n(i,j) Q(j) + \sum_{j=m+1}^{n} F_n(i,j) Q_B(j) \right\} - \varepsilon_B \left\{ \sum_{j=1}^{k} F_n(i,j) Q(j) \right.$$

$$+ \sum_{j=k+1}^{m} F_n(i,j) Q_A(j) \Bigg\} - (\varepsilon_A - \varepsilon_B) \frac{\partial \phi_0(i)}{\partial n} = 0 \tag{12・11}$$

ここで $Q(j)$, $Q_A(j)$, $Q_B(j)$ はそれぞれ電極内, ε_A 内, ε_B 内の仮想電荷, $F_n(i,j)$ は (11・20) あるいは (11・21) 式で与えられる電界係数, $\partial \phi_0/\partial n$ は界面における ϕ_0 の法線方向微係数である。

プログラムにいくらかの修正は必要であるが, ϕ_0 が簡単な関数であると仮想電荷群で ϕ_0 を与えるよりも計算がずっと簡単になる。その例を次節に示す。

12.3 計算例

12.3.1 一様電界の場合

図 12・8 のような一様電界 E_0 ($-z$ の方向) の場では,

$$\left. \begin{aligned} \phi_0 &= E_0 z \\ \frac{\partial \phi_0}{\partial r} &= 0, \quad \frac{\partial \phi_0}{\partial z} = E_0 \end{aligned} \right\} \tag{12・12}$$

である。そこで電極上の輪郭点に対して (12・6) 式を作り, $Q(j)$ が求められる。一様電界を表わすために遠方に仮想電荷を配置する代わりに, 半球内の仮想電荷だけで電界分布を与えることができる。差分法や有限要素法と比べていかに簡単になるか理解されるであろう。

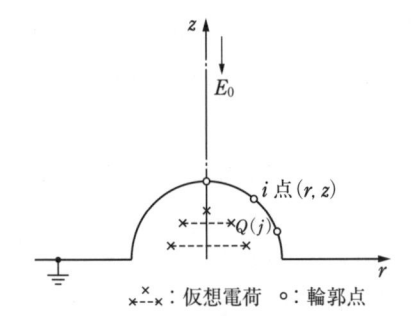

図 12.8 一様電界中の半球突起

半球が固体誘電体である複合誘電体の場合は同様に(12・9)〜(12・11)式で，

$$\left.\begin{array}{l}\phi_0 = E_0 z \\ \dfrac{\partial \phi_0}{\partial n} = E_0 \cos \theta\end{array}\right\} \quad (12 \cdot 13)$$

とおけばよい。θ は図 11・5 で定義した界面上の角度である。導体の場合と同様に，広い領域内で各所の電位を計算する領域分割法に比べ，電荷重畳法はごく局部（半球内部）の電荷を求めるだけでよい。

12.3.2 既知電界の場合

一様電界ではないがやはり無限遠に及ぶ電界があらかじめ分かっているときは，この電界を重畳すると計算が簡単になる。図 12・9 のような同軸円筒構造のガス絶縁線路のスペーサ（支持用固体絶縁物）部分の電界を例にとると，

$$\left.\begin{array}{l}\phi_0 = \dfrac{\ln\left(\dfrac{R_1}{r}\right)}{\ln\left(\dfrac{R_1}{R_2}\right)} V \\ \dfrac{\partial \phi_0}{\partial n} = -\dfrac{V}{r \ln\left(\dfrac{R_1}{R_2}\right)} \sin \theta\end{array}\right\} \quad (12 \cdot 14)$$

を用いればよい。θ はやはり図 11・5 で定義した角度である。電界と角度との関係が(12・13)式と違うのは，一様電界場では電界が $-z$ の方向なのに対し，図 12・9 は r 方向のためである。また図 12・9 は $z=0$ の面に対して上下対称な配置であるから，2.3 節に述べたように，電界計算はこの面に対称な位置にある同極性で等量の電荷の作用を $P(i,j)$，$F_n(i,j)$ に含めて行われる。

図 12・9 のように既知の電界を生じる外部電極（図では中心導体とシース）が有限の位置に存在するときは，一様電界場ほどは有利な計算にならない。これは局部的な電界の乱れが外部電極の表面電荷にも影響を与えるためである。しかし重畳しない計算に比べて明らかに次の点で有利である。

（a）既知電界を作る仮想電荷を置く必要がない。電極内の電荷は分極電荷に

12.3 計算例

影響された分だけを与えればよく,局部に仮想電荷を置くだけで済む。

(b) 一般に電界の必要な箇所より離れるに従って輪郭点の間隔を大きくとり仮想電荷の数を減らすのが普通であるが,図 12・9 のような同軸円筒配置の内側導体内などでは z 軸に近づくためこれが困難なことがある。既知電界を重畳するとこの問題も解決される。

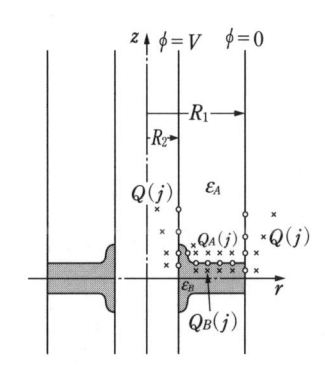

図 12.9 既知電界の重畳による電界計算

第13章

静電容量の計算

1個あるいは複数の導体が存在するときに導体間や導体-大地間の静電容量の計算がしばしば必要になる。いったん静電容量が求まると電圧と電荷量の関係が等価な静電容量の回路で明確に表される。

簡単な電極配置の静電容量は解析式で与えられるが，電界分布が数値計算でしか求められない配置では，静電容量も数値的に計算しなければいけない。静電容量の計算には本質的に境界分割法（電荷重畳法あるいは表面電荷法）のほうが領域分割法より適している。これは境界分割法が電荷を未知数として，本質的に電位と電荷の関係式をもとにしているからである。

この章では，静電容量の計算法を境界分割法，特に電荷重畳法を中心に述べる。また第11章にも触れたが，間違いやすい複合誘電体場での静電容量の計算を最後に説明する。

13.1 静電容量の基礎式

m 個の導体の電圧（大地に対する電位）を $V_1, V_2, \cdots, V_m$，各導体が有する電荷を $Q_1, Q_2, \cdots, Q_m$ とすると，Q_i と V_i の関係は導体の形状と配置だけに依存する係数 C_{ij} を用いて次式のように書ける。

13.1 静電容量の基礎式

$$\left.\begin{aligned}Q_1 &= C_{10}V_1 + C_{12}(V_1-V_2) + \cdots + C_{1m}(V_1-V_m) \\ Q_2 &= C_{20}V_2 + C_{21}(V_2-V_1) + \cdots + C_{2m}(V_2-V_m) \\ &\quad\vdots \\ Q_m &= C_{m0}V_m + C_{m1}(V_m-V_1) + \cdots + C_{m,m-1}(V_m-V_{m-1})\end{aligned}\right\} \quad (13\cdot1)$$

ここで C_{i0} は導体 i の自己容量あるいは対地容量と呼ばれ，$C_{ij}(i\ne j)$ は導体 i と j との間の部分容量あるいは相互容量と呼ばれる。その意味するところは図 13・1 に明らかなように，各導体間の電位差と電荷量の関係を与える等価的なコンデンサの値である。

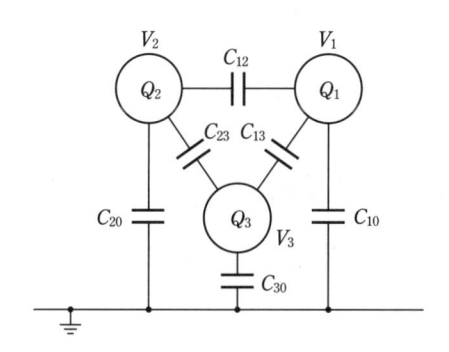

図 13.1 多導体系の静電容量

(13・1)式はまた次式のように書くこともできる。

$$\left.\begin{aligned}Q_1 &= D_{11}V_1 + D_{12}V_2 + \cdots + D_{1m}V_m \\ Q_2 &= D_{21}V_1 + D_{22}V_2 + \cdots + D_{2m}V_m \\ &\quad\vdots \\ Q_m &= D_{m1}V_m + D_{m2}V_2 + \cdots + D_{mm}V_m\end{aligned}\right\} \quad (13\cdot2)$$

ここで一般に D_{ii} は容量係数，$D_{ij}(i\ne j)$ は静電誘導係数と呼ばれ，i 以外の導体をすべて接地したとき，導体 i の電位を 1 V にするためにそれぞれ導体 i あるいは j に与えるべき電荷量である。

(13・1)式と(13・2)式を比較すると一般に次式の成り立つことが分かる。

$$\left.\begin{aligned}C_{i0} &= D_{i1} + D_{i2} + D_{i3} + \cdots + D_{im} \\ C_{ij} &= -D_{ii} \quad (i\ne j, j\ne 0)\end{aligned}\right\} \quad (13\cdot3)$$

すなわち，D_{ii}，D_{ij} が分かればすぐに容量が求められる．

また一般に $D_{ij}=D_{ji}$ の関係があるので，
$$C_{ij}=C_{ji} \quad (i \neq j \neq 0) \tag{13・4}$$
である．対地容量および相互容量はすべて正の値である．

初めに述べたように，静電容量の計算には本質的に境界分割法（電荷重畳法あるいは表面電荷法）のほうが領域分割法より適している．それは第Ⅰ部で解説したように境界分割法の支配方程式が電圧と電荷の関係式で，(13・2)式とよく似ているためである．中でも電荷重畳法が最も適している．各導体の電荷量 Q_i を求めるのに，表面電荷法では電極表面の電荷密度を数値積分する必要があるが，電荷重畳法では仮想電荷の値をただ加算するだけでよい．

13.2 境界分割法による計算

電荷重畳法における仮想電荷の電荷量と電極電位の方程式（支配方程式）は次式のようになっている．

$$\begin{pmatrix} P_{11} & P_{12} & \cdots\cdots P_{1n} \\ \cdots\cdots\cdots & & \\ P_{n1} & P_{n2} & \cdots\cdots P_{nn} \end{pmatrix} \begin{pmatrix} q_1 \\ \vdots \\ q_n \end{pmatrix} = \begin{pmatrix} v_1 \\ \vdots \\ v_n \end{pmatrix} \tag{13・5}$$

この式は(6・9)式と同じであるが，仮想電荷の電荷量，輪郭点の電位を(13・1)式，(13・2)式の Q_i，V_i と混同しないように小文字で表わしている．

(13・5)式から静電容量を求めるには二つの方法がある．一つはたとえば導体1の電圧 $V_1=1$，他のすべての導体の電圧を0として電界計算を行い，仮想電荷の値を求める．各導体内の仮想電荷の和は，それぞれの個数を $m_1, m_2, \cdots, m_m$ とすると，

$$Q_1 = \sum_{j=1}^{m_1} q(j), \quad Q_2 = \sum_{j=m_1+1}^{m_1+m_2} q(j), \cdots, Q_m = \sum_{j=n-m_m+1}^{n} q(j) \tag{13・6}$$

このとき(13・2)式から分かるように，

$$D_{11}=Q_1, \; D_{12}=D_{21}=Q_2, \cdots, D_{1m}=D_{m1}=Q_m \tag{13・7}$$

これから(13・3)式によって，

$$\left.\begin{array}{l} C_{10} = \sum_{j=1}^{m} Q_j \\ C_{1j} = -Q_j \end{array}\right\} \quad (13・8)$$

この方法は電荷重畳法による電界計算プログラムがそのまま使え，静電容量を求めるには(13・6)式，(13・8)式の容易な計算だけで済むが，m 個の導体群のすべての静電容量を求めようとすると m 回の電界計算が必要である。

　もう一つの方法は，通常の電界計算のように適当な輪郭点をとって(13・5)式の電位係数行列を作り，電界計算することなく逆行列を求めるものである。逆行列の計算プログラムはたいていの電子計算機にサブルーチンとして備えられている。すると(13・5)式から，

$$\begin{pmatrix} d_{11} & d_{12} & \cdots\cdots & d_{1n} \\ \cdots\cdots & & & \\ d_{n1} & d_{n2} & \cdots\cdots & d_{nn} \end{pmatrix} \begin{pmatrix} v_1 \\ \vdots \\ v_n \end{pmatrix} = \begin{pmatrix} q_1 \\ \vdots \\ q_n \end{pmatrix} \quad (13・9)$$

となる。導体1の仮想電荷（輪郭点）の個数を m_1，導体2を m_2，… とすると，すでに述べたように導体内の仮想電荷量は(13・6)式で与えられる。また輪郭点の電位については $v_1 = v_2 \cdots = \cdots = v_{m_1} = V_1$ 等が成り立つ。これから(13・9)式は，

$$\left(\sum_{i=1}^{m_1}\sum_{j=1}^{m_1} d_{ij}\right)V_1 + \left(\sum_{i=1}^{m_1}\sum_{j=m_1+1}^{m_1+m_2} d_{ij}\right)V_2 + \cdots + \left(\sum_{i=1}^{m_1}\sum_{j=n-m_m+1}^{n} d_{ij}\right)V_m = Q_1 \quad (13・10)$$

のようにまとめることができる。この式は(13・2)式と同じであるから，(13・3)式を用いて仮想電荷の値を計算することなく各部の容量が求められる。導体2～m についても同様である。この方法は(13・10)式に至る計算を電荷重畳法のプログラムに付加する必要があるが，導体数が多いときにも一度にすべての容量が計算できるので便利である。ただ電界計算なしに容量が求められると述べたが，電界分布が仮想電荷で正しく模擬されているかどうかをチェックするために，電界計算を行ってチェックするほうが安全である。

　もう一つの境界分割法である表面電荷法では，要素内で電荷密度一定の方法な

ら電荷重畳法における仮想電荷 $q(j)$ を各要素の電荷量と考えれば以上の計算法がそのまま使える。すなわち j 番目の要素を線分 $t_1 \sim t_2$（図5・1）とすると，

$$\text{二次元場}: q(j) = \int_{t_1}^{t_2} \sigma(j) dt \qquad (13\cdot11)$$

$$\text{回転対称場}: q(j) = 2\pi \int_{t_1}^{t_2} r\sigma(j) dt \qquad (13\cdot12)$$

となる。ここで r は $\sigma(j)$ の r 座標である。(13・11)，(13・12)式の線積分は回転対称場では数値的に行わなければならないので，電荷重畳法より面倒である。

13.3 領域分割法による計算

13・1節に述べたように領域分割法でも導体の有する電荷が得られれば静電容量を求めることができる。通常の電界計算のプロセスに従うなら，電界計算→導体表面の電界と電荷密度の計算→表面電荷密度の積分，という手順で導体の電荷を得ればよい。しかし差分法や有限要素法でこの手順から静電容量を求めるのは，領域分割法に比べ面倒で精度も劣る。

差分法でいくらか簡便な方法は系の方程式に導体の有する電荷 Q を未知数として繰り入れる方法である[13.1]。これは導体を囲む閉じた小領域に次のガウスの定理を適用して関係式を作る。

$$\int_s D_n ds = Q \qquad (13\cdot13)$$

ここで D_n は微小面積 ds 上の電束密度の外向き法線方向の成分，Q は小領域内の全電荷である。

図13・2の説明図でいえば，導体を囲む領域として図のa～fの点線部分に(13・13)式を適用すると，たとえば表面a上では $D_n = -\varepsilon \partial \phi/\partial n = -\varepsilon(\phi_2 - V)/h$（$h$ は格子間隔）となるから，全体として二次元場では，

$$\begin{aligned}&-\varepsilon(\phi_2 - V) - \varepsilon(\phi_5 - V) - 2\varepsilon(\phi_7 - V) - \varepsilon(\phi_9 - V) \\ &-\varepsilon(\phi_{12} - V) - \varepsilon(\phi_{14} - V) - \varepsilon(\phi_{15} - V) = Q\end{aligned} \qquad (13\cdot14)$$

回転対称場では(11・6)式と同様な計算から，

13.3 領域分割法による計算

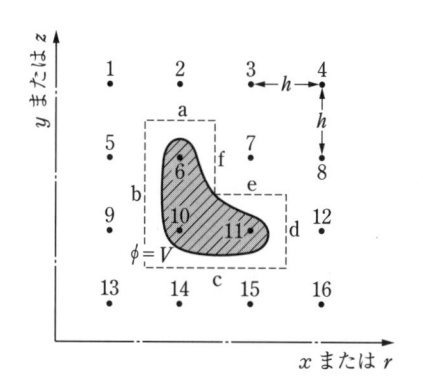

図 13.2 領域分割法における導体電荷の計算

$$-\varepsilon r_2(\phi_2 - V) - \varepsilon\left(r_5 + \frac{h}{2}\right)(\phi_5 - V) - \varepsilon\left(2r_7 - \frac{h}{2}\right)(\phi_7 - V)$$

$$-\varepsilon\left(r_9 + \frac{h}{2}\right)(\phi_9 - V) - \varepsilon\left(r_{12} - \frac{h}{2}\right)(\phi_{12} - V) - \varepsilon r_{14}(\phi_{14} - V) \quad (13\cdot 15)$$

$$-\varepsilon r_{15}(\phi_{15} - V) = Q$$

ここで添字は各格子点での値を示している。(13・14)式あるいは(13・15)式を, 格子点電位 ϕ_i の差分式とともに電位の方程式として Q を求めればよい。導体が m 個あるときは 13.2 節で説明したように導体の電位を $V_1 = 1$, $V_2 = \cdots = V_m = 0$, 次に $V_2 = 1$, $V_1 = V_3 = \cdots = V_m = 0$, … と変えた m 回の計算が必要である。境界分割法の(13・10)式のようにすべての静電容量を一度に求めることはできない。

一方有限要素法では, 第 4 章で解説したように差分法と相違するのは, 節点電位（差分法では格子点電位）を未知数とする連立方程式を作る過程だけであるから, (13・13)式から導かれる節点電位と導体電荷の関係式をもともとの支配方程式に付加すればよい。ほかの点は差分法と同じである。

13.4　複合誘電体における問題点

2種類以上の誘電体が存在する場合の静電容量の計算はいささか複雑で，電荷重畳法でも単純に電極の電位と仮想電荷の和を結びつけるわけにいかない。これは非常に間違いやすい点なのでこの節で分かりやすく説明する。またこの問題は次章に述べる絶縁された（浮遊）導体の誘導電位計算に直接関係している。

11.3 節で述べた電荷重畳法による複合誘電体場の計算は，誘電体界面に分極電荷（両側の仮想電荷で模擬）を配置し「真空中」と見なして電界計算するものであった。この方法では電極内の仮想電荷は等価的な電極表面電荷を模擬し，「真電荷」を与えるのではない。たとえば図 13・3 のような平行平面の電極間に二つの誘電体 ε_A, ε_B があり電極に垂直な界面で分けられている場合，電荷重畳法（表面電荷法でも同じ）で与える表面電荷密度は真電荷密度 σ_{true} と分極電荷密度 σ_{pol} の和なのである。したがって真空中とした電界計算から静電容量を求めると，ε_A 内では $\varepsilon_0 S_A/d$，ε_B 内では $\varepsilon_0 S_B/d$ となってしまう（S_A, S_B はそれぞれ ε_A, ε_B における電極面積である）。ところが電磁気学の教えるように，E を表面電界とすると，

$$\sigma_{\text{true}} = \varepsilon E \quad , \quad \sigma_{\text{pol}} = \varepsilon_0 E - \varepsilon E \tag{13・16}$$

であり，静電容量の計算には $\sigma_{\text{true}} + \sigma_{\text{pol}}$ でなく σ_{true} をとらなければならないことを考慮すると，静電容量の値は，

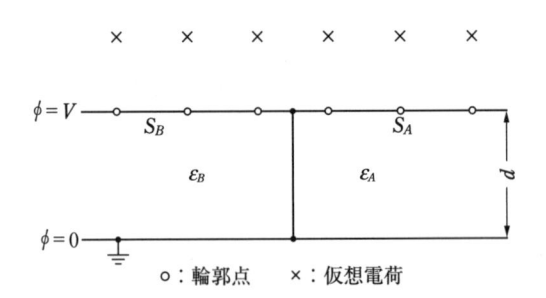

図 13.3　複合誘電体場の静電容量（誘電体界面が電極表面と交わる場合）

13.4 複合誘電体における問題点

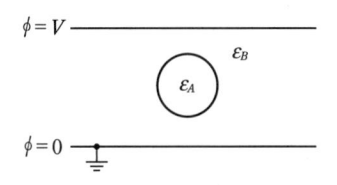

図 13.4 複合誘電体場の静電容量
（誘電体界面が電極表面に
接していない場合）

$$\left.\begin{array}{l} \varepsilon_A\text{内では}\quad C_A = \dfrac{\varepsilon_A S_A}{d} \\[6pt] \varepsilon_B\text{内では}\quad C_B = \dfrac{\varepsilon_B S_B}{d} \end{array}\right\} \quad (13\cdot17)$$

が正しい式になる。すなわち図 13・4 のように電極表面がすべて ε_B 内にあるときは 13.2 節の方法で求められる電極内の仮想電荷あるいは静電容量を $\varepsilon_B/\varepsilon_0$ 倍すれば正しい静電容量になる。

図 13・3 のように誘電体界面が電極表面と交わるときは電荷重畳法では簡単にいかない。それは仮想電荷の電界が，ε_A 内の電極表面と ε_B 内の電極表面の両方に及んでいて分離できないからである。このときは面倒であるが ε_A 側の表面電荷密度 σ_A と ε_B 側の表面電荷密度 σ_B をそれぞれ求め，

$$\left.\begin{array}{l} Q_A = \displaystyle\int_{S_A} \sigma_A \cdot \dfrac{\varepsilon_A}{\varepsilon_0} ds \\[6pt] Q_B = \displaystyle\int_{S_B} \sigma_B \cdot \dfrac{\varepsilon_B}{\varepsilon_0} ds \end{array}\right\} \quad (13\cdot18)$$

から静電容量を求めなければならない。

表面電荷法では図 13・3 の場合に，ε_A に接する表面では $\sigma(j) = \sigma_A \varepsilon_A/\varepsilon_0$，$\varepsilon_B$ 内の表面では $\sigma(j) = \sigma_B \varepsilon_B/\varepsilon_0$ とおいて，(13・11) 式あるいは (13・12) 式を適用すればよい。これは結局 (13・18) 式と同じことで，電荷重畳法と異なり σ_A, σ_B が支配方程式から直接求められるのでいくらか計算が楽である。

第14章

静電誘導の計算

　電圧の印加された，あるいは電位（多くの場合は高電位）を有する導体が他の導体に生じる静電誘導は，両者の静電容量で決まるので，静電誘導の計算は静電容量の計算法と共通する点が多い。静電容量には2種類ある。一つは被誘導導体が決まった（通常は接地）電位にある場合で，このときは静電誘導で流れる電流が問題である。他の一つは被誘導導体が絶縁されている場合（しばしば「浮遊」といわれる）で，実用的には絶縁された電線，柵，電界緩和用のシールド電極などで問題になる。このときは通常静電誘導電圧が問題になるが，ときにはこの導体の静電誘導電流が必要なこともある。

　この章では，2種類の静電誘導の計算法を，前章と同じく電荷重畳法を中心に述べるが，絶縁された導体が2種類の誘電体と接しているときの誘導電圧（浮遊電位）の計算は間違いやすいので注意を要する。最後の節でこの計算法を解説する。

14.1　接地導体への静電誘導

　13.1節に述べたように，導体 i の対地容量を C_0，導体 j に対する相互容量を $C_j(j \neq i)$ とすると，導体 i の有する電荷 Q は各導体の電位によって，

$$Q = C_0 V_i + C_1(V_i - V_1) + C_2(V_i - V_2) + \cdots + C_m(V_i - V_m) \tag{14・1}$$

で与えられる。導体 i が接地されているときは $V_i = 0$ で，

14.1 接地導体への静電誘導

$$Q = -C_1V_1 - C_2V_2 - C_3V_3 - \cdots - C_mV_m \qquad (14\cdot2)$$

これが接地導体に対する誘導の基本式である。相互容量 C_j は各導体の配置だけで定まる定数で、第13章の方法で計算することができる。

(1) 過渡的な電圧の場合

他の導体がすべて接地されていて導体1に急に電圧 $V_1(t)$ が印加されたとすると、導体 i に誘導される電荷および電流は、それぞれ

$$Q(t) = -C_1 V_1(t) \qquad (14\cdot3)$$

$$I(t) = -\frac{C_1 dV_1(t)}{dt} \qquad (14\cdot4)$$

で与えられる。

(2) 交流電圧の場合

交流電圧 $V_0 \cos \omega t$ が印加されたときの定常状態の計算には、場の状態がすべて角周波数 ω で変化することから複素数計算を行うのが便利である。すなわち、すべての量が $\exp j(\omega t + \varphi)$ で表されるものとする。導体1だけに交流電圧 $V_1 = V_0 \cos \omega t$ が印加され他の導体はすべて接地されていると、導体 i の電荷、電流は、

$$\left.\begin{array}{l} \dot{Q} = -C_1 V_0 \\ \dot{I} = -j\omega C_1 V_0 \end{array}\right\} \qquad (14\cdot5)$$

ただし V_1 の位相角を 0 にとっている。

他の導体にも交流電圧が印加されているときは、それぞれの複素数電圧を (14・2) 式で重畳すればよい。実用的にしばしば生じるのは三相交流である。導体 1, 2, 3 に三相交流（線間電圧 V_0）が印加されているとすると、

$$\left.\begin{array}{l} \dot{Q} = -\dfrac{\sqrt{2}}{\sqrt{3}} V_0 \left\{ C_1 + C_2 \exp\left(\dfrac{2\pi}{3}j\right) + C_3 \exp\left(-\dfrac{2\pi}{3}j\right) \right\} \\ \dot{I} = j\omega \dot{Q} \end{array}\right\} \qquad (14\cdot6)$$

ここで (14・6) 式の絶対値（波高値）だけを考えると次の式になる。以後の式もすべて実効値でなく波高値で示す。

第 14 章　静電誘導の計算

$$|\dot{Q}| = \frac{\sqrt{2}}{\sqrt{3}} V_0 \sqrt{C_1{}^2 + C_2{}^2 + C_3{}^2 - C_1 C_2 - C_1 C_3 - C_2 C_3}$$
$$|\dot{I}| = \omega |\dot{Q}|$$
(14・7)

(14・7)式が導体 1, 2, 3 に対して完全に対称な式になっているのは，三相電圧の対称性から考えて当然の結果である。導体 i と三相導体との電気的な結合が等しくて $C_1 = C_2 = C_3$ のときは，$\dot{Q} = \dot{I} = 0$ で誘導は生じない。また三相交流の 1 線が地絡して接地状態にある線に誘導で流れる電流も，(14・6)式，(14・7)式から容易に計算でき，他の 2 線の電圧が変わらないとすると，

$$\dot{I} = j\omega \frac{\sqrt{2}}{\sqrt{3}} V_0 \left\{ C_2 + C_3 \exp\left(\frac{2\pi}{3} j\right) \right\} \tag{14・8}$$

$$|\dot{I}| = \omega \frac{\sqrt{2}}{\sqrt{3}} V_0 \sqrt{C_2{}^2 + C_3{}^2 - C_2 C_3} \tag{14・9}$$

となる。もちろん実際の 1 線地絡では健全相の電圧上昇（非接地の系統では線間電圧 V_0 まで）を考えなければならない。

14.2　絶縁された（浮遊）導体への静電誘導 — 境界分割法による計算

静電誘導問題に限らず絶縁された(浮遊の)導体を含む電界計算の必要なことが

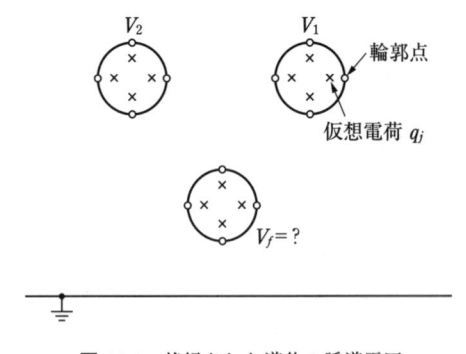

図 14.1　絶縁された導体の誘導電圧

14.2 絶縁された（浮遊）導体への静電誘導 ── 境界分割法による計算

しばしばある。このような場合には絶縁されている導体の電位が未知で，他導体の作用で生じる誘導電位の値 V_f を求めなければならない。そのためには通常絶縁された導体上の全電荷の和が零であることを利用して V_f を求める。電荷重畳法では図 14・1 に模式的に示すように絶縁された導体内部に仮想電荷 $q_1 \sim q_m$ を配置するなら，輪郭点 $1 \sim m$ ですべての仮想電荷に対して次の諸式が成り立つ。

$$\left. \begin{aligned} \sum_{j=1}^{n} P(1,j) q_j &= v_1 = V_f \\ \sum_{j=1}^{n} P(2,j) q_j &= v_2 = V_f \\ &\vdots \\ \sum_{j=1}^{n} P(m,j) q_j &= v_m = V_f \end{aligned} \right\} \quad (14 \cdot 10)$$

また，

$$\sum_{j=1}^{m} q_j = 0 \quad (14 \cdot 11)$$

(14・10)式から V_f を消去した $(m-1)$ 個の式と(14・11)式とから，やはり m 個の輪郭点に対して m 個の方程式ができる。他の導体上の輪郭点に対する電位の方程式は通常の電荷重畳法の場合と同様である。結局領域全体の仮想電荷 q_j $(j=1 \sim n)$ に対して次の式ができる。

$$\begin{pmatrix} 1 & 1 & \cdots & 1 & 0 \cdots & 0 \\ P_{11}-P_{21} & P_{12}-P_{22} & \cdots & P_{1m}-P_{2m} & \cdots & P_{1n}-P_{2n} \\ P_{21}-P_{31} & P_{22}-P_{32} & \cdots & P_{2m}-P_{3m} & \cdots & P_{2n}-P_{3n} \\ \cdots & \cdots & \cdots & \cdots & \cdots & \cdots \\ P_{m-1,1}-P_{m1} & P_{m-1,2}-P_{m2} & \cdots & \cdots & \cdots & P_{m-1,n}-P_{mn} \\ P_{m+1,1} & P_{m+1,2} & \cdots & & & P_{m+1,n} \\ \cdots & \cdots & \cdots & \cdots & \cdots & \cdots \\ P_{n1} & P_{n2} & \cdots & & & P_{nn} \end{pmatrix} \begin{pmatrix} q_1 \\ q_2 \\ q_3 \\ \vdots \\ q_m \\ q_{m+1} \\ \vdots \\ q_n \end{pmatrix} = \begin{pmatrix} 0 \\ 0 \\ 0 \\ \vdots \\ 0 \\ v_{m+1} \\ \vdots \\ v_m \end{pmatrix}$$

$$(14 \cdot 12)$$

この式が絶縁された導体を含む配置の仮想電荷を与える式である。これを解いて

得た電荷量から領域内のすべての点の電位,電界が通常の電荷重畳法の場合と同様に得られる。もちろん誘導電圧 V_f も同様に計算される。絶縁された導体がある一定電荷 Q_f を有するときは(14・11)式の代わりに,

$$\sum_{j=1}^{m} q_j = Q_f \tag{14・13}$$

として(14・12)式を作ればよい。

ただし,この方法は(14・12)式から分かるように解くべき連立一次方程式のかなりの要素(成分)がもともとの $P(i, j)$ より変わることになる。これに対して次の方法ではほとんどの要素の値を変えないで計算できる。
(14・10)式から,V_f を左辺に移して,

$$\sum_{j=1}^{m} P(i, j) q_j - V_f = 0 \quad (i = 1 \sim m) \tag{14・14}$$

とする。すなわち V_f も仮想電荷量 q_j と同じ未知数として扱い,(14・11)式を付加して連立一次方程式を作る。浮遊導体以外の輪郭点での方程式は通常の電荷重畳法と同じである。この方法では(14・12)式の方法より方程式が1個多くなるが,係数行列の要素はほとんどもとのままであり,また浮遊電位 V_f は得られた電荷量から再計算することなく,直接求められる。

表面電荷法による誘導電圧の計算は電荷重畳法とほとんど同様である。すなわち絶縁された導体の表面電荷の和を0あるいは既知の電荷量 Q_f とし,その代わり輪郭点に関する方程式から未知電位の値を消去することによって,場の状態を与える方程式,したがって表面電荷を求めることができる。ただ通常の導体配置,特に誘導問題を生じるような送電線導体の場合には,表面電荷法より電荷重畳法のほうがはるかに計算が楽である。

14.3 絶縁された(浮遊)導体への静電誘導 — 領域分割法による計算

多くの場合電荷重畳法が正確な静電誘導量を得る最適の方法であるが,差分法

や有限要素法でももちろん計算は可能である。2種類ある静電誘導のうち，接地導体への誘導電流はすでに述べたように静電容量の計算に帰せられる。絶縁された導体の誘導電圧（浮遊電位）は，図13・2に示したように，ガウスの定理をこの導体を囲む小領域に適用して計算される。すなわち二次元場では前章の(13・14)式をあらためて $V=V_f$ とおき，

$$\varepsilon(\phi_2-V_f)+\varepsilon(\phi_5-V_f)+2\varepsilon(\phi_7-V_f)+\varepsilon(\phi_9-V_f)$$
$$+\varepsilon(\phi_{12}-V_f)+\varepsilon(\phi_{14}-V_f)+\varepsilon(\phi_{15}-V_f)=-Q \quad (14 \cdot 15)$$

と書くと，絶縁された導体が電荷を持たないときは(14・15)式の右辺が0となり，V_f が未知数となる。すなわち V_f に対して1個の方程式ができたわけで，この式を他の格子点における電位の関係式とともに解けばよい。回転対称場では(13・15)式で $V=V_f$, $Q=0$ とした式になるだけで全く同じである。

有限要素法でも，差分法と同様に絶縁された導体の電位 V_f を未知数として方程式に組み込むこともできるが，プログラムと方程式の一般性を保持した全く別の方法がある。これは電磁気学でよく知られているように，電界分布の点からは導体を無限大の誘電率を有する誘電体と見なしてよいことから，絶縁された導体の部分を非常に誘電率の大きい（計算機には無限大の数は入れられない）領域として，複合誘電体の電界計算を行う方法である。この方法で，一様電界中の導体球あるいは導体円筒の電界を計算したところ（回転対称場で球あるいは円筒を48，外部を180の要素で分割），電位，電界の誤差はそれぞれ約0.02％，1～2％であったと報告されている[14.1]。導体部分の比誘電率としては 10^4～10^6 がもっとも良い。この方法はプログラムを変更する必要がない代わりに，導体内部の余計な分割の必要なことが欠点である。

14.4 複素仮想電荷法

これまでに述べたほとんどの電界計算では，印加電圧の時間的変動は全く考慮していなかった。たとえ時間的に変動しても，電磁波の取扱いが必要なほど速い

第14章　静電誘導の計算

時間変化でなければ，場の電界分布は印加電圧に比例するだけで全く変化しない。これは 2.4 節に説明している。たとえば交流電圧の導体が 1 個だけあるときは，場の電位，電界は至るところ印加電圧と位相が同じで瞬時値に比例する。しかし多相交流の場合には各点の電位，電界は，それぞれの相の電圧による電位，電界を位相を考えて重畳したものになる。これを求めるには瞬時瞬時の印加電圧から各相の作用を実数計算して重畳することも可能であるが，印加電圧を複素数とし場の状態を「複素仮想電荷」で与えるのが便利である[14.2][14.3]。

普通の電荷重畳法の電界計算では支配方程式は (6・9) 式あるいは (13・5) 式であるが，その代わりに，

$$\begin{pmatrix} P_{11} & P_{12} \cdots\cdots\cdots P_{1n} \\ \cdots\cdots\cdots\cdots \\ P_{n1} & P_{n2} \cdots\cdots\cdots P_{nn} \end{pmatrix} \begin{pmatrix} \dot{q}_1 \\ \vdots \\ \dot{q}_n \end{pmatrix} = \begin{pmatrix} \dot{v}_1 \\ \vdots \\ \dot{v}_n \end{pmatrix} \quad (14 \cdot 16)$$

とする。$\dot{v}_1 \sim \dot{v}_n$ が同じ角周波数 ω で変化するときは，$\dot{q}_1 \sim \dot{q}_n$ も角周波数 ω で変化することは容易に分かる。たとえば三相交流（線間電圧 V_0）の場合，各相の輪郭点を $1 \sim k$, $k+1 \sim m$, $m+1 \sim n$ とすると，(14・16) 式の右辺の電位を図 14・2 に示すように，

$$\left. \begin{aligned} \dot{v}_1 &= \dot{v}_2 = \cdots = \dot{v}_k = V \\ \dot{v}_{k+1} &= \dot{v}_{k+2} = \cdots = \dot{v}_m = V \exp\left(\frac{2\pi}{3}j\right) \\ \dot{v}_{m+1} &= \dot{v}_{m+2} = \cdots = \dot{v}_n = V \exp\left(\frac{4\pi}{3}j\right) \end{aligned} \right\} \quad (14 \cdot 17)$$

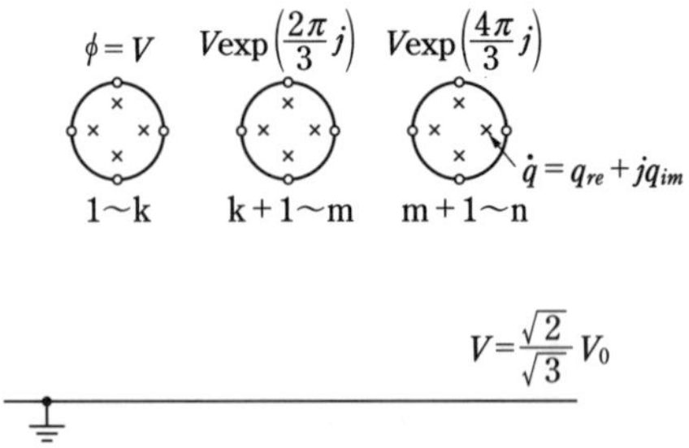

図 14.2　複素仮想電荷法（説明図）

ととればよい。Vは$\sqrt{2}V_0/\sqrt{3}$である。(14・16)式を計算機で解くのは，実部と虚部を分けてあらためて消去法を適用してもよいし，あるいは実数係数で複素数解を直接得るサブルーチンを使うこともできる。いずれにしても通常の電荷重畳法の計算プログラムを複素仮想電荷法のプログラムに変えるのは難しいことではない。なお，複素仮想電荷法で間違いやすいことは，仮想電荷とその所属する導体とは一般に位相が相違するということである。したがって，接地導体でも位相角 0 の電位を有する導体でもその内部の仮想電荷は複素数になる。これは仮想電荷の値が所属する導体の電位だけで定まるのではなく，他の導体電位にも影響されるためである。その結果輪郭点 1 個について常に 2 個（実部と虚部）の未知数が生じることになる。

　絶縁された導体の浮遊電位は実用上はほとんど時間的に変化する印加電圧で問題になる。直流電圧では，静電的な結合より導体を支持する絶縁物の漏れ（ろうえい）抵抗が支配的で，接地状態と見なしてよいことが多いためである。先に述べたように，高電位の導体が 1 個のときは，交流電圧でも一般的な過渡電圧でも誘導電圧は印加電圧の瞬時値に比例して変わるにすぎない。しかし多相交流においては瞬時瞬時の電位が各相の作用で変わるので，複素仮想電荷法による計算が便利である。すなわち(14・16)式と同様に，たとえば(14・12)式の右辺を各電圧の位相差 φ によって $\exp(j\varphi)$ の複素数で表し，左辺の仮想電荷をすべて複素数とする。その他の点は実数計算と同様である。

14.5　複合誘電体場の浮遊電位計算

14.5.1　一般の場合

　2 種類以上の誘電体が存在する複合誘電体場でも，浮遊導体の接する誘電体が 1 種類であれば 14.2 節に述べた方法がそのまま適用できる。しかし浮遊導体といっても実際にはそれだけで空間に浮かんでいることはほとんどなく，通常は固

第14章　静電誘導の計算

体の絶縁物で支えられている。このように浮遊導体が2種類の誘電体と接していると，電荷重畳法で「浮遊導体内部の仮想電荷量の和が零である」，あるいは表面電荷法で「浮遊導体の表面電荷の和が零である」という条件で計算するのは間違いである。すなわち，13.4節でも説明したように，内部の仮想電荷（表面電荷法では表面電荷）は，誘電体の分極電荷（の作用）を含めた等価的な電荷を表わしており，浮遊電位を正しく求めるには，分極電荷を除いて真電荷だけの和が零であるという計算を行わなければいけない[14.4][14.5]。

図14・3のような空間中の浮遊導体がガス（真空でも同じ）と固体誘電体に接している場合をとる。浮遊導体の電荷が Q であると，前章の(13・13)式のガウスの定理によって，

$$\int_S D_n ds = Q \tag{14・18}$$

ここで D_n は表面の微小面積 ds 上における電束密度の外向き法線方向成分，Q は積分領域内の全電荷である。この式は浮遊導体に対して導体表面の電界 E_{ng}，E_{nd} によって次のように与えられる。

$$Q = \int_{\Gamma_g} \varepsilon_g E_{ng} ds + \int_{\Gamma_d} \varepsilon_d E_{nd} ds \tag{14・19}$$

$$E_{ng} = \sum F_{ne} q_e + \sum F_{nd} q_d \tag{14・20}$$

$$E_{nd} = \sum F_{ne} q_e + \sum F_{ng} q_g \tag{14・21}$$

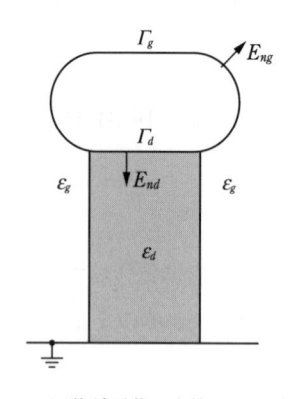

図14.3　固体誘電体に支持された浮遊導体

14.5 複合誘電体場の浮遊電位計算

ここで，添字 e, g, d はそれぞれ電極内，ガス側，固体側を表し，E_{ng}, E_{nd} はそれぞれ浮遊導体のガス側表面，固体側表面の法線方向電界，ε_g, ε_d はガスの誘電率（真空中の誘電率 ε_0 にほぼ等しい）と固体の誘電率，q は仮想電荷，F_n は電界係数の法線方向成分である。

これらの式の電界係数には複合誘電体場の電荷重畳法の式が用いられるが説明は省略する。(14・19)式に (14・20)，(14・21)式を代入して，次の関係，

$$\int_{\Gamma_g} F_{ne} ds + \int_{\Gamma_d} F_{ne} ds = 4\pi \tag{14・22}$$

$$\int_{\Gamma_g} F_{nd} ds + \int_{\Gamma_d} F_{nd} ds = 0 \tag{14・23}$$

を用いると，以下の式が導かれる。

$$Q = \sum q_e \left\{ 4\pi \varepsilon_g + (\varepsilon_d - \varepsilon_g) \int_{\Gamma_d} F_{ne} ds \right\} + \sum q_g \varepsilon_d \int_{\Gamma_d} F_{ng} ds - \sum q_d \varepsilon_g \int_{\Gamma_d} F_{nd} ds \tag{14・24}$$

この式で $Q=0$ とおけば，仮想電荷 q_e, q_g, q_d に対する一つの方程式となるので，この式を 14.2 節の(14・11)式の代りに用いれば良い。ただし，複合誘電体場であるからガスと固体絶縁物の境界の輪郭点には（通常の）複合誘電体場の式が適用される。

14.5.2 一様電界の場合

送電線下の電界のように電圧源が遠方にあって浮遊導体付近が一様電界と見なせる場合，一様電界 E_0 を導入すると電源を考慮しなくてよいので計算が容易になる。このとき導体表面の(真)電荷の和 Q は，

$$Q = \int_{\Gamma_g} \varepsilon_g (E_{ng} + E_{n0}) ds + \int_{\Gamma_d} \varepsilon_d (E_{nd} + E_{n0}) ds \tag{14・25}$$

ここで，E_{n0} は E_0 の導体表面における法線方向成分である。

$$\int_{\Gamma_g} E_{n0} ds + \int_{\Gamma_d} E_{n0} ds = 0 \tag{14・26}$$

などを用いて変形すると，

第14章　静電誘導の計算

$$Q = \varepsilon_g \int_{\Gamma_g} \left(\sum F_{ne} q_e + \sum F_{nd} q_d \right) ds + \varepsilon_d \int_{\Gamma_d} \left(\sum F_{ne} q_e + \sum F_{ng} q_g \right) ds$$

$$+ \int_{\Gamma_d} (\varepsilon_d - \varepsilon_g) E_{n0} ds \tag{14・27}$$

と，(14・24)式に $\int_{\Gamma_d}(\varepsilon_d - \varepsilon_g)E_{n0}ds$ の項を含む式になる。したがって，一様電界下の浮遊電位の計算には(14・24)式の代りに(14・27)式を用いれば良い。

14.5.3　計算例

　浮遊電位計算の一例は，送電線下の電界を計測するための交流電界計である。電界測定の原理は交流の電界によって上下の導体（センサ電極）に誘起される電流を求めるものである。図14・4(a)はそのモデルで，円柱形状絶縁物に支持された円板状導体（センサ電極，プローブ）が一様電界下にある場合である。センサ電極は厚み L_1, L_2 の2個の電極から成っているが，計算ではセンサ電極間のインピーダンスが小さいので同電位として扱っている。

　文献[14.4][14.5]では支持絶縁物の電界計出力に及ぼす影響が，いろいろな条

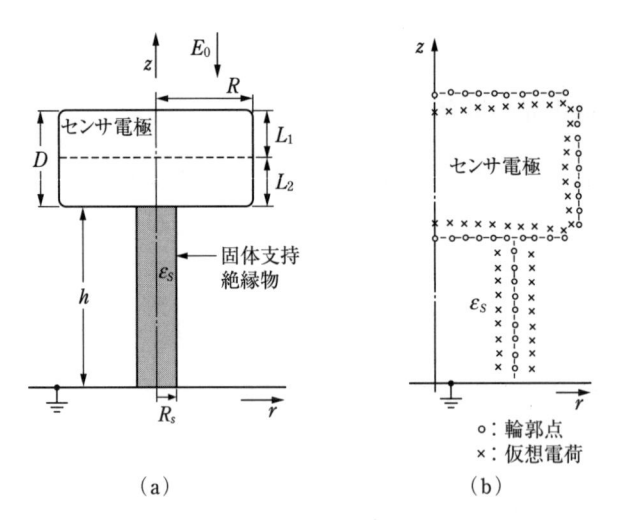

図14.4　一様電界下の電界計と支持絶縁物の配置と電荷重畳法による計算の配置（説明図）

件で調べられている。計算結果は省略するが，変化のパラメータは，支持絶縁物の半径，長さ，誘電率，センサ電極の厚み，上下のセンサ電極の厚みの比である。図14・4(b)に電荷重畳法で計算するときの輪郭点と仮想電荷の配置の例だけを示す。ただし図(b)は模式図で固体絶縁物を図(a)よりずっと太くしている。

　固体の絶縁物が存在すると，存在しない場合に比べて，浮遊導体先端の電界は上昇するが電位は低下する。なお固体絶縁物に体積導電性や表面導電性がある場合の計算法を16.7節で説明し，図14・4の電界計モデルに対する計算結果も述べる。

第15章

一般三次元配置の計算

通常の空間的配置で，回転対称でない場合を一般三次元配置と呼ぶことにする。これまでに説明した計算は第9，10章を除いてほとんどが二次元か回転対称の配置であるが，実際の配置はすべて多かれ少なかれ一般三次元である。しかし一般三次元配置の電界計算は二次元や回転対称に比べて，次節に述べるような各種の困難を伴い，しばしば三次元用の工夫が必要である。

ただし，差分法と有限要素法では一般三次元配置の電界計算は二次元場と本質的な相違はない。どちらも手法の拡張で処理できる。これに対して電荷重畳法は通常使用する仮想電荷がすべて二次元用（無限長）か回転対称なものなので，一般三次元ではそれなりの対応が避けられない。また表面電荷法では三角形表面電荷法と名付けた一般三次元用の方法がある。なおこの章では説明の都合から，第5章，第6章とは異なり表面電荷法は電荷重畳法の後で説明する。

15.1 一般三次元配置の計算の問題点

容易に分かることであるが，以下のような問題がある。
（a）プログラムが複雑になり，計算時間が増大する。二次元，回転対称配置と比べると，計算時間は1～2けた増加すると考えてよい。
（b）未知数と連立方程式の係数（行列の要素）が増大してしばしば計算機の容量を越える。たとえば領域分割法では1座標あたり20～100に分割する

と，未知数（スカラポテンシャルである電位）の数は8 000〜10^6個，係数は大半が0であるがとにかくその個数は6.4×10^7〜10^{12}個になってしまう。使用計算機の計算限界を見積もると，記憶方法を工夫しなければ，倍精度計算の場合，10^6（100万）個で8Mbyte，10^8（1億）個で800Mbyteの記憶容量を必要とする。

（c） 三次元配置そのものや分割状態を図示するのが難しく，正確な配置を理解するのが容易でない。そのため入力データの作成，計算結果の表示が難しく誤りやすい。

三次元配置のこのような計算の面倒さを軽減するために，あらかじめいくつかの部分構造を用意して配置を構成する方法も提案されている。筆者らの提案した方法は，電荷重畳法で，部分パーツ（「ブロック」と呼ぶ）として球，円柱，平板，円錐台などの導体形状を用意し，入力データとして各ブロックの位置，寸法，電位，さらに重要度に応じて輪郭点と仮想電荷の数が異なるレベルを選択することによって三次元構造を表現するものである[15.1]。文献[15.2]は，やはり電荷重畳法で基本パーツ（「セグメント」と呼んでいる）としてリングや曲面，サブセグメントとして半球，T字円柱，エル形構造などを含めた三次元電界解析法を提案している。

15.2 領域分割法による計算

差分法ではx, y, zのデカルト座標におけるラプラスの式，

$$\frac{\partial^2 \phi}{\partial x^2}+\frac{\partial^2 \phi}{\partial y^2}+\frac{\partial^2 \phi}{\partial z^2}=0 \tag{15・1}$$

を，二次元場と同じように格子点電位の差分式で近似すればよい。そのためには図15・1のようなP(x_0, y_0, z_0)点に隣接する6点の格子点電位ϕ_1〜ϕ_6をテイラー展開の二階微分までとって近似すると簡単に得られる。たとえばϕ_1, ϕ_2については，

第15章　一般三次元配置の計算

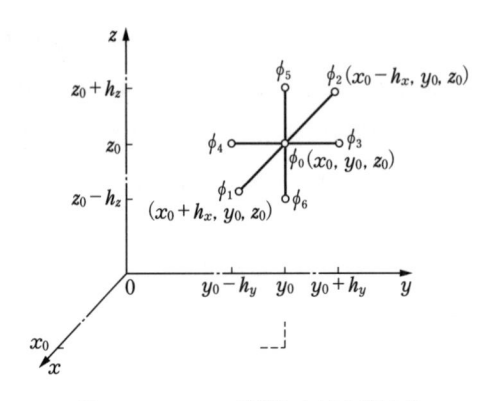

図 15.1　x, y, z 座標における格子点

$$\left.\begin{aligned}\phi_1 &= \phi(x_0+h_x, y_0, z_0) = \phi_0 + h_x\frac{\partial \phi}{\partial x} + \frac{h_x^2}{2}\frac{\partial^2 \phi}{\partial x^2} \\ \phi_2 &= \phi_0 - h_x\frac{\partial \phi}{\partial x} + \frac{h_x^2}{2}\frac{\partial^2 \phi}{\partial x^2}\end{aligned}\right\} \quad (15\cdot 2)$$

これから一階微分，二階微分の項を消去すると，図 15・1 の場合，

$$2\phi_0\left(\frac{1}{h_x^2}+\frac{1}{h_y^2}+\frac{1}{h_z^2}\right) = \frac{1}{h_x^2}(\phi_1+\phi_2) + \frac{1}{h_y^2}(\phi_3+\phi_4) + \frac{1}{h_z^2}(\phi_5+\phi_6) \quad (15\cdot 3)$$

$h_x = h_y = h_z$ のときは，ϕ_0 は予想されるように $\phi_1 \sim \phi_6$ の算術平均である。領域内の各格子点について，(15・3)式あるいは類似の一次の関係式を作り，境界条件を用いて(3・17)式の多元連立一次方程式を解けば各点の電位が求められる。

　有限要素法では二次元，回転対称場を三角形で分割するのに対し，一般三次元場を四面体要素で分割する。四面体要素の特性（電位）を表す（近似する）には，次のように座標の一次式にするのが最も簡単である。

$$\phi = \alpha_1 + \alpha_2 x + \alpha_3 y + \alpha_4 z \quad (15\cdot 4)$$

$\alpha_1 \sim \alpha_4$ は図 15・2 のように四面体の 4 頂点（節点）の座標と電位の値から行列表示で，

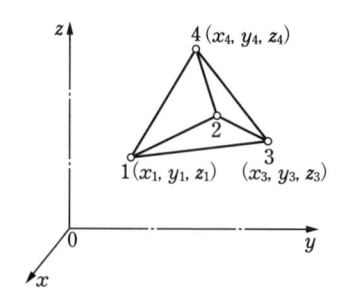

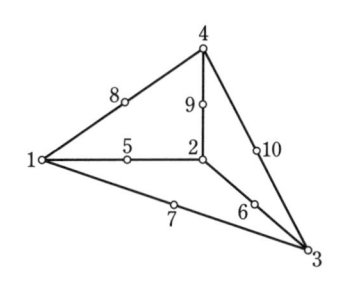

図 15.2　四面体要素　　　　図 15.3　10節点を有する四面体要素

$$\begin{pmatrix} \alpha_1 \\ \alpha_2 \\ \alpha_3 \\ \alpha_4 \end{pmatrix} = \begin{pmatrix} 1 & x_1 & y_1 & z_1 \\ 1 & x_2 & y_2 & z_2 \\ 1 & x_3 & y_3 & z_3 \\ 1 & x_4 & y_4 & z_4 \end{pmatrix}^{-1} \begin{pmatrix} \phi_1 \\ \phi_2 \\ \phi_3 \\ \phi_4 \end{pmatrix} \tag{15・5}$$

と表される．これによって要素内の ϕ が4節点の電位 $\phi_1 \sim \phi_4$ の関数として与えられるわけで，次式のポテンシャルエネルギー，

$$X = \frac{1}{2} \iiint \varepsilon \left\{ \left(\frac{\partial \phi}{\partial x} \right)^2 + \left(\frac{\partial \phi}{\partial y} \right)^2 + \left(\frac{\partial \phi}{\partial z} \right)^2 \right\} dx dy dz \tag{15・6}$$

を最小にするように領域の ϕ_i を定めればこれが求める解である．その計算手順等は第4章に述べたのと全く同じで，結局差分法と同様各節点の電位を未知数とする多元連立一次方程式を解くことになる．

電界は(15・4)式によれば各要素内で一定で，

$$E_x = -\alpha_2 \quad , \quad E_y = -\alpha_3 \quad , \quad E_z = -\alpha_4 \tag{15・7}$$

であるが，4.7節に述べた6節点の三角形要素（図4・3）に対応して，三次元場では図15・3のような10節点を有する四面体要素を用いて解の精度を向上させることができる．すなわち要素内の電位を，

$$\phi = \alpha_1 + \alpha_2 x + \alpha_3 y + \alpha_4 z + \alpha_5 xy + \alpha_6 xz + \alpha_7 yz + \alpha_8 x^2 + \alpha_9 y^2 + \alpha_{10} z^2 \tag{15・8}$$

とおき，要素内の電界を一次式で表すことができる．係数 $\alpha_1 \sim \alpha_{10}$ は四面体の4頂点と各稜の中間点6個の計10個の節点の座標と電位の値から，(15・5)式と同様にして与えられる．ただし計算のプログラムは相当複雑になる．

15.3 電荷重畳法による計算

すでに述べたように電荷重畳法で一般三次元場を計算するには，回転対称場の仮想電荷（点，リング，線電荷）がすべて回転対称な電界しか与えないので，これらの電荷だけでは計算できない。非対称性を表現できる電荷配置が必要である。一般三次元場といっても，たとえば高電圧工学の分野で通常現れる配置は，電極そのものは回転対称で周囲の電極配置によって電界が一般三次元になる場合，あるいは個々の電極が局所的に回転対称な形状から成る場合が多い。このような場合，非対称性を表すには，電荷の位置を局所回転軸（電極の軸）よりずらせるか，電荷密度を場所によって変えるかである。

具体的に回転対称なリング電荷の代わりに用いられる仮想電荷を図15.4に示し，これらを以下に説明する。なおリング電荷以外の仮想電荷の一般三次元場における取扱いには触れないが，電極の支持棒（柄）のような細い円筒で電界の非対称性があるときは，円筒の回転軸よりずらして何本かの線電荷を配置する。点電荷はもちろん軸上だけでなく適当なところに自由に置くことができる。

15.3.1 各種の仮想電荷

図15・4の仮想電荷のうち，まず点電荷（と線電荷），直線（弦）電荷，円板電荷，回転軸よりずらしたリング電荷，について簡単に説明する。ほとんどは電荷密度が場所的に一定である。

（1） 点電荷と（回転軸に平行な）線電荷：これはプログラムは簡単であるがあまり有効な方法ではない。円形断面を表すために回転対称場なら1個のリング電荷で済むのに比べて多数個の点電荷が必要になる。通常の（電荷密度一定の）リング電荷を局所回転軸を中心にして配置し，残りの非対称な電界成分を点電荷と線電荷で表す方法のほうがいくらかはよい。

（2） 直線（弦）電荷[15.3][15.4]：これはリング電荷の代わりに有限長線電荷を置く方法で，リングを弦の電荷で代用する方法とも考えられる。電極模擬の状態はリング電荷より劣るが電位係数，電界係数の計算ははるかに速い。直線

15.3 電荷重畳法による計算

(a) 電極形状　　　　　　　　(b) A-B 断面の電荷配置

点電荷（と線電荷）／直線（弦）電荷／円板電荷／軸よりずらしたリング電荷／円弧（分割リング）電荷

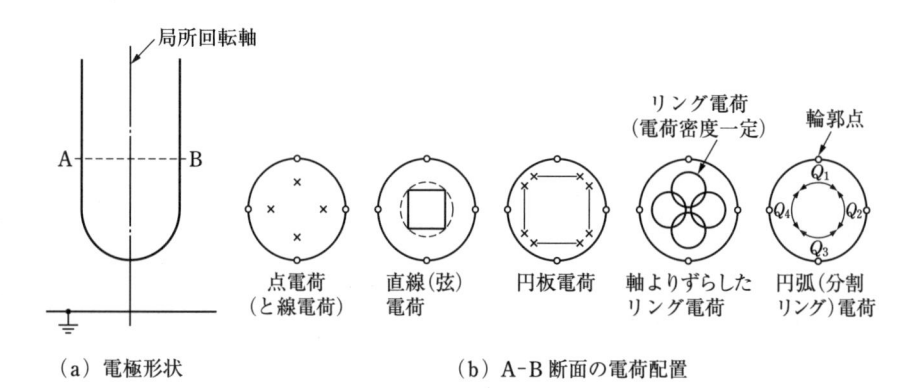

図 15.4　局所的回転対称形状

電荷の電荷密度を一定でなく距離の関数（座標の高次式）とすることも可能である。

(3) 円板電荷：表面電荷の代わりに電極内部に配置した円板電荷で電界分布を表す方法である。円板電荷（6.6.2 項に説明）は電位，電界が簡単な解析式で与えられることが利点である。ただし多数の円板電荷の位置と半径を入力データとして作成しなければならず，あとで述べる三角形表面電荷法のような一般性に欠ける。

(4) 局所回転軸よりずらしたリング電荷：局所的に回転対称な電極の断面に何個かの中心位置をずらしたリング電荷を配置し，対応して同じ数の輪郭点を電極表面に置く。いくつかの断面でこれを行って全体の電界分布を模擬するわけであるが，リング電荷の位置と径を適当にとると一つの断面に置く電荷の数は比較的少なくてすむ。電荷密度一定のリング電荷による電位，電界は局所軸が大地に対して斜めの場合には影像リング電荷の作用を含めた式はかなり複雑になる[15.5]。しかし，それでも回転対称場と同様に，算術幾何平均法で比較的高速に計算できる完全だ円積分の値しか含まないのが利点である。

185

15.3.2 電荷密度の変化するリング電荷

電荷密度が場所(角度)とともに変わるリング電荷は多くの場合電位,電界の式が解析的に表せず数値積分が必要になる。現在使用されている方法は,局所的に回転対称な電極に対して,リング電荷の電荷密度を回転角 φ のフーリエ級数で表すものである[15.6]。たとえば配置に面対称性があるときを例にとると,この場合の電界分布は φ の偶関数になるから,図 15・5 に示すように j 番目のリング電荷の線電荷密度 $q(j)$ を,

$$q(j) = \sum_{k=0}^{K} \lambda_{jk} \cos k\varphi \tag{15・9}$$

で与える。(15・9)式の1成分 $\lambda_{jk} \cos k\varphi$ が図 15・6 のように $P(r, \theta, z)$ 点に生じる電位 ϕ_k は,次のように特殊関数で表せる。

$$\phi_k = \frac{1}{4\pi\varepsilon_0} \int_{-\pi}^{\pi} \frac{\lambda_{jk} \cos k\varphi}{l} R d\varphi = \frac{\lambda_{jk}}{2\pi\varepsilon_0} \sqrt{\frac{R}{r}} Q_{k-\frac{1}{2}}(Y) \cos k\theta \tag{15・10}$$

ここで $l^2 = L^2 - 2rR\cos(\theta-\varphi)$, $Y = \dfrac{L^2}{2rR}$, $L^2 = (z-Z)^2 + R^2 + r^2$, $Q_{k-1/2}(Y)$ は半整数次のルジャンドル関数である。$q(j)$ が P 点に生ずる電位は,

$$u_j = \sum_{k=0}^{K} \phi_k \tag{15・11}$$

すべての仮想電荷による電位は,

$$\phi = \sum_{j=1}^{n} u_j = \sum_{j=1}^{n} \sum_{k=0}^{K} \phi_k = \sum_{j=1}^{n} \sum_{k=0}^{K} \{A(P, q, k) \times \lambda_{jk}\} \tag{15・12}$$

となり,電極表面に適当に配置した輪郭点の電位(図 15・5)を電極電圧とすることによって,λ_{jk} を未知数とする方程式が形成される。(15・12)式の係数 $A(P, q, k)$ は(15・10)式を意味し,輪郭点 P 点の配置,リング電荷の位置と径および k で定まる定数である。通常はさらに大地に対する影像電荷の作用も含める。未知数の数は回転対称場の n 個から $n(K+1)$ 個に増加する。ただし K の値は各リング電荷で同じではない。一般に一つの断面の輪郭点は,対応する面内のリング電荷の次数に対応して $(K+1)$ 個置くのがよい。実際の計算にはさらに電位だけ

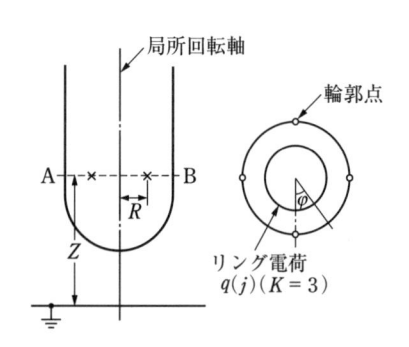

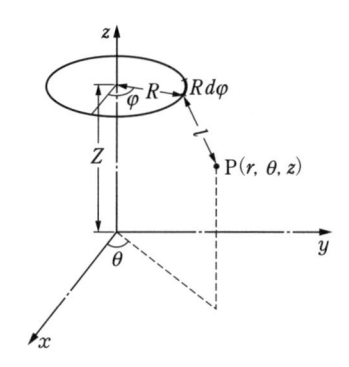

図 15.5　電荷密度がφの関数であるリング電荷　　図 15.6　リング電荷とP点との関係

でなく電界の式が必要である．これらの式はまとめて付録6に示す．三次元であるからE_r，E_θ，E_zの3成分が必要で，半整数次のルジャンドル関数$Q_{k-1/2}(Y)$および$Q_{k+1/2}(Y)$が含まれる．

　この方法の利点は，リング電荷の配置と径を決める手間がごくわずかで，回転対称場とほとんど同様に1個のリング電荷を配置し，Kの値を与えるだけでよいことである．また電界の計算精度も高い．問題は半整数次のルジャンドル関数の計算が面倒なことである．この関数は，ラプラスの式を円環座標で解くときに現れるもので「円環関数」[15.7]と呼ばれている．種々の計算方法があるが精度のよいものは計算時間が長く，計算時間の短い方法は大きなけた落ち誤差を生じることがある（旧著では付録5に円環関数の数値計算法の検討結果を記載していたが本書では割愛した）．

15.3.3　円弧電荷[15.8]

　これまでに説明した方法の多くは，電極が回転対称でなく断面が円形でない場合には適用が難しい．局所的回転対称な形状ではなく，角を丸めた長方形のように一部が丸まった形状を模擬するには，リング（円）の一部である円弧電荷を用いる方法が適している．

　円弧電荷は電荷密度が一定で，電位，電界の作用を数値積分で与える方法[15.9]も提案されているが，電荷密度が角度とともに変化する円弧電荷を次のようにだ

第15章　一般三次元配置の計算

円積分で表すことができる。図15・7のように，中心が z 軸上で $z=d$ の面上にある半径 e の円弧電荷が点 $P(r, \theta, z)$ に生じる電位は，円弧電荷の電荷密度 σ が角度 θ の余弦関数で変化するとき，次の式になる。角の点（角度 $\pi/4$）で対称として，

$$\sigma = A\cos\left(\phi - \frac{\pi}{4}\right) + B \text{ とすると,}$$

$$\phi = \frac{e}{4\pi\varepsilon_0} \int_{\phi_1}^{\phi_2} \frac{\left[A\cos\left(\phi - \frac{\pi}{4}\right) + B\right]d\phi}{\sqrt{r^2 + e^2 + (z-d)^2 - 2er\cos(\phi - \theta)}}$$

$$= \frac{e}{4\pi\varepsilon_0}\left[A\cos\left(\theta - \frac{\pi}{4}\right)I_b - A\sin\left(\theta - \frac{\pi}{4}\right)I_c + BI_a\right] \qquad (15 \cdot 13)$$

ここで，

$$I_a = \int_{\phi_\alpha}^{\phi_\beta} \frac{d\phi}{\sqrt{a - b\cos\phi}}, \quad I_b = \int_{\phi_\alpha}^{\phi_\beta} \frac{\cos\phi\, d\phi}{\sqrt{a - b\cos\phi}}, \quad I_c = \int_{\phi_\alpha}^{\phi_\beta} \frac{\sin\phi\, d\phi}{\sqrt{a - b\cos\phi}}$$

$$a = r^2 + e^2 + (z-d)^2, \ b = 2er, \ \phi_\alpha = \phi_1 - \theta, \ \phi_\beta = \phi_2 - \theta \qquad (15 \cdot 14)$$

この式に現れる積分 I_a, I_b, I_c は次の（不完全）だ円積分 F および E を用いて表すことができる。なお，$u = \sin\phi$, $x = \sin\theta$ である。

第一種だ円積分

$$F(\theta, k) = \int_0^\theta \frac{d\phi}{\sqrt{1 - k^2\sin^2\phi}} = \int_0^x \frac{du}{\sqrt{(1 - u^2)(1 - k^2 u^2)}} \qquad (15 \cdot 15)$$

第二種だ円積分

$$E(\theta, k) = \int_0^\theta \sqrt{1 - k^2\sin^2\phi}\, d\phi = \int_0^x \sqrt{\frac{1 - k^2 u^2}{1 - u^2}}\, du \qquad (15 \cdot 16)$$

電界の式はP点の電位を3成分 r, θ, z で微分すれば求められる。$I_a \sim I_c$ より分母が高次の積分式が生じるが，これらもだ円積分で表すことができる。これらの不完全だ円積分は分母 k のべき級数展開式もあるが，完全だ円積分と同様に算術幾何平均法によってずっと高速に計算できる。

figure 15.7　円弧電荷

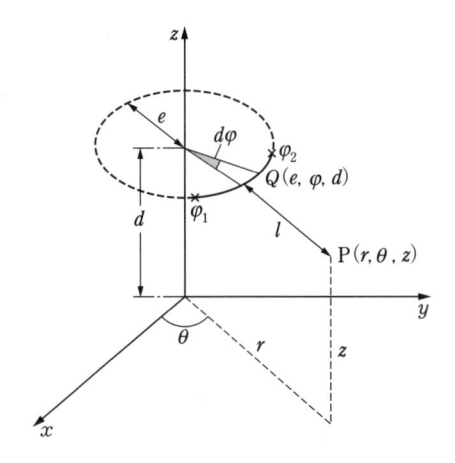

15.4　表面電荷法による計算

　表面電荷法は境界（電極表面あるいは誘電体界面）の電荷を未知数とする方法であるから，ともかく境界形状を分割して分割要素の電荷あるいは電荷密度を未知数とする方程式を作る点では一般三次元配置でも同じである。このとき分割要素が曲面であると電荷の作る電位，電界を数値積分で与えなければいけない。

　表面電荷法で個々の電極形状が（局所的に）回転対称であれば電荷重畳法の15.3.2項に説明した方法とほとんど同じやり方[15.10]が使える。すなわち図15・8(a)のように円筒座標(r, θ, z)の座標系で，区分$t_1 \sim t_2$の表面電荷密度σが$\mathrm{P}(r, \theta, z)$点に生じる電位は，

$$\phi = \sum_k \frac{\cos k\theta}{2\pi\varepsilon_0} \int_{t_1}^{t_2} \sigma_k \sqrt{\frac{R}{r}} Q_{k-\frac{1}{2}}(Y) dt \tag{15・17}$$

ここでkは$\sigma = \sum_{k=0}^{K} \sigma_k \cos k\varphi$とおいたフーリエ級数の次数，$Y = L^2/2rR$, $L^2 = (z-Z)^2 + r^2 + R^2$である。(15・17)式の線積分を$Z = A + BR + CR^2$とおいて$R$の関数とするなどの点は回転対称場と同じである。このようなフーリエ級数表現

第15章　一般三次元配置の計算

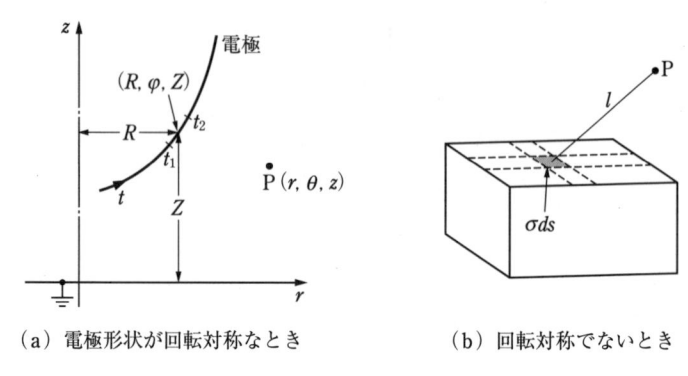

（a）電極形状が回転対称なとき　　　（b）回転対称でないとき

図 15.8　表面電荷法による計算

の電荷密度を用いる表面電荷法や，チェビシェフ多項式を用いる高精度な「高速表面電荷法（HSSSM）」と呼ぶ方法も開発されている[15.11]。ただし，これらの方法の適用は基本的に局所的に回転対称な形状からなる配置に限られる。

　これに対して，もっと一般的な曲面形状を対象とする表面電荷法は旧著の刊行以降に著しく発展した方法で，内容が豊富なため独立した章として第9章でまとめて説明した。しかし三角形や四角形の平面（曲面でない）電荷の電位，電界は数値積分でなく陽に式で与えられることから，三次元配置に適した計算法を構築することができる。たとえば図15・8(b)に示す直方体電極は，電荷重畳法では計算の難しい配置であるが，三角形表面電荷法で容易に計算できる。以下の節で説明する。

15.5　三角形表面電荷法

三次元配置の電位を次の表面電荷法の基本式で表す。

$$\phi = \frac{1}{4\pi\varepsilon_0}\int_s \frac{\sigma}{l}ds \tag{15・18}$$

この式で σ は電極表面の ds 部分の電荷密度, l は ds と空間のP点との距離である。複合誘電体の界面では11.4節の式を用いればよい。

具体的な計算の過程は次のようになる。

（a）　電極表面を三角形あるいは四角形の小要素に分割する。
（b）　各要素の電荷密度 σ を一定あるいは座標の関係式とする。
（c）　j 番目の要素の適当な点（重心あるいは三角形，四角形の頂点）に輪郭点をとって，(15・18)式から σ_j の式を作る。

分割が四角形の場合は四角形上の表面電荷密度 σ を図15・9(a)のような (X, Y) 平面上で，

$$\sigma = \alpha_1 + \alpha_2 X + \alpha_3 Y + \alpha_4 XY \tag{15・19}$$

の関数形で表すと，σ によるP点 (x, y, z) の電位 ϕ が次の式より計算される。

$$\phi = \frac{1}{4\pi\varepsilon_0}\int_{Y_A}^{Y_B}\int_{X_A}^{X_B}\left(\frac{\sigma}{l}\right)dXdY \tag{15・20}$$

ここで，$l = \sqrt{(X-x)^2+(Y-y)^2+z^2}$。この四角形電荷による電位，電界の式も数値積分でなく解析式で表すことができる。しかし電極形状を模擬するには三角形のほうが一般的なので以下三角形分割の場合について述べる。

図15・9(b)のように頂点A，B，Cの三角形が (X, Y) 平面上にあるとして，その表面電荷密度 σ を座標の一次式で与える。

$$\sigma = \alpha_1 + \alpha_2 X + \alpha_3 Y \tag{15・21}$$

この三角形表面電荷がP点 (x, y, z) に生じる電位 ϕ は次式で与えられる[※]。

[※] これらの式の導出はかなり厄介である。最も面倒なのは電荷密度の α_1 に関係する電位の式で，$\ln(t+\sqrt{at^2+bt+c})$ の t に関する不定積分の式が必要である。

第 15 章　一般三次元配置の計算

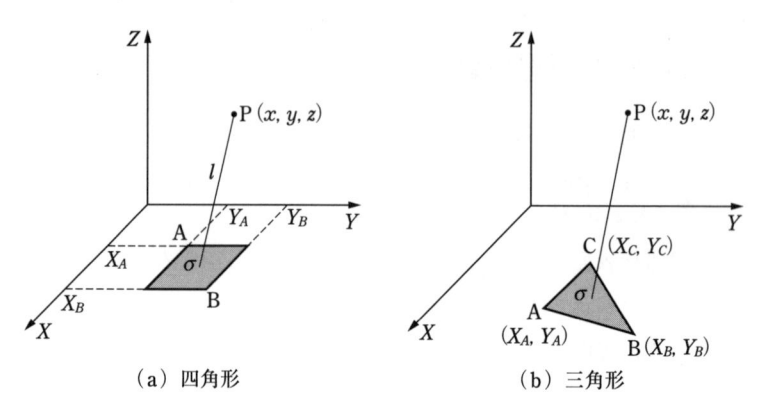

（a）四角形　　**（b）三角形**

図 15.9　板状表面電荷

$$\phi = -\frac{\alpha_1 + \alpha_2 x + \alpha_3 y}{4\pi\varepsilon_0} \sum_{A\to B\to C}(S_{AB}-S_{BA})$$

$$-\frac{\alpha_2}{8\pi\varepsilon_0}\sum_{A\to B\to C}(T_{AB}-T_{BA})-\frac{\alpha_3}{8\pi\varepsilon_0}\sum_{A\to B\to C}(U_{AB}-U_{BA}) \quad (15\cdot22)$$

ここで，$S_{AB}=P_{AB}Q_{AB}+zR_{AB}$

$T_{AB}=E_{AB}D_B-G_{AB}Q_{AB}$

$U_{AB}=-F_{AB}D_B+H_{AB}Q_{AB}$

$P_{AB}=\dfrac{-M_{AB}(X_B-x)+(Y_B-y)}{\sqrt{M_{AB}{}^2+1}}$

$Q_{AB}=\ln\{(X_B-x)+M_{AB}(Y_B-y)+D_B\sqrt{M_{AB}{}^2+1}\,\}$

$R_{AB}=\arctan\dfrac{M_{AB}(X_B-x)^2-(X_B-x)(Y_B-y)+z^2M_{AB}}{zD_B}$

$E_{AB}=\dfrac{M_{AB}\,x+M_{AB}{}^2\,y+N_{AB}}{M_{AB}{}^2+1}$ ， $F_{AB}=\dfrac{x+M_{AB}\,y-M_{AB}N_{AB}}{M_{AB}{}^2+1}$

$G_{AB}=\dfrac{M_{AB}(P_{AB}{}^2+z^2)}{\sqrt{M_{AB}{}^2+1}}$ ， $H_{AB}=\dfrac{G_{AB}}{M_{AB}}$

$M_{AB}=\dfrac{Y_B-Y_A}{X_B-X_A}$ ， $N_{AB}=\dfrac{X_BY_A-X_AY_B}{X_B-X_A}$

$D_B=\sqrt{(X_B-x)^2+(Y_B-y)^2+z^2}$

15.5 三角形表面電荷法

また $\sum_{A \to B \to C}$ は A, B, C を順に変えて 3 回加算することを意味する。

三角形の 3 頂点 A, B, C の表面電荷密度 σ_A, σ_B, σ_C は α_1, α_2, α_3 と

$$\begin{pmatrix} \alpha_1 \\ \alpha_2 \\ \alpha_3 \end{pmatrix} = \begin{pmatrix} 1 & X_A & Y_A \\ 1 & X_B & Y_B \\ 1 & X_C & Y_C \end{pmatrix}^{-1} \begin{pmatrix} \sigma_A \\ \sigma_B \\ \sigma_C \end{pmatrix} \quad (15 \cdot 23)$$

の関係があるので，3 頂点(輪郭点)の電位条件から $\sigma_A \sim \sigma_C$，一般に σ_i を未知数とする連立一次方程式を構成できる。得られた電荷密度の値から領域の任意の点の電位，電界が計算される。この方法は三角形による分割という点では（次元は三次元から二次元に低下しているが）有限要素法と共通する面があり，また三角形を電極内部に配置すれば電荷重畳法の仮想電荷ともなる。

三角形表面電荷法は特に一般三次元配置のラプラス場の計算法として次のような特徴がある。

(a) 有限要素法に比べると，有限要素法が空間（容積）を分割するのに対して，面（電極表面）の分割だけで済むから分割が非常に容易である。また電界も解析式で表されるので精度も比較的良い。

(b) 電荷重畳法に比べて局所的に回転対称性を持たない一般的な電極を模擬することができる。また三角形を電極表面に置くと，（仮想）電荷の種類や配置などの入力データが要らない。しかし，表面が滑らかな電極では，特に電極表面付近の計算精度が電荷重畳法より劣る。

(c) 回転対称場の表面電荷法あるいは局所的に回転対称な電極の表面電荷法に比べて，電位，電界の計算に数値積分を要しないので計算時間が短い。また輪郭点を三角形の頂点にとってもその点の電位は有限で，5.6 節に述べたような面倒な特異点の処理を必要としない。電界は各三角形要素の辺上で無限大になるが，三角形を電極内部に置けば電界も有限である。

なお，三角形表面電荷法で電荷密度に高次の式を用いるほど式は複雑になるが，精度が向上する。ここでは(15・21)式の一次式の場合を説明したが，二次式，三次式の場合の式が報告されている[15.12]。

第15章　一般三次元配置の計算

15.6　計算例

　すでに多数の一般三次元配置の電界計算が報告されている。旧著ではそのいくつかを挙げるとともに，一部をやや詳しく説明している。図面を示しているのは，有限要素法では，三相一括ガス絶縁線路のスペーサ部分の計算である[15.12]。電荷重畳法では，高電圧の電圧測定に用いられる標準球ギャップ（垂直配置，水平配置）ならびに偏軸球ギャップの計算である[15.13]。どちらも15.3.2項に説明した方法であるが，用いたリング電荷のフーリエ級数の次数は2から6の範囲である。なお標準球ギャップについては，球ギャップの接続線や近接物体の効果も解析されている。

　一般三次元場計算の問題は，解析的に求められるような配置がなく計算精度の評価が難しいことである。しかし便法として，回転対称場を回転対称でない分割や（電荷）配置で計算してその結果を解析解と比較できる。たとえば電荷重畳法では，図15・10のような球対接地平面の回転対称な配置で，リング電荷を配置する軸を水平にすれば一般三次元の計算になる。15.3.2項に説明した方法でリング電荷9個で計算した結果では，最大電界の計算誤差（相対誤差）は $(3 \sim 11) \times 10^{-5}$ であった。同じ数のリング電荷を回転対称に配置した場合は $(5 \sim 8) \times 10^{-5}$ であるから，一般三次元の計算でも回転対称場に近い精度が可能なことを示している。

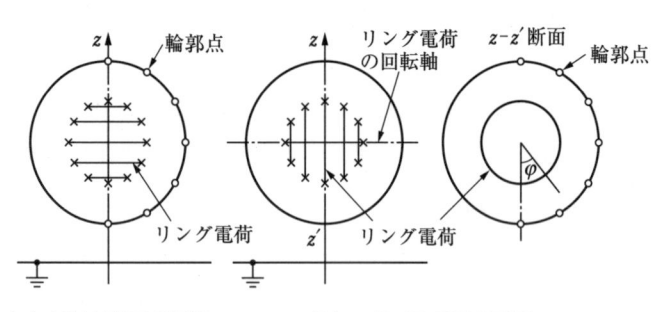

（a）回転対称電荷配置　　（b）一般三次元電荷配置

図 15.10　誤差を調べるための配置（説明図）

第16章

導電率を含む計算

　これまでに述べた計算では，媒質は誘電率が変わるだけですべて完全な絶縁物と見なしていた。しかし固体や液体が存在する場合の電界はしばしばその導電性が問題になる。一般に導電性が無視できない場の電界は，材料の誘電率を ε，抵抗率を ρ，印加電圧の角周波数を ω とすると，パラメータ $\varepsilon\rho\omega$ によって支配されることが知られている。ε は通常あまり大きく変わる値ではないが，ρ はけた違いに変わり得る値で，抵抗値の小さい場合や直流ないし低周波の場合に，導電性を無視できない。実用的には直流印加時の電界分布，半導電材料を含む配置，固体絶縁物表面の汚損の影響，抵抗要素を含む分圧器の特性の検討，などにおいて，導電性を含めた電界計算が必要である。なお，以下では抵抗率を使用するので，導電性あるいは導電率でなく抵抗という用語を用いる。

　抵抗には体積抵抗と表面抵抗の2種類がある。表面抵抗は電流路の厚み t がごく薄い体積抵抗（抵抗率 ρ）であるが，厚みのない抵抗として表面抵抗率 ρ_s $= \rho/t$（有限）で取り扱われるものである。以下の節では体積抵抗と表面抵抗の計算法を，主として抵抗率が電圧，電流によらず一定な場合（オームの法則が成り立つとき）で，交流定常場について解説する。また絶縁された導体が2種類の誘電体と接触して，一方の誘電体が導電性を有するときの電位（浮遊電位）の計算法も説明する。

第16章 導電率を含む計算

16.1 計算の基礎

一般に誘電率 ε,体積抵抗率 ρ の媒質において,電界を $\boldsymbol{E}$,電流密度を $\boldsymbol{j}$,空間電荷密度を q とすると次の式が成立する。

$$div(\varepsilon \boldsymbol{E}) = q \tag{16・1}$$

$$div\,\boldsymbol{j} = div\left(\frac{\boldsymbol{E}}{\rho}\right) = -\frac{\partial q}{\partial t} \tag{16・2}$$

この2式から,ε が時間的に一定であると,

$$div\left(\frac{\boldsymbol{E}}{\rho} + \varepsilon \frac{\partial \boldsymbol{E}}{\partial t}\right) = 0 \tag{16・3}$$

角周波数 ω の交流電圧に対し,定常的な電界分布を複素数で取り扱うことができる。

$$div\left\{\left(\frac{1}{\rho} + j\omega\varepsilon\right)\dot{\boldsymbol{E}}\right\} = 0 \tag{16・4}$$

(16・4)式から ε, ρ, ω によって以下のケースに分かれる。

（a） 高周波あるいは容量の場合（$\varepsilon\rho\omega \gg 1$）

$$div(\varepsilon \dot{\boldsymbol{E}}) = 0 \tag{16・5}$$

これは通常の静電界の（交流での）式である。

（b） 直流あるいは低抵抗の場合（$\varepsilon\rho\omega \ll 1$）

$$div\left(\frac{\dot{\boldsymbol{E}}}{\rho}\right) = 0 \tag{16・6}$$

これは(16・5)式において ε を $1/\rho$ とした式と同じで,1.3節に述べた電解液や導電紙の電流場を利用して電界を求めるアナログ法（フィールドマッピング）の基礎式である。

（c） 一般的な場合

(16・4)式は ω が一定のとき通常の誘電率を複素誘電率

$$\dot{\varepsilon} = \varepsilon + \frac{1}{j\omega\rho} \tag{16・7}$$

で置き換えた式に等しい。ε, ρ が場所的に一定であると $div\,\dot{\boldsymbol{E}} = 0$ が成立し再

びラプラスの式になる。これからいろいろな特性（関係）を導くことができ，また電荷重畳法の適用が可能になる。たとえば，εとρが至るところ場所的に一定な一様媒質中では，どのような電圧波形でもどのようなε，ρの組合せでも電界分布は常に同じである。

しかし実際には固体，液体の抵抗率は電界に依存するのが普通で，そのために場所的に一定でなくなりラプラスの式が使えないことも多い。その場合には(16・4)式からの計算が必要である。このような非線形の計算は16.6節に述べる。また抵抗率を含む計算が誘電率の場合と相違するのは，第一に，始めに述べたように，たいていの場合媒質の比誘電率ε_sは1からせいぜい数十，多くは10までであるのに，ρはけた違いに変わりうることで，実際に10^{-7}から10^6 Ω·m程度までありうる。第二に，2.4節にも述べたことであるが，印加電圧波形に影響され，時間とともに変化することである。

16.2　差分法による計算

差分法では通常の（抵抗分のない場合の）計算を複素数計算に変えればよい。各媒質の内部ではε，ρとも一定で界面（境界面）でのみ不連続に変化するときは，11.1節に述べた複合誘電体の界面の差分式のεを複素誘電率(16・7)式に変えるだけでよい。ただし各格子点の電位（未知数）はすべて複素数である。

図16・1のような隣接8格子点を使用した報告[16.1]では，(16・4)式を，

$$\dot{\phi}_0 = \frac{\sum_{j=1}^{8} A_j \dot{\phi}_j}{\sum_{j=1}^{8} A_j} \tag{16・8}$$

の差分式にして計算している。しかし係数A_jは格子内のエネルギー$\varepsilon|\dot{\boldsymbol{E}}^2|/2$が最小となる条件から与えているので，一様な分割ではあるがこの方法は差分法よりむしろ有限要素法の考えに近い。

以上は体積抵抗の計算であるが，表面抵抗は電流路を狭い格子間隔での体積抵抗に置き換えて計算が行われている。ただし，この方法は格子間隔が非常に狭い

第16章 導電率を含む計算

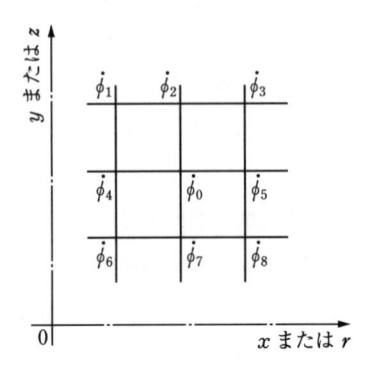

図 16.1 複素電位による差分法

と誤差が大きくなる。

16.3 有限要素法による計算

(16・3)式から時間微分を div の外へ出した式,

$$div\left(\frac{\boldsymbol{E}}{\rho}\right)+\frac{\partial}{\partial t}div(\varepsilon\boldsymbol{E})=0 \tag{16・9}$$

は,4.1節に述べたオイラーの理論によって,次の汎関数を領域 V 内において最小にすることと等価である。

$$X(\phi)=\int_V f_1 dv+\frac{\partial}{\partial t}\int_V f_2 dv \tag{16・10}$$

二次元場:

$$f_1=\frac{\left(\frac{\partial\phi}{\partial x}\right)^2+\left(\frac{\partial\phi}{\partial y}\right)^2}{\rho} \quad , \quad f_2=\frac{\varepsilon}{2}\left\{\left(\frac{\partial\phi}{\partial x}\right)^2+\left(\frac{\partial\phi}{\partial y}\right)^2\right\}$$

$$dv=dxdy$$

回転対称場:

$$f_1=\frac{\left(\frac{\partial\phi}{\partial r}\right)^2+\left(\frac{\partial\phi}{\partial z}\right)^2}{\rho} \quad , \quad f_2=\frac{\varepsilon}{2}\left\{\left(\frac{\partial\phi}{\partial r}\right)^2+\left(\frac{\partial\phi}{\partial z}\right)^2\right\}$$

$$dv = 2\pi r dr dz$$

f_1 は単位時間に単位体積あたり消費されるジュール損, f_2 は単位体積あたりのポテンシャルエネルギーを示す. したがって, (16・10)式の汎関数の次元は4.1節で述べた汎関数と時間の単位だけ相違し, 瞬時エネルギーである.

交流の場合は(16・10)式は回転対称場で,

$$X(\dot{\phi}) = 2\pi \iint \left(\frac{1}{\rho} + j\omega\varepsilon\right) \left\{ \left|\frac{\partial \dot{\phi}}{\partial r}\right|^2 + \left|\frac{\partial \dot{\phi}}{\partial z}\right|^2 \right\} r dr dz \qquad (16\cdot11)$$

になる. したがって(4・7)式と比較すれば分かるように, 通常の静電界の有限要素法で ε を $(1/\rho + j\omega\varepsilon)$ に変え, 電位 ϕ の座標による微分値の2乗の項を複素電位 $\dot{\phi}$ の絶対値の2乗とすれば同様に計算することができる[16.2]. なお, ϕ が波高値で与えられているときは, エネルギーは全体に1/2を掛ける必要がある.

表面抵抗を考える場合は, (16・10)式に表面で消費されるジュール損,

$$Xs(\phi) = \int_S f_3 ds = \int_S \rho_s i_s^2 ds \qquad (16\cdot12)$$

を付け加える. ここで ρ_s は表面抵抗率, i_s は表面に沿う電流密度である. 交流の場合次のような計算が提案されている[16.2].

$$Xs(\dot{\phi}) = \int_S \frac{|\dot{E}|^2}{\rho_s} ds \qquad (16\cdot13)$$

として, 要素内電位の近似関数として最も簡単な一次式を使うときは, 図16・2に示すように三角形要素i, j, mの界面i, jに沿っては

$$\dot{E} = \frac{\dot{\phi}_i - \dot{\phi}_j}{L} \qquad (16\cdot14)$$

ただし L はi, j間の距離である.

二次元場:

$$Xs(\dot{\phi}) = \int_L \frac{|\dot{\phi}_i - \dot{\phi}_j|^2}{\rho_s L^2} dl = \frac{|\dot{\phi}_i - \dot{\phi}_j|^2}{\rho_s L} \qquad (16\cdot15)$$

回転対称場:

$$Xs(\dot{\phi}) = \int_L \frac{|\dot{\phi}_i - \dot{\phi}_j|^2 2\pi r}{\rho_s L^2} dl = \frac{\pi|\dot{\phi}_i - \dot{\phi}_j|^2 (r_i + r_j)}{\rho_s L} \qquad (16\cdot16)$$

第16章　導電率を含む計算

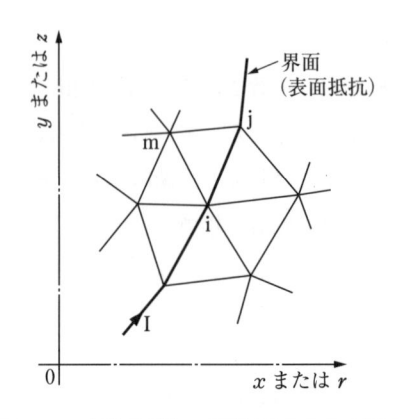

図16.2　有限要素法の表面抵抗を有する界面

ここで r_i, r_j はそれぞれ i, j 点の r 座標である。

結局表面抵抗を含む場合には，領域で作られる系の方程式に $\partial Xs/\partial \dot{\phi}_i$, $\partial Xs/\partial \dot{\phi}_j$ の項を付け加えることになる。有限要素法の最大の利点は非線形の計算，すなわち抵抗率が電界に依存して変わる場合にも計算の可能なことであるが，これについては16.6節で述べる。

16.4　電荷重畳法による体積抵抗を含む計算

16.1節に述べたように，ε, ρ が電界や電流によって変化せず，場所的に一定であるとラプラスの式が成り立つ。すなわちオームの法則が成立するならば，媒質中を電流が流れても境界を除けば真電荷は存在せず至るところ $q=0$ である。電荷重畳法はラプラスの式の解を重畳する方法なので適当な境界条件を与えると，体積抵抗を含む配置の電界を計算することができる。ただし交流の定常場では「複素仮想電荷」[16.3] が必要である。

界面での境界条件として通常の複合誘電体と違うのは，電束密度の連続条件に体積抵抗で生じる真電荷（電荷密度 σ）の作用が入ることである。図16・3に示す A，B，2種類の導電率（抵抗率 ρ_A, ρ_B）を有する誘電体（半導体）界面を考

16.4 電荷重畳法による体積抵抗を含む計算

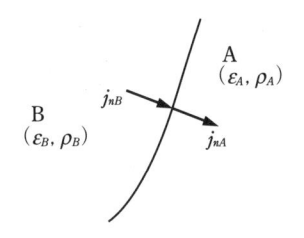

図 16.3 導電率を有する誘電体界面

えると，電束密度（の法線方向成分）の連続条件は，

$$D_{nA} - D_{nB} = \sigma \tag{16・17}$$

ここで添字 n は界面に垂直な成分を表し，以下同様である。一方 σ は次式で与えられる。

$$\sigma = \int (j_{nB} - j_{nA}) dt \tag{16・18}$$

j は電流密度で，$j = E/\rho$ であるから，

$$\sigma = \int \left(\frac{E_{nB}}{\rho_B} - \frac{E_{nA}}{\rho_A} \right) dt \tag{16・19}$$

角周波数 ω の交流場では時間積分を $1/j\omega$ で置き換えて，

$$\sigma = \frac{1}{j\omega} \left(\frac{\dot{E}_{nB}}{\rho_B} - \frac{\dot{E}_{nA}}{\rho_A} \right) \tag{16・20}$$

この式と(16・17)式を組み合せて書き直すと次式になる。

$$\left(\varepsilon_A + \frac{1}{j\omega \rho_A} \right) \dot{E}_{nA} = \left(\varepsilon_B + \frac{1}{j\omega \rho_B} \right) \dot{E}_{nB} \tag{16・21}$$

この式は通常の複合誘電体における電束密度連続の境界条件で，誘電率 ε_A，ε_B を複素誘電率に書き直した式に等しい。したがってすでに領域分割法による計算で述べたように，体積抵抗場の交流電界はすべての式の誘電率を複素誘電率に書き直すだけでよい。第11章の複合誘電体場にならって輪郭点 i での境界条件をまとめると次のようになる。

(a) 電極上：

$$\dot{\phi}(i) = V \tag{16・22}$$

さし当たり印加電圧（高圧電極）は1種類とする。このときは一般に印加電圧の位相角を0にとることができる。多相の場合は位相差を考えて複素数で扱うだけである。

（b）誘電体界面上：

電位の連続条件：
$$\dot{\phi}_A(i) = \dot{\phi}_B(i) \tag{16・23}$$

電束密度（の法線方向成分）の連続条件：

（16・21）式

図16・4に模式的に示すような電極内，誘電体A内，B内の仮想電荷 $\dot{Q}$, $\dot{Q}_A$, $\dot{Q}_B$ の式として，上の境界条件を具体的に式で与える。以下の式で実部，虚部はそれぞれ添字 re, im で表し，また $P(i,j)$, $F_n(i,j)$ はそれぞれ輪郭点 i 点に対する仮想電荷 $\dot{Q}(j)$ の電位係数，法線方向電界係数（11.3節の(11・20)，(11・21)式）である。

（a）電極上：

A側電極上：

$$\sum_j P(i,j) Q_{re}(j) + \sum_j P(i,j) Q_{Bre}(j) = V \tag{16・24}$$

$$\sum_j P(i,j) Q_{im}(j) + \sum_j P(i,j) Q_{Bim}(j) = 0 \tag{16・25}$$

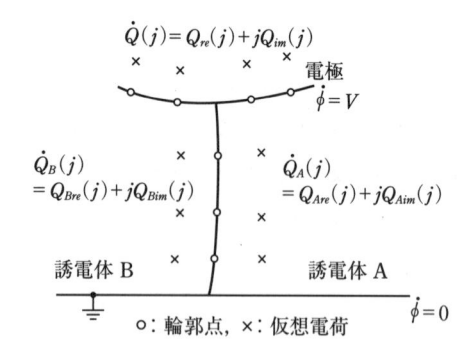

図16.4 複素仮想電荷重畳法（体積抵抗，表面抵抗の場）

B 側電極上：

$$\sum_j P(i,j) Q_{re}(j) + \sum_j P(i,j) Q_{Are}(j) = V \qquad (16\cdot 26)$$

$$\sum_j P(i,j) Q_{im}(j) + \sum_j P(i,j) Q_{Aim}(j) = 0 \qquad (16\cdot 27)$$

(b) **誘電体界面上：**

電位の連続条件：

$$\sum_j P(i,j) Q_{Are}(j) - \sum_j P(i,j) Q_{Bre}(j) = 0 \qquad (16\cdot 28)$$

$$\sum_j P(i,j) Q_{Aim}(j) - \sum_j P(i,j) Q_{Bim}(j) = 0 \qquad (16\cdot 29)$$

電束密度の連続条件：

$$\begin{aligned}
&\varepsilon_A \left\{ \sum_j F_n(i,j) Q_{re}(j) + \sum_j F_n(i,j) Q_{Bre}(j) \right\} \\
&- \varepsilon_B \left\{ \sum_j F_n(i,j) Q_{re}(j) + \sum_j F_n(i,j) Q_{Are}(j) \right\} \\
&+ \frac{1}{\omega \rho_A} \left\{ \sum_j F_n(i,j) Q_{im}(j) + \sum_j F_n(i,j) Q_{Bim}(j) \right\} \\
&- \frac{1}{\omega \rho_B} \left\{ \sum_j F_n(i,j) Q_{im}(j) + \sum_j F_n(i,j) Q_{Aim}(j) \right\} = 0 \qquad (16\cdot 30)
\end{aligned}$$

$$\begin{aligned}
&\varepsilon_A \left\{ \sum_j F_n(i,j) Q_{im}(j) + \sum_j F_n(i,j) Q_{Bim}(j) \right\} \\
&- \varepsilon_B \left\{ \sum_j F_n(i,j) Q_{im}(j) + \sum_j F_n(i,j) Q_{Aim}(j) \right\} \\
&- \frac{1}{\omega \rho_A} \left\{ \sum_j F_n(i,j) Q_{re}(j) + \sum_j F_n(i,j) Q_{Bre}(j) \right\} \\
&+ \frac{1}{\omega \rho_B} \left\{ \sum_j F_n(i,j) Q_{re}(j) + \sum_j F_n(i,j) Q_{Are}(j) \right\} = 0 \qquad (16\cdot 31)
\end{aligned}$$

これらの式によって6種類の未知数 Q_{re}, Q_{im}, Q_{Are}, Q_{Aim}, Q_{Bre}, Q_{Bim} に対して連立一次方程式ができるのでこれを解けばよい。得られた電荷量から任意の点の複素電位，複素電界，それぞれの絶対値（波高値または実効値），位相が計算される。通常の（抵抗を含まない）複合誘電体の電界計算プログラムがあれば，コーディングも容易である。電荷量に対する方程式の係数行列は表16・1に示す

表 16・1 抵抗を含む電荷重畳法の方程式の係数行列の 0 項

仮想電荷（j） KP 点（i）		実部			虚部		
		電極内 Q_{re}	A内 Q_{Are}	B内 Q_{Bre}	電極内 Q_{im}	A内 Q_{Aim}	B内 Q_{Bim}
A 側電極上	実部		○		○	○	○
	虚部	○	○	○		○	
B 側電極上	実部			○	○		○
	虚部	○	○	○			○
誘電体界面上	a	○			○	○	
	b	○	○	○	○		
	c						⊗
	d			⊗			

（注) a：電位の連続条件，実部，b：電位の連続条件，虚部
　　　c, d：電束密度の連続条件，○：0 項，⊗：表面抵抗場のみ 0 項

ように約半分が 0 項である。

16.5　電荷重畳法による表面抵抗を含む計算

　表面抵抗を含めた計算法として，Bachmann 法と呼ばれる方法がある[16.4]。旧著ではこの方法が原理的に間違っていることを分かりやすく説明している。正しい計算の原理は，表面導電性のために生じる表面（誘電体界面）の真電荷密度の作用を，界面の電束密度（の法線方向成分）連続の境界条件に組み入れることである[16.3]。

　図 16・5 のように界面（固体表面）上 i 点の真電荷密度 σ を，界面を流れる電流 $I(i)$ によって次のように与える。ただし二次元場，回転対称場のように電流路が一次元に表現できる場合とする。

$$\sigma(i) = \frac{1}{S(i)} \int_0^t I(i) dt = \frac{1}{S(i)} \int_0^t \left\{ \frac{\phi(i-1) - \phi(i)}{R(i)} - \frac{\phi(i) - \phi(i+1)}{R(i+1)} \right\} dt$$

(16・32)

16.5 電荷重畳法による表面抵抗を含む計算

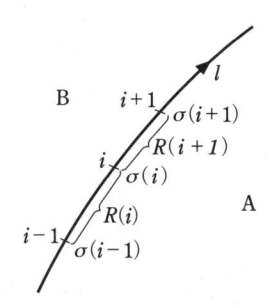

図 16.5 表面抵抗 R と表面電荷密度 σ

ここで $R(i)$ は図 16・5 に示すように i 点と $(i-1)$ 点間の抵抗, $S(i)$ は i 点に属する微小表面積である。

交流の場合には,

$$\dot{\sigma}(i) = \frac{1}{S(i)} \cdot \frac{1}{j\omega} \left\{ \frac{\dot{\phi}(i-1) - \dot{\phi}(i)}{R(i)} - \frac{\dot{\phi}(i) - \dot{\phi}(i+1)}{R(i+1)} \right\} \qquad (16\cdot33)$$

すなわち表面抵抗の場合も体積抵抗と同様に複素仮想電荷を使用して, (16・33) 式の表面電荷(真電荷密度)を表せば, 電界分布を与えることができる。そのためには電束密度の連続条件に (16・33) 式の $\dot{\sigma}(i)$ を使用する。

$$\varepsilon_A \dot{E}_{nA} - \varepsilon_B \dot{E}_{nB} = \dot{\sigma}(i) \qquad (16\cdot34)$$

体積抵抗と比べて相違するのはこの電束密度の連続条件式だけである。したがって図 16・4 に模式的に示したような電極内, 誘電体 A 内, B 内の仮想電荷 $\dot{Q}$, $\dot{Q}_A$, $\dot{Q}_B$ に対する式は, (16・24)～(16・29) 式までは全く同じで, 界面上電束密度の連続条件のみ相違する。すなわち (16・30) 式, (16・31) 式の二つが次のようになる。

$$\varepsilon_A \left\{ \sum_j F_n(i,j) Q_{re}(j) + \sum_j F_n(i,j) Q_{Bre}(j) \right\}$$
$$- \varepsilon_B \left\{ \sum_j F_n(i,j) Q_{re}(j) + \sum_j F_n(i,j) Q_{Are}(j) \right\}$$

$$-\frac{1}{\omega S(i)}\left[\frac{\sum_j P(i-1,j)Q_{im}(j)+\sum_j P(i-1,j)Q_{Aim}(j)}{R(i)}\right.$$

$$+\frac{\sum_j P(i+1,j)Q_{im}(j)+\sum_j P(i+1,j)Q_{Aim}(j)}{R(i+1)}$$

$$\left.-\left\{\frac{1}{R(i)}+\frac{1}{R(i+1)}\right\}\left\{\sum_j P(i,j)Q_{im}(j)+\sum_j P(i,j)Q_{Aim}(j)\right\}\right]=0$$

$$(16\cdot35)$$

$$\varepsilon_A\left\{\sum_j F_n(i,j)Q_{im}(j)+\sum_j F_n(i,j)Q_{Bim}(j)\right\}$$

$$-\varepsilon_B\left\{\sum_j F_n(i,j)Q_{im}(j)+\sum_j F_n(i,j)Q_{Aim}(j)\right\}$$

$$+\frac{1}{\omega S(i)}\left[\frac{\sum_j P(i-1,j)Q_{re}(j)+\sum_j P(i-1,j)Q_{Are}(j)}{R(i)}\right.$$

$$+\frac{\sum_j P(i+1,j)Q_{re}(j)+\sum_j P(i+1,j)Q_{Are}(j)}{R(i+1)}$$

$$\left.-\left\{\frac{1}{R(i)}+\frac{1}{R(i+1)}\right\}\left\{\sum_j P(i,j)Q_{re}(j)+\sum_j P(i,j)Q_{Are}(j)\right\}\right]=0$$

$$(16\cdot36)$$

これらの式によって6種類の未知数 Q_{re}, Q_{im}, Q_{Are}, Q_{Aim}, Q_{Bre}, Q_{Bim} を求めれば,任意の点の複素電位,複素電界を計算することができる。係数行列の状況は表16.1に示すとおりで,体積抵抗の場合とほとんど同じであるが一部相違する。

(16・32)式,(16・33)式の $\sigma(i)$ を与える式は,界面上電位の差のさらに差を意味しており,また抵抗分は長さに比例するので電界の式で与えることが考えられる。たとえば二次元場では,(16・32)式の代わりに,

$$\sigma(i)=\frac{2}{l(i)+l(i+1)}\int_0^t\left\{\frac{E_t(i)}{\rho_s(i)}-\frac{E_t(i+1)}{\rho_s(i+1)}\right\}dt \qquad (16\cdot37)$$

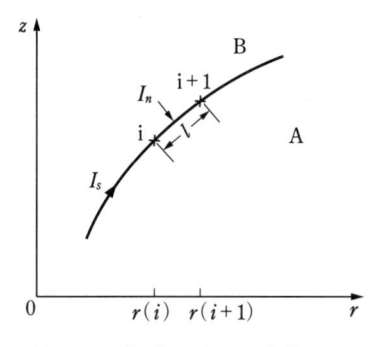

図 16.6 　導電性のある 2 媒質 A，B

を使用することもできる。ここで $l(i)$，$\rho_s(i)$，$E_t(i)$ はそれぞれ表面上 i 点と $(i-1)$ 点間の長さ，表面抵抗率，接線方向平均電界である。この式からさらに電界の微分（電位の二階微分）を用いた式も考えられる。

また回転対称場では，(16・34)式で体積導電性も含めると次のような式になる[16.5]。

$$\left\{\left(\varepsilon_A+\frac{1}{j\omega\rho_A}\right)\dot{E}_{nA}-\left(\varepsilon_B+\frac{1}{j\omega\rho_B}\right)\dot{E}_{nB}\right\}\cdot l[r(i)+r(i+1)]$$
$$+\frac{2\{r(i)E_t(i)-r(i+1)E_t(i+1)\}}{\rho_s}=0 \qquad (16・38)$$

ここで E_t は接線方向電界，$r(i)$，$r(i+1)$ などは図 16・6 に示す。l は電流路の長さである。

16.6 　抵抗値が電界に依存する場合

抵抗値が電界に無関係というオームの法則は一般的に成り立つわけではない。特に電界計算で問題になるような比較的高い抵抗では多かれ少なかれ電界に依存して変化するほうが普通である。絶縁油，油浸紙の抵抗率は，電界，温度，水分等の周囲条件で 2 けた程度も変わりうる。

体積抵抗が電界に依存する場合，有限要素法では体積抵抗率と電界の関係も入

力データとして記憶させておき，適当な抵抗率の初期値から出発して，得られた電界に対応する抵抗率を与えて次々に計算を繰り返す．各要素内の抵抗率は場所的に一定であるが，適当に細かく分割されていれば正しい電界分布に収束する．この方法の各回の計算は11.2節に述べた複合誘電体の計算で，誘電率がすべての要素ごとに変わる場合と考えてもよい．したがって誘電率が電界に依存する場合，あるいは抵抗率と誘電率の両方が電界に依存する場合にも同様に用いられる．これに対し電荷重畳法は体積抵抗が電界に依存するときには適用できない．これは領域がラプラスの式の場でなく非線形になっているためとも言えるし，場所場所で抵抗率が異なるため領域分割法でない電荷重畳法は適用できないと考えることもできる．

　表面抵抗が電界（表面の接線方向電界）に依存する場合には，有限要素法でも電荷重畳法でもどちらでも使用できる．ともに適当な表面抵抗率の初期値から出発して，得られた電界に対応する抵抗率を与えて計算を繰り返せばよい．二次元場の(16・38)式は接線方向電界 E_t ÷ 表面抵抗率 ρ_s の形になっているが，一般に ρ_s と E_t の関係が複雑なために，反復なしに一度で計算が済むようなうまい方法はないようである．

16.7　浮遊電位の計算

16.7.1　計算の原理

　14.5節に説明した複合誘電体場の浮遊電位計算は，固体絶縁物の導電性が0，すなわち抵抗無限大の完全絶縁物の場合である．実用的にはしばしば固体の導電性が問題になる．特に重要なのは表面抵抗の影響である．14.5節では導体表面の真電荷量を0としたが，導電性がある場合には真電荷が抵抗（導電性）によって流出するので，残った真電荷と流出した電荷の和を0とする式を用いる[16.6]．すなわち，流出電流を I とすると

16.7 浮遊電位の計算

$$Q+\int I dt = 0 \tag{16・39}$$

角周波数 ω の交流場では,

$$Q+\frac{I}{j\omega}=0 \tag{16・40}$$

体積抵抗の場合,抵抗率 ρ を一定とすると,I は図 16・7 のように固体誘電体との接触面 (Γ_d) での電流密度 J の積分で与えられる。

$$I=\int_{\Gamma_d} J_n ds = \frac{1}{\rho}\int_{\Gamma_d} E_{nd} ds = 0 \tag{16・41}$$

この式に 14.5 節の (14・21) 式を代入すると

$$I=\frac{1}{\rho}\int_{\Gamma_d}\left(\sum F_{ne}q_e + \sum F_{ng}q_g\right)ds \tag{16・42}$$

このような電流と Q の式を浮遊電位の式に付加すれば良い。ただし,Q, I, q はすべて複素数として取り扱う。

一方,表面抵抗の場合,電流の流出路は面だけなので,二次元や回転対称場の断面では線(一次元)になる。図 16・7 のように(浮遊)導体の電位を V_f,V_f に最も近い輪郭点の電位を V_1 とすると,流出電流は

$$I=\frac{V_f-V_1}{R_1} \tag{16・43}$$

ここで R_1 は V_f と V_1 の間の抵抗で,表面抵抗率を ρ_s とすると,

$$R_1=\frac{\rho_s l_1}{W} \tag{16・44}$$

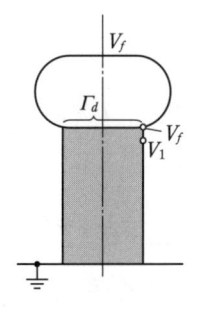

図 16.7 浮遊導体と固体絶縁物の配置例

ここで l_1 は電流路の長さ，W は電流路の巾である．体積抵抗の場合と同じように，このような電流と Q の関係式を，仮想電荷の一つの方程式として付加すればよい．これらの式の中で R_1 は定数，V_f は未知数であるが，V_1 は仮想電荷の作用として与えられる．もちろん I，V_f，V_1 はすべて複素数である．

16.7.2 計算例

図14・4の一様電界下の電界計（電界プローブ）モデルの配置で固体支持絶縁物の表面抵抗の影響が調べられている[16.5]．送電線下の電界を測定するときなどに湿度や雨の影響で絶縁物の表面抵抗が低下することが考えられるので，このような計算は実用的に重要である．

一様電界中に固体絶縁物で支持された絶縁（浮遊）導体があるとき，この電位は固体絶縁物の表面抵抗（抵抗率 ρ_s）によって，図16・8のように変化する．表面抵抗が充分大きいと浮遊電位はほとんど実数部だけであるが，抵抗率の低下とともに虚数部が増加し，抵抗が充分低いと虚数部だけ，すなわち位相の逆転した値になる．浮遊電位の絶対値は抵抗が大きいときは ρ_s によらずほぼ一定で，抵抗 R が充分低くなると ρ_s に比例して低くなる．なお，図16・8の V_0 は固体絶縁物がないとき（$\varepsilon_s=1$，$R=\infty$）の（空間）電位で，支持棒が細いために，表面抵抗が大きいときの浮遊電位とほとんど同じである．

このような特性は，定性的に図16・9のような浮遊導体と支持物の等価回路で理解することができる．浮遊導体の電位 V_f は

$$V_f = \frac{C/\!/R}{\dfrac{1}{j\omega C_0} + C/\!/R} V \tag{16・45}$$

と表わされる．V は高電圧電源の電圧，$C/\!/R$ は対地静電容量 $C(j\omega C)$ と表面抵抗 R の並列インピーダンスである．

$$j\omega CR \gg 1 \text{ のとき}; \quad V_f = \frac{C_0}{C_0 + C} \cdot V \approx C_0 \frac{V}{C} \tag{16・46}$$

$$j\omega CR \ll 1 \text{ のとき}; \quad V_f = \frac{j\omega C_0 R}{1 + j\omega C_0 R} \cdot V \approx j\omega C_0 R V \tag{16・47}$$

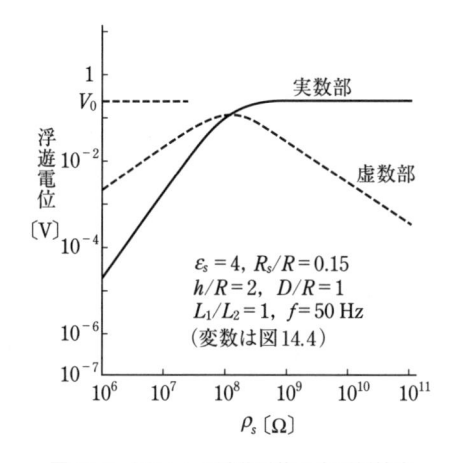

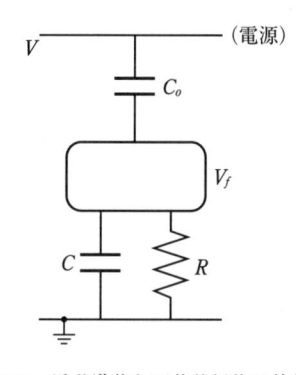

図 16.8　図 14.4 の浮遊電位の表面抵抗率による変化

図 16.9　浮遊導体と固体絶縁物の等価回路

一方，浮遊導体への誘導電荷（電界計の上側電極に誘導される電荷で電界計の出力に相当する）は，図には示していないが，常に実数部が虚数部より大きく，抵抗が十分大きいときは十分小さいときのほぼ 1/3 になる．抵抗が大きいときは C_0 と C の分圧回路の誘導電荷であり，抵抗の小さいときは浮遊導体と固体絶縁物が一体の導体のケース（単一誘電体の電界）になる．

このような等価回路から分かるように，固体絶縁物の導電性が問題になるのは，抵抗のインピーダンス Z_R が対地静電容量 C のインピーダンス Z_C の 10 倍程度以下になるときである．ただし，等価回路の C は数値計算でないと正確に求められない．文献 [16.5] に，電界計支持棒の表面抵抗の影響は等価回路による評価とおよそ 1 けた相違すること，表面抵抗を含めた浮遊電位の正確な計算に数値的方法が有用であることが説明されている．

16.8 数値計算との比較に用いられる配置

導電性を含む電界計算例もすでに多数報告されている。旧著には有限要素法では表面抵抗（半導電層）がある場合とない場合のピンがいしの電位分布の計算，電荷重畳法では抵抗分圧器[16.3]，同軸ガス絶縁線路の円板状スペーサの電界計算が説明されている。

以下では数値計算の妥当性や精度のチェックに用いられる解析解だけを述べる。交流定常場に図16・10に示すようなA，B，2種類の媒質が存在して，媒質Bが導電性（体積抵抗率 ρ または表面抵抗率 ρ_S）を有する場合である。図(a)の二次元場では，2個の平行平面の電極間に交流電圧 $V\exp(j\omega t)$ が印加され，A，Bが直列に存在する配置，図(b)の回転対称場では，一様電界 $E_0\exp(j\omega t)$ の下で媒質Aの中に球形のBが存在する配置である。これらの電位は次のような式になる。図(a)の場合は体積抵抗のみ，(b)は体積抵抗または表面抵抗の場合である。

図(a)の場合：

$$\left.\begin{aligned}\phi_A &= V - \frac{1}{1+T_1^2}\left(1 + \frac{\varepsilon_B}{\frac{\varepsilon_A d_B}{d_A}+\varepsilon_B}\cdot T_1^2\right)\frac{d-x}{d_A}V + j\frac{1}{1+T_1^2}\cdot\frac{\varepsilon_A T_1}{\frac{\varepsilon_A d_B}{d_A}+\varepsilon_B}\cdot\frac{d_B(d-x)}{d_A^2}V \\ \phi_B &= \frac{\varepsilon_A}{\frac{\varepsilon_A d_B}{d_A}+\varepsilon_B}\cdot\frac{T_1}{1+T_1^2}(T_1+j)\frac{d_B}{d_A}xV\end{aligned}\right\}$$

(16・48)

ここで $d=d_A+d_B$　$T_1=\omega\rho(\varepsilon_A d_B/d_A+\varepsilon_B)$ である。

図(b)の場合：

(r, θ) の極座標表示で，

$$\left.\begin{aligned}\phi_A &= -rE_0\cos\theta + \frac{1}{1+T_2^2}\left(1+\frac{\varepsilon_B-\varepsilon_A}{2\varepsilon_A+\varepsilon_B}T_2^2\right)\frac{R^3}{r^2}E_0\cos\theta - j\frac{3\varepsilon_A}{2\varepsilon_A+\varepsilon_B}\cdot\frac{T_2}{1+T_2^2}\cdot\frac{R^3}{r^2}E_0\cos\theta \\ \phi_B &= -\frac{3\varepsilon_A}{2\varepsilon_A+\varepsilon_B}\cdot\frac{T_2}{1+T_2^2}(T_2+j)rE_0\cos\theta\end{aligned}\right\}$$

16.8 数値計算との比較に用いられる配置

$$(16\cdot49)$$

ここで $T_2=\omega\rho(2\varepsilon_A+\varepsilon_B)$（体積抵抗のとき），または $\omega R\rho_s(2\varepsilon_A+\varepsilon_B)/2$（表面抵抗のとき）である。

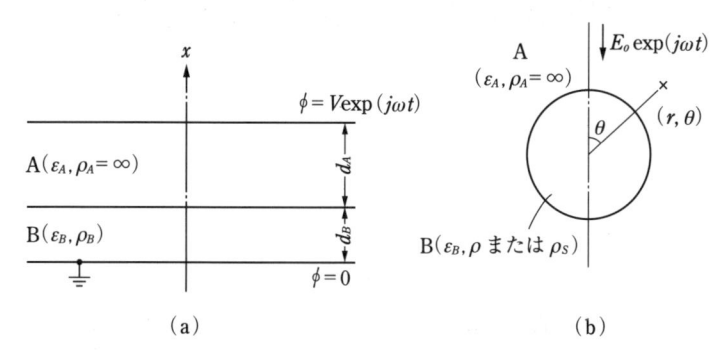

図 16.10　一方が導電性を有する 2 媒質の配置

第17章

空間電荷がある場合の計算

　第2章に説明したように，空間電荷が存在する場合の電界は，これまで述べてきたようなラプラスの式ではなく，ポアソンの式，(2・6)式で与えられる。媒質の誘電率 ε が一定の領域では，次式となる。

$$div(grad\,\phi) = -\frac{q}{\varepsilon} \qquad (17\cdot1)$$

ここで q は空間電荷密度である。一般に放電現象の関係する場では常に空間電荷が存在する。これは放電現象が電荷の発生を意味するから当然のことであり，そのためポアソンの式を解くことは，放電現象の解析や放電を利用する機器の設計で重要である。

　ポアソンの式では電位 ϕ と q という二つの関数が存在するために，q が与えられた（既知の）関数であるか，あるいはもう一つ別の関係式（と境界条件）がないと問題が解けない。この章ではまずポアソンの式を解く際の問題点を説明した後，主に q が与えられている場合の計算法を実際の計算例をもとに説明する。

17.1　空間電荷を含む計算の問題点

　数値的な電界計算法は，ラプラスの式であれば基本的にどんな配置でも十分な精度で解けるまで進展したのに対して，ポアソンの式の一般的な解法はこれまで確立されていない。これは空間電荷の取扱いや式にいろいろな問題があるからで

ある。以下にまずこの点を説明する。

（1） 一般に，電荷密度 q を与える条件が明確に定まらない：この点は空間電荷のない場合，未知関数 ϕ がラプラスの式と境界条件で一意的に定まることと比べて決定的に相違する。さらに，多くの場合，空間電荷はドリフト，拡散などの作用で移動し，電荷密度が変化するのが普通である。したがってポアソン場で q を与えられた（既知の）関数とする取扱いは，単なる仮定か大まかな近似なのが普通である。また q を与える式が明確であっても境界条件が明確でないことも多い。その例は次章のイオン流場の計算である。

（2） 解析的に解けるポアソンの式が少ない：ラプラス場では二次元場，回転対称場で簡単な式で表される配置が多数あるのに比べて，ポアソンの式では解析解が得られるのはほとんど一次元（1変数）に限られ，その場合でもすでに相当に複雑な式になる。たとえば，一次元（座標 x）の電荷密度 $q(x)$ に対するポアソン式の解は，

$$E=-\frac{V}{d}+\frac{1}{\varepsilon_0}\int_0^d\left(1-\frac{t}{d}\right)q(t)dt-\frac{1}{\varepsilon_0}\int_0^x q(t)dt \tag{17・2}$$

であるが，二次元の計算が難しいために放電のシミュレーションにこの式が代用されることがあるくらいである。

二次元場，回転対称場でも電荷密度が一定な場合，無限級数で表される式は存在する。たとえば，帯電液体（上部は気体）を含む円筒タンク中の電界が，変数分離法を適用しベッセル関数と双曲線関数を含む無限級数で求められている[17.1]。

（3） 解を重畳するのが容易でない：q を含むためにラプラス場のように簡単に解を重畳することができない。特別な場合にポアソン場の特解をラプラス場の解に重畳することは可能であるが，特解が得られるケースに限られ，一般的な電荷分布に適用できる方法ではない。ポアソンの式を数値的に解く場合でも式の非線形性がしばしば障害になる。

さて，すでに述べたように，ポアソンの式を解くのは，基本的に

（a） 電荷密度 q が既知の場合

（b） q が未知数（未知関数）の場合

に分けられる。（a）の場合，q は時間に関係なく，座標だけの関数とする計算が多い。先に述べたように，空間の電荷はドリフト，拡散などの作用で移動し，電荷密度も変化するのが普通なので，q の時間的変化は繰返し計算で追跡する。

一方（b）の場合は，一般には二つの偏微分方程式（ポアソンの式と q を与える式）を連立させて解くが，ラプラスの式に帰せられる特別なケースもある。たとえば誘電体の表面を電流が流れる表面導電性の場合や，導電率が一定でオームの法則が成り立つ体積導電性の場合である。これらは前章に解説したように誘電体界面で適当な処理（境界条件の設定）を行うだけでよい。また注意すべき点は，q は正味の電荷密度であるから，正負の電荷密度が至るところバランスしていると，たとえ「空間電荷電流」が存在しても，場の状態を与える式はラプラスの式である。このために，空間電荷あるいは電荷密度を，空間中の正味（ネット）の電荷（正電荷−負電荷）と定義することもある。

17.2　領域分割法による計算

差分法の場合は図 17・1 のように回転対称場の (r, z) 座標を一定の格子間隔 h で分割したとすると，(17・1)式の左辺 $\Delta\phi$ は次式のように近似される。

$$h^2 \Delta\phi = (\phi_1 + \phi_2 + \phi_3 + \phi_4) - 4\phi_0 + \frac{h}{2r_0}(\phi_3 - \phi_2) \tag{17・3}$$

したがって，点 (r_0, z_0) における電荷密度を q_0 とすると，

$$4\phi_0 - (\phi_1 + \phi_2 + \phi_3 + \phi_4) + \frac{h}{2r_0}(\phi_2 - \phi_3) - \frac{h^2}{\varepsilon_0}q_0 = 0 \tag{17・4}$$

となる。ここで，考えている空間は気体として誘電率を ε_0 としている。

(17・3)式で $r_0 = 0$ のときは，(3・20)式にならって，

$$6\phi_0 - (\phi_1 + 4\phi_3 + \phi_4) - \frac{h^2}{\varepsilon_0}q_0 = 0 \tag{17・5}$$

また二次元場（x, y 座標）では，(17・4)式はもちろん，

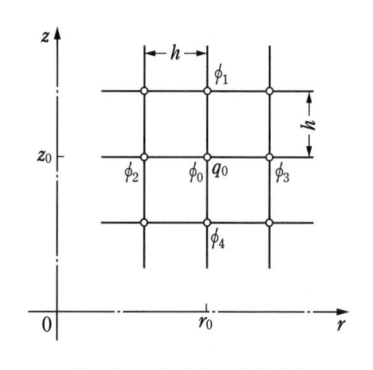

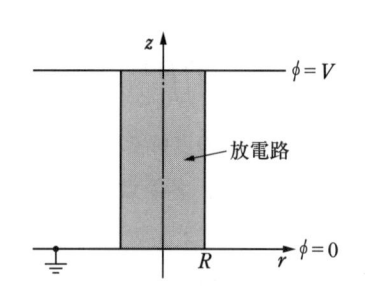

図 17.1　差分法の領域分割　　図 17.2　平行平板電極間の放電モデル

$$4\phi_0-(\phi_1+\phi_2+\phi_3+\phi_4)-\frac{h^2}{\varepsilon_0}q_0=0 \qquad (17\cdot6)$$

となる。各点の電荷密度が与えられていれば，すべての点に(17・4)式，(17・5)式あるいは(17・6)式を作り，未知数 ϕ_i を求めることができる。

　比較的初期の計算例として平行平板電極間の放電について空間電荷による電界ひずみを求めた論文[17.2]がある。図 17・2 のような半径 R の回転対称な放電路を有する低気圧水素中の放電の計算である。計算に必要な q の値は電離増倍の式から得たものが用いられている。論文中には明記されていないがこの値はひずみを無視した電界から計算した値らしい。放電路半径は得られた電界から再び電離増倍量を計算して実験ともっとも良く合う R をとっている。その 10 年後の放電進展シミュレーションの計算では，差分式の電位 $\phi(r,z)-V(z/d)$ と電荷密度 $q(r,z)$ を，z に関してフーリエ級数に展開して計算を速めた方法が報告されている[17.3]。しかし差分法を使うと，電界を電位から求める際に大きな誤差が生じるため，放電シミュレーションのような繰返し計算では，誤差が累積して計算が不安定になりやすい欠点が指摘されている[17.4]。

　電子などの荷電粒子が電界によって加速されることが放電の基因であるから，電界計算は放電シミュレーションにおいて決定的な重要性を有するが本書ではこれ以上解説する余裕がない。文献[17.5]にはグロー放電から大気中の長ギャップ放電にわたる計算機シミュレーションの現状が分かりやすく解説されている。

第17章 空間電荷がある場合の計算

有限要素法では4・1節に述べたオイラーの理論によって(17・1)式は次式の汎関数を最小にすることと等価である。

$$X(\phi) = \iiint \left[\frac{1}{2}\varepsilon_0 \left\{ \left(\frac{\partial \phi}{\partial x}\right)^2 + \left(\frac{\partial \phi}{\partial y}\right)^2 + \left(\frac{\partial \phi}{\partial z}\right)^2 \right\} - q\phi \right] dv \qquad (17\cdot7)$$

したがって各要素の電荷密度の値が与えられていれば，通常の有限要素法による電界計算と同様に，各節点電位 ϕ_i によって(17・7)式の被積分項を表し，$X(\phi)$ を最小にするような ϕ_i の組をこの式から求めればよい．その際(17・7)式の $-q\phi$ の項は，二次元場で要素内の q が一定であると次式を導くことができる．

$$\frac{\partial X_q}{\partial \phi_i} = \sum_e \frac{\partial X_q(e)}{\partial \phi_i} = -\sum_e \iint q(e) \frac{\partial \phi}{\partial \phi_i} dxdy = -\sum_e \frac{q(e)\varDelta(e)}{3} \qquad (17\cdot8)$$

ここで，$X_q(e)$，$q(e)$，$\varDelta(e)$ は図17・3に示すように，それぞれ i 節点に関係する一つの要素（e 要素）の汎関数の q による寄与分，電荷密度，面積である．各節点電位について(17・8)式を付け加えた連立一次方程式が，節点電位を与える支配方程式である．

たとえば図17・3のような規則的な分割（4.6節の図4・2と同じ）のときは，(4・29)式の $\partial X/\partial \phi_i$ に(17・8)式が付け加わる．つまり，

$$\frac{\varepsilon_0}{4\varDelta}\{4(h_x^2+h_y^2)\phi_i - 2(h_y^2\phi_j + h_x^2\phi_n + h_y^2\phi_p + h_x^2\phi_r)\} - \sum_{e=1}^{6} \frac{q(e)\varDelta}{3} = 0 \qquad (17\cdot9)$$

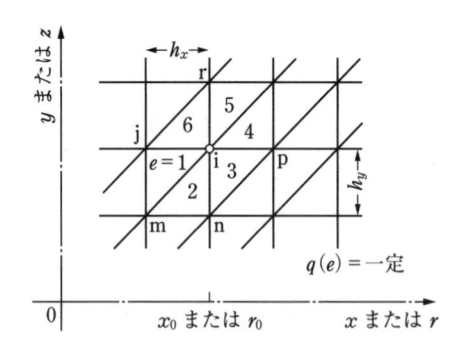

図17.3 空間電荷を含む有限要素法（説明図）

ここで $\Delta=h_x h_y/2$ である。特に $h_x=h_y=h$ のときは，

$$4\phi_i-(\phi_j+\phi_n+\phi_p+\phi_r)-\frac{h^2}{6\varepsilon_0}\sum_{e=1}^{6}q(e)=0 \tag{17・10}$$

$q(e)$ がすべて等しいならもちろん差分法の(17・6)式と一致する。

また回転対称場ではやはり要素内の q を一定とすると，次式になる。

$$\frac{\partial X_q}{\partial \phi_i}=\sum_e \frac{\partial X_q(e)}{\partial \phi_i}=-2\pi\sum_e q(e)\iint r\frac{\partial \phi}{\partial \phi_i}drdz$$

$$=-\frac{\pi}{6}\sum_e q(e)(2r_i+r_j+r_m)_e\Delta(e) \tag{17・11}$$

ここで，$\Delta(e)$ は各要素の面積，$(2r_i+r_j+r_m)_e$ は各要素の3頂点の r 座標 r_i, r_j, r_m の式を意味する。図17・3のような規則的な分割のときは4.6節の $\partial X/\partial \phi_i$ の式に(17・11)式を付加して，

$$\frac{\pi\varepsilon_0 r_0}{\Delta}\Big\{2(h_r^2+h_z^2)\phi_i-h_r^2\phi_r-h_z^2\Big(1-\frac{h_r}{2r_0}\Big)\phi_j-h_z^2\Big(1+\frac{h_r}{2r_0}\Big)\phi_p-h_r^2\phi_n\Big\}$$

$$+\frac{\partial X_q}{\partial \phi_i}=0 \tag{17・12}$$

が，ϕ_i に対する式になる。$h_r=h_z$ で，6個の要素の $q(e)$ が等しいときはもちろん差分法の(17・4)式と同じである。

17.3 電荷重畳法による計算

領域分割法ではポアソンの式を直接解くが，電荷重畳法ではこの方法は使えない。しかし空間電荷以外の（電極電荷による）ラプラス場の電界に空間電荷の電位，電界を重畳する方法がしばしば用いられる。空間電荷はリング電荷や線電荷のような電荷重畳法の仮想電荷で模擬することもあり，より精密に適当な分布を仮定して模擬することもある。いずれにしてもこの方法の本質はラプラス場の計算である。以下いくつかの基礎的な計算例によって計算方法を概説する。

電荷重畳法の計算例では，空気中の長ギャップで放電路（リーダ）を含めた地上電界の計算[17.6]がある。図17・4に示すように，上部棒電極から伸び出した導

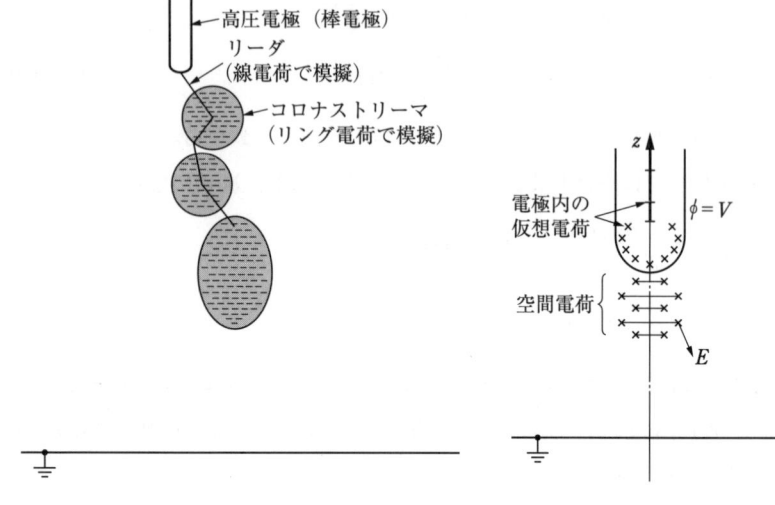

第17章 空間電荷がある場合の計算

図17.4 長ギャップ放電における電界計算

図17.5 直流コロナイオンの電荷重畳法による計算(説明図)

電性の高いリーダチャンネル（直径2cm，電位勾配1kV/cm）は線電荷で模擬し，リーダの各所に存在するコロナ（ストリーマ）電荷群は多数個のリング電荷で模擬している。コロナ電荷群の空間電荷量は放電進展中に注入された電荷量の測定値から与えている。この計算は空間電荷の存在する領域内部の電界は問題にしていないが，本質的に一般三次元配置のラプラス場の電界計算である。

同様に電荷重畳法による計算例として，図17・5に示すような棒対平板ギャップからの正極性イオン雲をリング電荷で模擬した計算[17.7]がある。計算内容はイオンが電界の作用でドリフトする時間変化を追ったもので，当然空間電荷領域内の電界計算が必要である。この電界Eは対象とするイオン（リング電荷）以外の電荷の作用として与えられる。計算のプロセスは，イオンに働く電気力が微小時間$\Delta t = \Delta l/(kE)$（Δlは微小距離，kは移動度）の間に移動させる距離を次々に繰り返し計算する。繰返しの1ステップはΔlを一定として最も速いイオンが移動する時間である。棒電極先端の電界がイオンのドリフトのために回復すると，新たにリング電荷を与えて次々に発生するイオンを模擬する。しかし電極先端の最初の電荷分布や次々に発生するリング電荷の電荷量などを厳密に与えるこ

とは容易でない。

その後の計算でもほとんど同じ手法が用いられている。たとえば文献[17.8]では，円形の平行平板電極間で（一方の電極の中心の孔にある）針電極からの負極性パルスコロナの挙動が電荷重畳法で計算されている。空間電荷は62個のリング電荷（離隔 $40\,\mu m$）で模擬し，繰返しの時間間隔は $2\,\mu$ 秒までは $0.01\,\mu$ 秒のステップ，2から $20\,\mu$ 秒までは $0.1\,\mu$ 秒ステップ，…と，コロナの発生直後は電荷同士の反発力の大きいことを考慮して間隔を短くしている。

このような電荷重畳法の空間電荷を含めた計算は，空間に置いた仮想電荷群 $Q_S(k)$ が既知であると，電極上の輪郭点 i 点において，

$$\sum_j P(i,j)Q(j) + \sum_k P(i,k)Q_S(k) = V \tag{17・13}$$

の式を作り，電極内の仮想電荷量 $Q(j)$ を求めることになる。この $Q(j)$ は当然 $Q_S(k)$ の作用，すなわち影像電荷を含んだ値である。もし空間電荷で生じる電極内の影像電荷量 $Q'(j)$ が必要なときは，次式から求めればよい。

$$\sum_j P(i,j)Q'(j) + \sum_k P(i,k)Q_S(k) = 0 \tag{17・14}$$

さらに大地が存在するときには，(17・13)式，(17・14)式で空間電荷による電位係数 $P(i,k)$ に大地に対する影像電荷の作用を含める。

電荷重畳法による計算で注意が必要なのは，第一に電極内仮想電荷の配置である。空間電荷のないときは電極の形に近い（相似な）配置にすればよいが，空間電荷があるとその近くの電極表面の電荷密度が増大するので，内部仮想電荷の密度を増やすとか，影像点付近に仮想電荷を置くなどの配慮が必要である。

第二に空間に連続的に存在する仮想電荷を離散的な点，リング，線電荷で模擬するのは，考慮する点Pが空間電荷に近いと大きな誤差をもたらす。厳密には空間電荷密度 q による電位，電界として次式を用いる必要があるが，数値積分が必要なために計算時間の長くなるのが難点である。

$$\phi = \frac{1}{4\pi\varepsilon_0} \int \frac{q}{l} dv \tag{17・15}$$

$$E = -\frac{1}{4\pi\varepsilon_0} \int grad\left(\frac{q}{l}\right) dv \tag{17・16}$$

回転対称場では(17・15)式が次式になることは電荷重畳法におけるリング電荷の電位の式（付録1），あるいは第5章に述べた表面電荷法の電位の式から容易に理解されよう．

$$\phi(r, z) = \frac{1}{\pi\varepsilon_0} \int_{-\infty}^{\infty} \int_{0}^{\infty} \frac{Rq(R, Z)K(k)}{\sqrt{(r+R)^2 + (z-Z)^2}} dRdZ \tag{17・17}$$

ここで (R, Z)，(r, z) はそれぞれ空間電荷と点Pの座標，$K(k)$ は第1種の完全だ円積分で，

$$k = \sqrt{\frac{4rR}{(r+R)^2 + (z-Z)^2}}$$

である．電界の式も同様にリング電荷の式から容易に導かれる．このような空間電荷の電位，電界の計算法はたとえば放電進展の計算機シミュレーション[17.5]に用いられている．時々刻々の電子のなだれ増倍，イオンの発生消滅，電荷の移動を考慮して q が与えられ，この q によって求めた電界からまた放電進展を計算するという繰返し計算が行われる．

一様な電荷密度の立方体電荷を同じ電荷量の点電荷で模擬したときの電位，電界の誤差は文献[17.9]に示されている．一様でも広がりのある電荷密度を点電荷で近似するのは相当に粗い近似であるから，正確には10.2節で述べた多重極電荷で表すほうがよい．

17.4　表面電荷が存在するときの計算

表面電荷は空間電荷の一種と考えてもよいが，有限の厚みの電荷分布と考えるより厚みのない電荷層と見なすほうが良い場合がしばしばある．たとえば固体誘電体表面に蓄積した電荷などである．この空間電荷と表面電荷の関係は，体積抵抗と表面抵抗との関係に相当している．

有限要素法では表面電荷（電荷密度 σ）によるエネルギー量を(17・7)式に付

17.4 表面電荷が存在するときの計算

け加えて次式の汎関数とする。

$$X(\phi) = \int_v \frac{1}{2}\varepsilon_0 \left\{ \left(\frac{\partial \phi}{\partial x}\right)^2 + \left(\frac{\partial \phi}{\partial y}\right)^2 + \left(\frac{\partial \phi}{\partial z}\right)^2 \right\} dv - \int_S \sigma \phi ds \qquad (17 \cdot 18)$$

ただし,表面電荷以外の空間電荷 q による項は除いている。

要素内電位の近似関数として最も簡単な一次式を使うときは,図 17・6 に示すように界面 i, j に沿っては次式になる。

$$\phi = \phi_i + \frac{(\phi_j - \phi_i)l}{L} \qquad (17 \cdot 19)$$

ただし L は i, j 間の距離である。したがって二次元場では (17・18) 式の $-\sigma\phi$ の項は要素の 1 辺の σ を一定とすると,次式を導くことができる[17.9]。

$$\frac{\partial X_\sigma}{\partial \phi_i} = \sum_f \frac{\partial X_\sigma(f)}{\partial \phi_i} = -\sum_f \int_0^L \sigma(f) \frac{\partial \phi}{\partial \phi_i} dl = -\sum_f \frac{\sigma(f)}{2} L(f) \qquad (17 \cdot 20)$$

ここで,$X_\sigma(f)$,$\sigma(f)$,$L(f)$ は図 17・6 のように,それぞれ i 節点に関係する「辺」における汎関数の σ による寄与分,表面電荷密度,長さである。空間電荷の場合と同様に各節点の方程式に (17・20) 式が付け加わることになる。回転対称場では (17・18) 式が $2\pi r$ のかかった積分になるため,やはり要素の r 座標に関係した別の式になる。式の導出は必要な読者にまかせる。

電荷重畳法では誘電体界面の電束密度連続の境界条件に表面電荷密度 σ を組み入れればよい。すなわち,

$$\varepsilon_A E_{nA} - \varepsilon_B E_{nB} = \sigma \qquad (17 \cdot 21)$$

である。これは絶縁物に導電性があるときに,その作用で生じる真電荷の電荷密

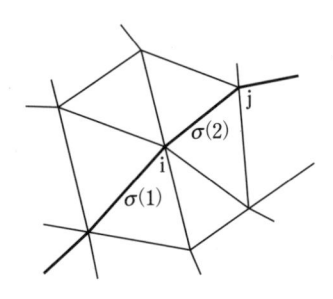

図 17.6　表面電荷があるときの有限要素法

第17章　空間電荷がある場合の計算

度を組み入れる（第16章で説明）のと同じである。具体的には界面の各輪郭点 i 点で与えられた $\sigma(i)$ を付加した式を立てることになるが，左辺の式は複合誘電体の計算法で述べたものと同じである。計算例として真空中の固体絶縁物の表面電荷の作用を検討したものがある[17.10]。なお，(17・21)式の左辺は，図11・5に示したように $\varepsilon_A<\varepsilon_B$ として，電界は常に ε_B から ε_A の向きを正と定めておくとよい。

　一方表面電荷法では界面の分極電荷に，与えられた真電荷の密度 $\sigma(i)$ を付加すればよい。これらの計算は第16章の体積抵抗，表面抵抗の場合より簡単である。しかし空間電荷の場合と同様に，表面電荷の正確な値を測定あるいは評価するのが困難なため，既知の表面電荷密度というのは粗い近似であることが多い。

　放電現象の解析などでは，放電条件を設定することによって，(17・21) 式を用いることなく真電荷密度を求めることができる[17.11]。たとえば，沿面放電の放電路の電界 E_d が与えられているとき，各点の放電路の電位 ϕ は，

$$\phi = V_0 - E_d l \tag{17・22}$$

となる。ここで，V_0 は（沿面放電が出発する）電極の電圧，l は電極からの距離である。表面の各点の境界条件として，(17・22)式の電位を用いれば真電荷密度を与える式になる。

第18章

直流イオン流場の計算

　高電界によって放電が発生し，生じたイオンが電界などの作用で移動するときの電界分布がイオン流場である。電界分布はポアソンの式で与えられるが，電荷密度 q は既知でなく，電位 ϕ と q という二つの未知関数が存在するので，ポアソンの式のほかに別な式が必要である。このとき ϕ と q を二つの式から反復計算で求めようとすると，計算が不安定で発散しやすいという問題がある。

　実用的には針対平板電極の放電特性，電気集塵器の電気的特性，直流送電線のイオン流帯電やコロナ放電の解析などに現れる重要問題である。このようなケースでは，イオン流の存在する媒質は多くの場合大気で，印加電圧は直流である。したがってイオンの速度は電界に比例し，比例定数が移動度である。

　イオン流場の計算方法に関しては，これまでに，特に1970年代から90年代中ごろにかけて多数の論文が発表され，これらをまとめるだけで優に1冊の本になるほどである。この章ではまずイオン流場の基本式を説明した後，簡易計算法としてイオンの存在が電界の方向を変えないとする近似計算などを述べ，さらにイオン流場のさまざまな計算方法や計算条件を説明する。なお直流イオン流計算に関しては，文献[18.1]に計算のもとになる条件から実用面まで，この文献の著者自身の手法も含めて広汎かつ詳細な内容がまとめられている。

第18章　直流イオン流場の計算

18.1　イオン流場の基本式

　電流が1種類のイオン流による場合には，電流密度 j は電荷密度 q と次の関係にある。

$$\boldsymbol{j} = q\boldsymbol{v} \tag{18・1}$$

ここで v はイオンの速度である。さらに移動速度が電界に比例するときは，比例定数を k（移動度）として，

$$\boldsymbol{j} = kq\boldsymbol{E} \tag{18・2}$$

が成り立つ。定常電流界では電流連続の式が成り立つので，結局，次の2式が基本式である。

$$\text{ポアソンの式：} \quad div(grad\,\phi) = -\frac{q}{\varepsilon_0} \tag{18・3}$$

$$\text{電流連続の式：} \quad div(kq\boldsymbol{E}) = 0 \quad \text{または} \quad div(kq\,grad\,\phi) = 0 \tag{18・4}$$

とくに $k = $ 一定のときは，

$$grad\,q \cdot grad\,\phi - \frac{q^2}{\varepsilon_0} = 0 \tag{18・5}$$

である。これらの二つの偏微分方程式から，適当な境界条件のもとに ϕ と q とを求める問題になる。正負のイオンが存在する（両極性あるいは双極性の）ときにはもっと複雑な式が必要であるが，これについては18.5節に述べる。実際のイオン流は空間的，時間的に一様でないことが多いが，現在までのところ，イオン流が空間的に対称（二次元場あるいは回転対称場の取扱い）で，時間的に変動しない定常的な場合しか計算されていない。

　この計算の第一の難点は，前章にも述べたように q の境界条件が ϕ のように明確に与えられないことである。それどころか(18・4)式，(18・5)式の電流連続の式でさえいたるところで成り立つわけではない。イオンを発生する高電界電極近傍のいわゆる電離領域では，1種類のイオンだけが存在するのではなく，またイオンの移動速度が電界に比例するということも必ずしも成り立たないためであ

る。これらについてはさらに以下の節で実際の計算例に関連して述べる。

18.2 イオンの存在が電界に影響しないとする計算

この計算方法は電界分布を $q=0$ のラプラスの式から求めるもので，空間電荷密度の小さい場合に限られる。しかし次節以下に述べるもっと複雑な計算法と比べて決して無意味な方法ではなく，実際にイオン流による帯電量の計算などにしばしば用いられる。問題はどのような電流密度までこの方法が適用できるかという点にある。

計算例として有名なのは一様電界イオン流中の誘電体球（比誘電率 ε_s）の帯電量の計算である[18.2]。図18・1のように無限遠で一様電界 E_0 である場において，半径 R の誘電体球が Q だけ帯電すると，球表面上で半径方向（r 方向）の電界は，

$$E_r = \frac{3\varepsilon_s}{\varepsilon_s+2} E_0 \cos\theta - \frac{Q}{4\pi\varepsilon_0 R^2} \tag{18・6}$$

となる。電荷は電気力線に沿って球に流れ込むとする。球面上で電界が0になる角度を θ_0 とし，この θ_0 で囲まれる電気力線数 Ψ をとってこの中の電荷数を求める。一様電界領域における一様な電流密度を j_0 とすると，誘電体球の帯電量を与える方程式は，

$$\frac{dQ}{dt} = I = \frac{j_0 \Psi}{E_0} \tag{18・7}$$

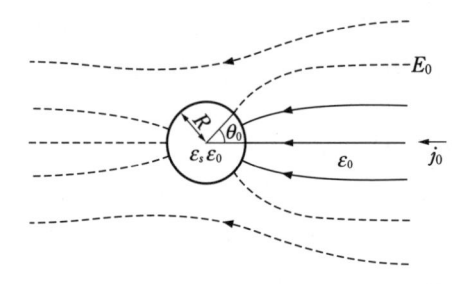

図18.1 一様イオン流による誘電体球の帯電

第18章 直流イオン流場の計算

ここで Ψ は、

$$\Psi = \int_S E_r ds = \int_0^{\theta_0} E_r \cdot 2\pi R^2 \sin\theta \, d\theta \qquad (18\cdot 8)$$

であるから、(18・6)式を代入して(18・7)式を解くと、帯電量として次式が得られる。

$$Q = 4\pi\varepsilon_0 R^2 \cdot \frac{3\varepsilon_s E_0}{\varepsilon_s + 2} \cdot \frac{t}{t + \dfrac{4\varepsilon_0 E_0}{j_0}} \qquad (18\cdot 9)$$

この式は最初に導出した研究者の名前をとって「Pauthenier の式」と呼ばれる。球が導体のときの計算は ε_s を無限大とすればよい。このような計算は図18・2のようなモデル配置に対して、直流送電線からのイオン流による帯電計算にも適用されている[18.3]。帯電量に及ぼす直列抵抗 R、大地からの高さ D、被帯電体の形状等の影響を検討したものである。

この計算では、(18・6)式から分かるように、誘電体球は「一様に」帯電することが仮定されているので、球の絶縁抵抗が高く電界に対する向きが固定されているときは計算どおりにならない。導電性あるいは回転のために一様に帯電する粒子より帯電量は小さくなる[18.4]。文献[18.5]はこのような絶縁球の帯電の時間特性を誘電率など各種のパラメータについて計算している。

以上の計算は要するに被帯電体の存在と帯電電荷による電界変化は考慮しているが、イオンの存在（空間電荷）による電界の変化を無視してラプラスの式を適用するものである。どのような電流密度になるとこの計算法が適用できないかは文献[18.6]に記載されている。図18・3に示すような平行平板ギャップ（印加電圧 V、ギャップ間距離 d）に一様な電流（電流密度 j）が流れている場合、ギャップ間の電界は近似的に次のパラメータ ξ で与えられる。

$$\xi = \frac{2j}{\varepsilon_0 k} \cdot \frac{d}{E_0^2} \quad \left(E_0 = \frac{V}{d}\right) \qquad (18\cdot 10)$$

ここで、E_0 はイオン流がないときの電界、k はイオンの移動度である。ξ の二、三の値についてギャップ中の電界を図18・3に示すが、ギャップ中の電界が最大10% 変わるのは、$\xi \simeq 0.4$ のときである。これからイオン流による電界ひずみを

18.3 イオンの存在が電界の方向に影響しないとする計算

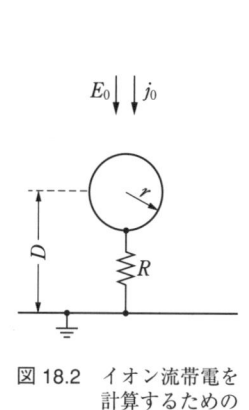

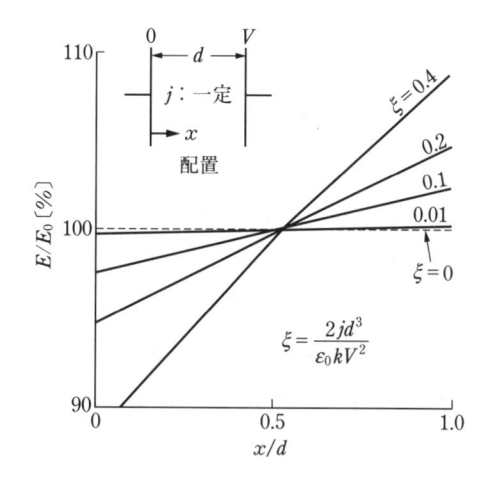

図 18.2 イオン流帯電を計算するためのモデル配置

図 18.3 イオン流による電界ひずみ（一様イオン流）

無視できない限界値として次式が得られる。

$$j_{\text{lim}} = \frac{\varepsilon_0 k E_0{}^2}{2d} \times 0.4 = \frac{\varepsilon_0 k V^2}{2d^3} \times 0.4 \tag{18・11}$$

空気中のイオンの移動度として $k=2\times 10^{-4} \text{m}^2/\text{V}\cdot\text{s}$ をとり，j_{lim} の二，三の値を求めると，

$E_0=1\text{kV/cm}$, $d=10\text{cm}$ のとき $j_{\text{lim}}=4\times 10^{-9}\text{A/cm}^2$

$E_0=100\text{V/cm}$, $d=100\text{cm}$ のとき $j_{\text{lim}}=4\times 10^{-12}\text{A/cm}^2$

このように限界電流が著しく小さいので，大気中イオンの存在を無視する計算方法を用いてよいかどうかは十分注意しなければいけない。

18.3 イオンの存在が電界の方向に影響しないとする計算

18.3.1 基本式

　イオン流による電界ひずみを無視できないときは，(18・3)式，(18・4)式または(18・5)式から，ϕ, q を求める計算になるが，厳密な計算が難しいために，

第18章　直流イオン流場の計算

「イオンは電荷の方向には影響せず大きさだけに影響する」という仮定（「Deutschの仮定」と呼ばれる）に基づいた計算がしばしば行われてきた。この仮定を用いると空間電荷がないときの電界分布が計算できる場合，その電気力線に沿った経路をとることによって一次元の計算に帰せられることがミソである。つまりベクトル量の計算をスカラで取り扱うことができる。この仮定は，Deutsch, Felici, Popkov らの研究者に用いられてきたが，単極，双極の直流送電線のコロナ問題の解析に適用した論文[18.7]が有名である。

以下にまず二次元配置の単極性の場合を簡単に解説する。空間電荷の存在しない場合の電界を F，存在する場合の電界を E とすると，計算の仮定からスカラ量 C を用いて，

$$E = CF \tag{18・12}$$

これを(18・4)式に代入して $\mathrm{div} F = 0$ を用いると，k が一定の場合，

$$F \cdot \mathrm{grad}(Cq) = 0 \tag{18・13}$$

この式は電気力線に沿って $Cq = $ 一定 $= C_0 q_0$（添字 0 は電気力線の出発点，すなわち電線上の値を示す）であることを意味している。また(18・3)式，(18・5)式から，

$$E \cdot \mathrm{grad}\, q = -\frac{q^2}{\varepsilon_0} \tag{18・14}$$

となる。電気力線に沿う距離を l とすると，$\mathrm{grad}\, q = dq/dl$，また $E = CF = C_0 q_0 \times F/q$（電気力線に沿っては電界をスカラ量 E, F としてよい）を用いると，

$$\frac{dq}{q^3} = -\frac{1}{\varepsilon_0 C_0 q_0} \cdot \frac{dl}{F} \tag{18・15}$$

これを積分して，

$$\frac{1}{q^2} = \frac{1}{q_0^2} + \frac{2}{\varepsilon_0 C_0 q_0} \int_0^L \frac{dl}{F} \tag{18・16}$$

電気力線路 l 上の F（空間電荷がないときの電界）は分かっているので，適当な演算によって q_0, C_0 を与えればこの式から q が得られる。

18.3.2 計算の仮定

直流イオン流場の計算では Deutsch の仮定のほかに次の特性が仮定されることが多い。

（a） イオンの拡散は電界による移動に比べて無視できる。
（b） 移動度 k は電界によらず一定である。
（c） 電離領域の厚さは無視できる。
（d） 電線表面の電界はコロナ開始電圧以上では常にコロナ開始電界のままである。

Deutsch の仮定の前に，他の計算法でも使用される（a）～（d）の仮定の妥当性について説明する。まず（a）と（b）の仮定は，直流送電線のイオン流場ではほぼ成り立つと考えてよい。他の計算法でもそのまま使用されることが多いが，（b）については高電界領域でイオン発生後の時間的変化や電界依存性を考慮した計算もある[18.1][18.8]。（c）については，二次元場では実用送電線のイオン流の範囲（1 μA/cm 以下）では，導体近傍の電界分布はイオン流によってほとんど変わらないことを計算で確かめ，仮定が成り立つと結論されている[18.9]。また回転対称場では，正極性針対平板配置のイオン流場の電界分布と正イオン密度がこの計算法で検討されている[18.10]。電離領域を考慮すると針先端付近の正イオン密度が大きくなるが，電界分布は全領域にわたってほとんど同じで仮定（c）の成立することが明らかにされている。

仮定（d）はイオン流計算で非常に重要な電荷密度に対する境界条件であるが，このほかに電線表面で電荷密度一定，などが使用されることもある。文献[18.11]は，気体では電界一定，液体では電荷密度一定，固体への電荷注入では電流密度が電界に依存（たとえば電界の指数関数），として3種類の簡単な電極でその効果を検討している。なお電界一定の特別なケースとして，電界が零（このとき電流が一定なら電荷密度無限大）の場合は「空間電荷制限条件」（space charge limited flow）あるいは「Mott-Gurney 近似」と呼ばれる。文献[18.12]は針対平板の配置で電界一定（ならびに零）と電荷密度一定の場合を計算し，両

者は空間の電界や電荷に大きくは影響しないとの結果を得ている。

文献[18.1]は以上の(a)から(c)の仮定についても詳しく論じているが,特に仮定(d)については,平滑な導体でコロナが導体表面で一様に発生している場合はよく成り立つが,そうでない場合は適当でないと報告している。すなわち実用送電線のようにコロナ放電の発生状態が一様でないときは,仮定(d)の代わりに,

(e) 導体表面の発生イオン流密度j_0はその表面電界値E_0で定まる。

の仮定を用い,実験式$j_0 = b \exp(aE_0)$を境界条件にするほうが良いとしている[18.1][18.13]。ただし定数a,bは放電状態に依存するので,送電線の素導体配置によって変化し,実測の電流特性と比較して定められる。

18.3.3 Deutschの仮定

この節の計算法で最も根本的な問題はもちろんDeutschの仮定である。この仮定に基づいた計算が多数行われて実験結果とも比較されている。コロナを発生する電極は全体の領域に比べて細いためにしばしば座標変換して解かれる。たとえば(垂直の)針対平板では双曲面座標[18.12],電気力線と等電位面で分割する「電気力線法」[18.1]などである。これまでの検討結果のいくつかを述べると,まず回転対称な正極性針対平板電極の場合,なるべくDeutschの仮定が成り立つように定数を定めると,針直下(回転軸上)から平板上でギャップの長さ程度の距離までは電界の誤差約6%という報告がある[18.8]。また,単極の水平導体対平板配置で線下方の電界やイオン流はほぼ(対称軸に対して線下の角度$\theta = 60°$以下の範囲で)正確に求められ,また実験結果と合うことも報告されている[18.1][18.14]。さらに,水平線対平板,偏心円筒,垂直線対平板で計算し,最大値で基準化した計算値は実測値とよく合うが,電流,電荷密度の大きさは移動度に依存するという結果が得られている[18.15]。

しかしこれまでに妥当性が検討されたのは,ほとんどが比較的簡単な電極配置である。針対平板や導体対平板配置の線直下というのは,本来対称性からいかにコロナを生じてもDeutschの仮定が成り立つ領域である。とすると,両極性の送電線でもこの計算法が適用されているけれども[18.16],多線,多極の送電線で

そのような（方向の変わらない）対称面がない場合，妥当な計算法であるかどうかはあやしい。さらに風の作用があるときに，電界による移動と風による移動を複合させてなおかつ Deutsch の仮定が成り立つとする計算まであるが，その妥当性は裏付けられていない。筆者らの考えでは多線，多極の配置で風の作用がある場合の計算は，次節以下に述べる Deutsch の仮定によらない方法を用いるべきである。

18.4　領域分割法による計算—単極性イオン流場

「空間電荷は電界の方向を変えない」という Deutsch の仮定を使用しない計算法では，ポアソンの式(18・3)式と，電流連続の式である(18・4)式または(18・5)式とを交互に使用して，二つの未知関数の一方を既知として収束するまで反復計算する。

差分法では図18・4のように回転対称場の領域を一定の格子間隔で分割すると，点(r_0, z_0)の電位 ϕ_0，電荷密度 q_0 と周辺格子点の値との関係式は，ポアソンの式から(17.4)式と同じ，

$$4\phi_0 - (\phi_1 + \phi_2 + \phi_3 + \phi_4) + \frac{h}{2r_0}(\phi_2 - \phi_3) - \frac{h^2 q_0}{\varepsilon_0} = 0 \qquad (18 \cdot 17)$$

電流連続の式から，

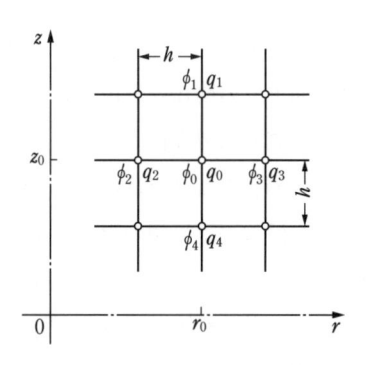

図18.4　差分法の領域分割（回転対称場）

第18章　直流イオン流場の計算

$$(\phi_1-\phi_0)(q_0-q_1)+(\phi_2-\phi_0)(q_0-q_2)+\frac{h^2 q_0{}^2}{\varepsilon_0}=0 \tag{18・18}$$

が導かれる。これらを領域の各点について作り，それぞれ，ϕ_i, q_iを求める連立一次方程式とする。適当な初期値からϕ_iの計算（q_i：既知）→q_iの計算（ϕ_i：既知）→ϕ_iの計算（新しいq_iを使用），を収束するまで反復する。

　同じ領域分割法である有限要素法は，差分法に比べプログラムが複雑なうえに入力データの量が何倍にもなるが，イオン流場の計算により適していると思われる。第一にイオン流場は，イオンを発生する小さい（あるいは細い）放電電極のある著しく不平等な電極配置のため，高電界部分を細かく分割する必要があり，領域分割の自由な有限要素法が適している。第二に時間的変化など複雑な条件を組み入れるのに有限要素法のほうが柔軟性がある。有限要素法による直流イオン流場の計算もすでにかなりの論文があるが，最初の報告は1979年の文献[18.17]と思われる。ただし一次元の同軸円筒配置である。その後，ダクト中水平導体（集塵器），単線の送電線の計算が行われた[18.18]が，ともに単極性である。

　差分法や有限要素法の計算でもっとも重要なことは，電流連続の式に一階微分の項が含まれるために，先に述べたような単純な反復計算では不安定を生じやすい，あるいは簡単な分割での反復計算では常に不安定となって絶対に計算できない点である。そのために細い電極付近で分割を密にするほか，適当な計算法を工夫して計算を安定化しなければいけない。文献[18.18]の計算では，電荷密度を既知としてポアソンの式から電位を求め，次に電位を既知として「特性曲線法」（method of characteristics）と呼ぶ方法で電荷密度を求める計算を反復するが，後者の方法はイオンの移動方向上での関係式を用いるものである。

　しばしば用いられるのは「上流有限要素法」である。上流有限要素法は座標による一階微分の項を「上流側」の要素だけで近似するもので，その点の未知変数の値は作用する上流の影響は受けるが下流側の影響を受けないという考えがもとになっている[18.19]。イオン流場では作用する力は電界，変数は電荷であるが，(18・5)式の $grad\ q$ の項に上流有限要素法を適用することによって安定な数値計算法になる。これについては18.6節でさらに説明する。

18.5 両極性イオン流場の計算

　発生源（高電圧電極）が正負両極性であると，正負両イオンの電荷密度 q^+，q^- が未知数になるうえに，イオンの再結合も考慮しなければならない。18.3節に述べたように，このような両極性の直流送電線の場においても，Deutschの仮定をもとにした計算があり，また風の効果を含めた計算まである。しかし，ここではこの仮定を用いないより一般的な有限要素法による筆者らの計算法を述べる[18.20]。

　両極性イオンの存在する場では定常イオン流場の方程式は，電位 ϕ，正負のイオン流（電流）密度 $\boldsymbol{j}^+$，$\boldsymbol{j}^-$ に対して次の諸式になる。

$$div(grad\ \phi) = \frac{q^- - q^+}{\varepsilon_0} \tag{18・19}$$

$$\boldsymbol{j}^+ = q^+(k^+\boldsymbol{E}+\boldsymbol{W}) = q^+(-k^+ grad\ \phi + \boldsymbol{W}) \tag{18・20}$$

$$\boldsymbol{j}^- = q^-(k^-\boldsymbol{E}-\boldsymbol{W}) = q^-(-k^- grad\ \phi - \boldsymbol{W}) \tag{18・21}$$

$$div\ \boldsymbol{j}^+ = -\frac{Rq^+q^-}{e} \tag{18・22}$$

$$div\ \boldsymbol{j}^- = \frac{Rq^+q^-}{e} \tag{18・23}$$

ここで k^+，k^- は正負イオンの移動度で電界によらず一定とする。また，イオンの拡散を電界による移動に比べ無視している。e は電子の電荷，R は正負イオンの再結合係数，$\boldsymbol{W}$ は風速（ベクトル量）である。

　領域分割法では特に電界が不平等な送電線付近で電位，電界の誤差を生じやすいので，計算精度をあげるために ϕ は空間電荷がないときの静電界 ϕ_e と空間電荷による電位 ϕ_q に分離する。

$$\phi = \phi_e + \phi_q \tag{18・24}$$

ϕ_e に対する方程式と境界条件は，通常のラプラス場と同じである。ϕ_q については，

$$div(grad\ \phi_q) = \frac{q^- - q^+}{\varepsilon_0} \tag{18・25}$$

第18章　直流イオン流場の計算

$$\phi_q = 0 \quad (\text{すべての境界上}) \tag{18.26}$$

(18・20)〜(18・23)式は次のように書き換えられる。

$$\boldsymbol{v}^+ \, grad \, q^+ = -\frac{k^+}{\varepsilon_0}(q^+)^2 + \left(\frac{k^+}{\varepsilon_0} - \frac{R}{e}\right) q^+ q^- \tag{18・27}$$

$$\boldsymbol{v}^- \, grad \, q^- = -\frac{k^-}{\varepsilon_0}(q^-)^2 + \left(\frac{k^-}{\varepsilon_0} - \frac{R}{e}\right) q^+ q^- \tag{18・28}$$

ここで $\boldsymbol{v}^+$, $\boldsymbol{v}^-$ は正負イオンの移動速度で，

$$\boldsymbol{v}^+ = -k^+(grad \, \phi_e + grad \, \phi_q) + \boldsymbol{W} \tag{18・29}$$

$$\boldsymbol{v}^- = k^-(grad \, \phi_e + grad \, \phi_q) + \boldsymbol{W} \tag{18・30}$$

q^+, q^- に対する境界条件は，この論文[18.20]ではそれぞれ正負の送電線上で一定値にとっている。

$$q^+ = q_m \quad (m \text{ 番目の正極送電線上}) \tag{18・31}$$

$$q^- = q_n \quad (n \text{ 番目の負極送電線上}) \tag{18・32}$$

大地，架空地線，仮想境界においては，q^+, q^- の境界条件は不要である。すでに述べたように電荷密度の境界条件はイオン流場電界計算の難点で，導体表面のイオン発生機構をもとにして物理的プロセスを考慮しなければ正しい境界条件は与えられないが，現在は残念ながら合理的な境界条件を与えるまでに至っていない。そこで18.3節に述べた仮定（d）や（e）が用いられているわけであるが，この論文では全体の領域に比べ送電線が細いこと，さらに線対平板の精密計算の結果で線表面の電荷密度が一定になっていることを考慮して，(18・31)式，(18・32)式のように電荷密度一定の境界条件を与えている。しかし q_m や q_n の値はこのままでは不明なので，送電線上のコロナ電流や大地上の電流分布の測定値から決める必要がある。

　これによって q^+, q^- を求める準備ができた。これらの方程式と境界条件に対し，全体の領域を小要素に分けて有限要素法を適用すればよい。計算手順の概略は次のとおりである。

（a）　空間電界がないときの電位 ϕ_e と電界 $\boldsymbol{E}_e$ を求める。

（b）　正極送電線上以外の節点では $q^+(i) = 0$，負極送電線上以外の節点では

$q^-(i)=0$ とおく。

(c) (18・25)式で q^+, q^- を既知として ϕ_q を求める。この計算法は17.2節で述べたものと同じで(17.4)式を用いればよい。q^+, q^- が要素内で一定でなく座標の線形な関数にすると，少し違う取扱いになるが，結果はほとんど変わらない。

(d) $grad\,\phi_e$, $grad\,\phi_q$, W の値から(18・29)式，(18・30)式を用いて，v^+, v^- を求める。

(e) $q^+(i)$, $q^-(i)$ を $\tilde{q}^+(i)$, $\tilde{q}^-(i)$ として記憶しておく。

(f) 後述する上流有限要素法により新たな $q^+(i)$, $q^-(i)$ を求める。

(g) $\max\{|q^+(i)-\tilde{q}^+(i)|, |q^-(i)-\tilde{q}^-(i)|\}/\max\{|\tilde{q}^+(i)|, |\tilde{q}^-(i)|\}$ が与えられた収束判定パラメータより小さくなるまで(c)～(f)の計算を繰り返す。max は最大値を意味する。

18.6　計算の安定化

18.6.1　上流有限要素法

イオン流場の計算プロセスで ϕ（電位）と q（電荷密度）の計算が難しいのは，18.4節に述べたように，反復計算が不安定に陥り発散しやすいことである。これは方程式に含まれる座標の一階微分の項（移流項と呼ばれる）から生じる数値的誤差が反復の度に蓄積し，増大するためである。上流有限要素法はこのような不安定性を回避する一つの方法で，一階微分の項を（通常の両側差分ではなく）上流側だけで近似する方法である。

図18・5のような二次元の有限要素分割中の節点 i 点をとると，q^+ に対する微分 $grad\,q^+$ を「上流要素」における量だけで近似する[18.19]。ここで上流要素とは終点が i 節点になるようなベクトル $v^+(i)$ を描いたとき，このベクトルを含む三角形要素のことで図18・5では三角形 ijk である。q^- についても $v^-(t)$ について同様な上流要素（図では ilm）が定められる。するとイオン流場の方程式中の

第18章　直流イオン流場の計算

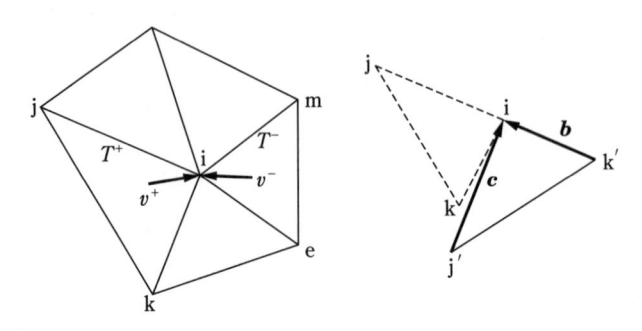

図 18.5　上流有限要素法

$grad\ q^+$ は三角形 ijk で次のように近似される。

$$grad\ q_i^+ = -\frac{q_i^+ - q_j^+}{|\boldsymbol{b}\times\boldsymbol{c}|}\boldsymbol{b} + \frac{q_i^+ - q_k^+}{|\boldsymbol{b}\times\boldsymbol{c}|}\boldsymbol{c} \tag{18・33}$$

ここで，$\boldsymbol{b}$, $\boldsymbol{c}$ はそれぞれベクトル $\overrightarrow{ki}$, $\overrightarrow{ji}$ を 90 度回転したベクトルで，$\boldsymbol{b}\times\boldsymbol{c}$ はベクトルの外積を表す。q_i, q_j, q_k は各点における重心領域（図 18・6(a)の斜線部分）で定義された電荷密度である。このような近似から (18・27)，(18・28) 式は次式になる。

$$\boldsymbol{v}_i^+ \cdot grad\ q_i^+ = \boldsymbol{v}_i^+ \cdot \left(-\frac{q_i^+ - q_j^+}{|\boldsymbol{b}\times\boldsymbol{c}|}\boldsymbol{b} + \frac{q_i^+ - q_k^+}{|\boldsymbol{b}\times\boldsymbol{c}|}\boldsymbol{c}\right)$$

$$= -\frac{k^+}{\varepsilon_0}(q_i^+)^2 + \left(\frac{k^+}{\varepsilon_0} - \frac{R}{e}\right)q_i^+ q_i^- \tag{18・34}$$

$$\boldsymbol{v}_i^- \cdot grad\ q_i^- = \boldsymbol{v}_i^- \cdot \left(\frac{q_i^- - q_j^-}{|\boldsymbol{e}\times\boldsymbol{f}|}\boldsymbol{e} + \frac{q_i^- - q_m^-}{|\boldsymbol{e}\times\boldsymbol{f}|}\boldsymbol{f}\right)$$

$$= -\frac{k^-}{\varepsilon_0}(q_i^-)^2 + \left(\frac{k^-}{\varepsilon_0} - \frac{R}{e}\right)q_i^+ q_i^- \tag{18・35}$$

$\boldsymbol{e}$, $\boldsymbol{f}$ はそれぞれベクトル $\overrightarrow{mi}$, $\overrightarrow{li}$ を 90 度回転したベクトルである。この 2 式は速度 $\boldsymbol{v}^+$, $\boldsymbol{v}^-$, その他の値が与えられた（既知の）とき，未知数 q_i^+, q_i^- を求める二次式と考えることができる。

すると，ここでは証明を省略するが，$q_j^+ \geqq 0$，$q_k^+ \geqq 0$，かつ $q_i^- \geqq 0$ であると，(18・34) 式で q_i^+ の小さくない方の根は 0 より大きく q_j^+，q_k^+，q_i^- の最大値よりは小さいということが成り立つ。同様に，$q_i^- \geqq 0$，$q_m^- \geqq 0$ かつ $q_i^+ \geqq 0$ であると，

18.6 計算の安定化

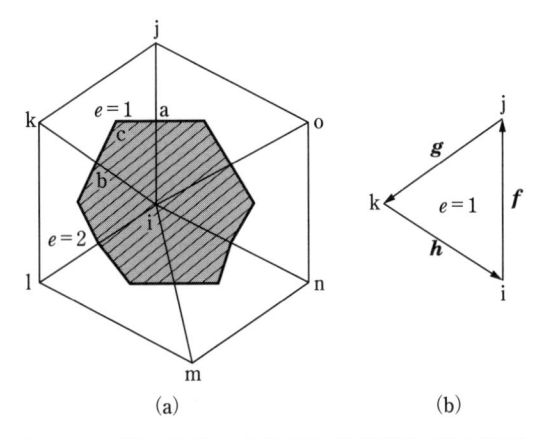

図 18.6 i接点を囲む三角形要素（斜線部分が重心領域）

(18・35)式で q_i^- の小さくない方の根は 0 より大きく q_i^-, q_m^-, q_i^+ の最大値よりは小さいということが成り立つ。これらによって，電荷密度は正負両極性とも 0 より大きく，最大値は境界で生じるという物理的事実と合致する。これがいわゆる「最大値原理」で，繰返しの数値計算で発散が生じず，安定性をもたらす。

18.6.2 電流連続の積分式の使用

ϕ（電位）既知として ρ（電荷密度）を計算 → ρ 既知として ϕ を計算，という反復において，ϕ を求めるのにポアソンの式ではなく次の電流連続の積分式を使用する方法である[18.21]。

$$\int \boldsymbol{j} \cdot d\boldsymbol{s} = \int (\boldsymbol{j}^+ + \boldsymbol{j}^-) \cdot d\boldsymbol{s} = 0 \tag{18・36}$$

すなわち，ある閉曲面で電流の出入りが定常的には 0 という条件である。この式を ϕ を数値的に求める具体的な式にするにもいろいろな方法があるが，もっとも簡単なのは次の二つである。

（a） 図 18・6 で節点 i を囲む三角形要素に流入する電流を 0 とする。
（b） この図の重心領域に流入する電流を 0 とする。

文献[18.21]は理論解のある単極性イオン流での計算でいくらか精度のよかっ

た方法（a）を採用している．このとき，図の1要素（三角形ijk）に関して辺jkから流入する電流は，風（風速 W）の作用も考慮して，

$$\int_j^k \boldsymbol{j} \cdot d\boldsymbol{s} = \int \{-(k^+\rho^+ + k^-\rho^-) grad\,\phi + \boldsymbol{W}(\rho^+ - \rho^-)\} \cdot d\boldsymbol{s} \quad (18\cdot37)$$

これらを図の各三角形要素について加算すると，

$$\sum_{e=1}^{M} \left\{ \frac{1}{2\Delta}(\phi_i \boldsymbol{g} + \phi_j \boldsymbol{h} + \phi_k \boldsymbol{f}) \cdot \boldsymbol{g} \times (k^+\rho_c^+ + k^-\rho_c^-) + (\rho_c^+ - \rho_c^-)W_n g \right\}_e = 0$$
$$(18\cdot38)$$

ここで各点の電荷密度は重心での値, ρ_c^+, ρ_c^- をとっている．すなわち,

$$\rho_c^\pm = \frac{\rho_i^\pm + \rho_j^\pm + \rho_k^\pm}{3} \quad (18\cdot39)$$

また, Δ は三角形要素の面積. $\boldsymbol{f}$, $\boldsymbol{g}$, $\boldsymbol{h}$ はそれぞれベクトル $\vec{ij}$, $\vec{jk}$, $\vec{ki}$. g は $\boldsymbol{g}$ の絶対値. W_n は風速の jk に垂直な成分である．風がないときには上式は次式になる．

$$\sum_{e=1}^{M} \left\{ \frac{1}{2\Delta} \{(\phi_j - \phi_i)\boldsymbol{h} \cdot \boldsymbol{g} + (\phi_k - \phi_i)\boldsymbol{f} \cdot \boldsymbol{g}\} \times (k^+\rho_c^+ + k^-\rho_c^-) \right\}_e = 0 \quad (18\cdot40)$$

図から分かるように，三角形要素 ijk が鈍角三角形でなければ，ベクトルの内積, $\boldsymbol{h} \cdot \boldsymbol{g}$, $\boldsymbol{f} \cdot \boldsymbol{g}$ はともに0以下の値である．このことからi点を囲む三角形要素に鈍角三角形がなければ(18・40)式の $(\phi_j - \phi_i)$, $(\phi_k - \phi_i)$ の係数はすべて0以下である．すなわち，i点の周りにはかならず ϕ_i より小さなあるいは大きな電位を有する点が存在し，結局電位の最大あるいは最小は境界に存在するということになる．この結果，節点電位に「最大値原理」が成り立ち，これが数値計算の安定性を保証する．

以上の証明は風がなく，また鈍角三角形要素が存在しないという条件であるが，これらは最大値原理の必要条件ではなく十分条件である点に注意すべきである．すなわち，これらの条件が完全には満たされていなくても，またかなりの風速まで(18・36)式は ϕ_i の安定な計算法を構成する．このように，解くべき方程式（の組合せ）を換えただけで計算が安定になるのは興味深い．

18.7　計算例

　有限要素法による計算例として，送電線1本（単極配置）の場合の大地表面電界とイオン流（電流）密度分布を，図18・7に示す[18.20]。地表面の電界と電流密度で，風速がパラメータである。上流有限要素法で電線表面の境界条件は電荷密度（q_0）一定としている。横方向の風速がパラメータになっているが，電界よりも電流のほうが風の影響を大きく受ける。これは電流密度が電界と電荷密度の積であることから当然予想される特性である。

　また両極性イオン流場の計算結果として18.6.2項の方法によるUHV（ultra high voltage）2回線直流送電線の結果を図18・8に示す[18.21]。やはり地表面での電界と電流密度である。図中には実測値も記載しているが，負極性の電流密度以外はよく合っている。ただし実測値はバラツキがはなはだしく大きい。

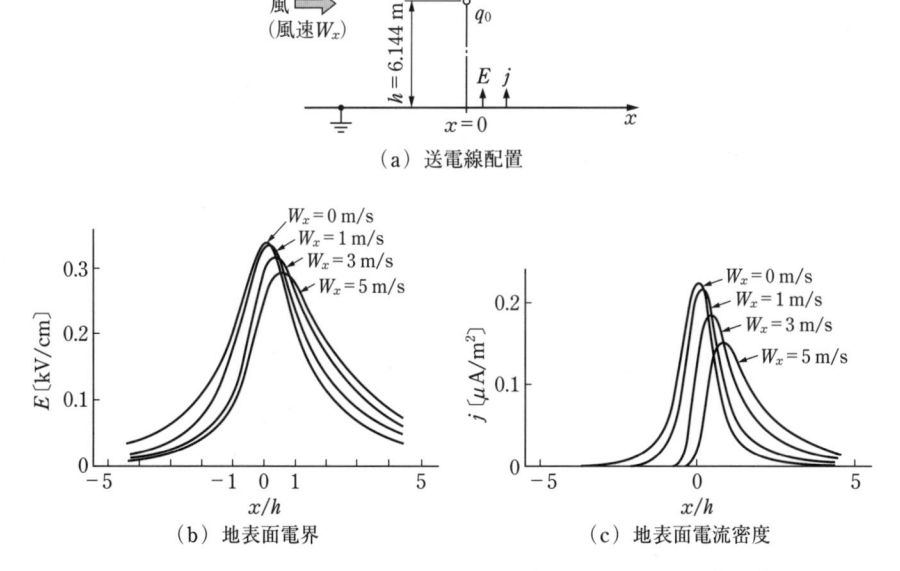

(a) 送電線配置

(b) 地表面電界

(c) 地表面電流密度

図18.7　単極配置の地表面電界と地表面電流　（$q_0 = 8.854 \times 10^{-8} \mathrm{C/m^3}$）

第18章　直流イオン流場の計算

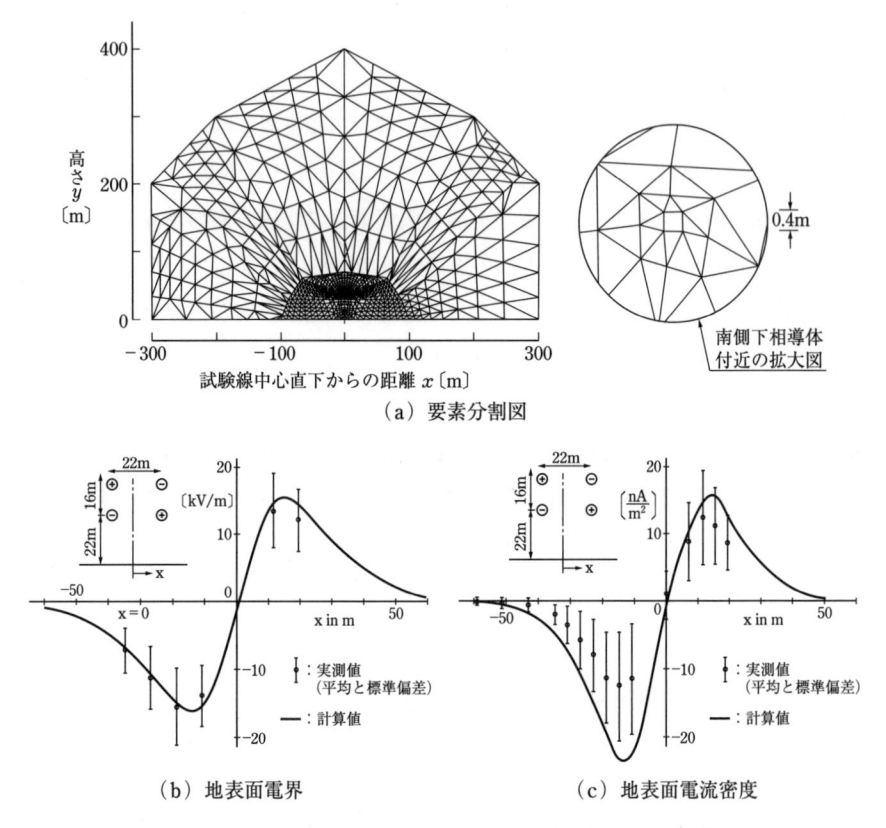

(a) 要素分割図

(b) 地表面電界

(c) 地表面電流密度

図 18.8　双極直流送電線のイオン流場の有限要素法による計算

第19章

最適形状の設計法

　これまでの章の説明はすべて与えられた電極形状，配置，条件（電圧，誘電率など）に対して電界分布を計算するものであった。逆に望ましい電界分布を持つような電極形状や絶縁物（誘電体）形状の必要な場合がある。望ましい電界分布とは，絶縁設計の面ではたとえば与えられた配置で最大電界のもっとも小さくなる形状があげられる。

　筆者らの意見では，電界分布の面で一般的に使用できる，すなわち一意的に可能な「最適設計法」というのは確立されていない。現在の設計法は，最適な条件に合うように形状を繰り返し修正するという方法である。比較的簡単な最適条件に対して形状を求めることはすでに多くの論文がある。一方，計算機を駆使するCAE，CADと呼ばれる自動設計手法は，このような最適設計をその一部として含んでいるが，必ずしも並行しないで進展してきた。

　この章ではまずCAE，CADに触れた後，電界分野における最適形状設計を説明する。最適設計法の基礎として，電界問題での最適条件などを説明し，解析的方法や数値的方法，設計例などをレビューする。なお，最適条件，最適形状という用語はしばしば最適化条件，最適化形状ともいわれるが，ここでは簡単な前者を使用する。

第 19 章　最適形状の設計法

19.1　電界計算における CAE, CAD

19.1.1　CAE, CAD の定義と構成

　計算機によって詳細かつ正確，高速の計算が可能になり，放電現象の解析や絶縁設計に革命的な進歩がもたらされた。現在の電界計算は，一方では，複雑な（特殊な）場合やより一般化した場合の計算法の開発が行われ，他方では，できるだけ使い易く，短い時間で安心して使える（user-friendly な）技術の確立へと進んでいる。計算機によって研究や設計・開発を支援する技術を，一般に CAE（computer aided engineering）あるいは CAD（CA design）と呼ぶ。IEEE（米国電気電子学会）電気，電子用語辞典 1984 年版[19.1]は，CAE を「計算機援用工学」の名称で「工学的な解析や設計に計算機を応用すること。数学的な問題を解くこと，プロセスの制御，数値的な制御，複雑な計算や反復計算を行うプログラムの実行等が含まれる。」と説明している。一方，CAD は「計算機援用設計」の名称で，「各種の設計や解析に計算機を応用すること。モデルの製作，解析，シミュレーション，製造のための設計の最適化などを行う。計算機援用製造と組み合せて CAD/CAM とよばれることもある。」となっている。

　CAE は「色々な現象の解析や機器の開発，設計段階においてモデルを用いて様々の現象を計算機でシミュレートするシステム」と，「シミュレーション」に重点をおいて定義されることもある。CAD が個々の設計を意味することが多いのに対して，CAE は初期の基本設計から詳細設計まで開発，設計の全体を対象とする。

　CAE を構築していくステップとして次のような段階が考えられている[19.2]。

　ステップ 1：　　単なる解析技術の適用
　ステップ 2：　　プリ処理（前処理），ポスト処理（後処理）を充実させ，開発者や設計者が計算機上でモデルを作成するとともに，解析結果を望ましい出力形態で与える。
　ステップ 3：　　与えられたモデルの解析だけでなく，最適化ルーチンを導入

し，計算機によって最適値を求める。

ステップ4： モデル化やシミュレーションを単一の現象や解析について行うのでなく，複数の現象，解析を総合し，エンジニアリングのすべてを対象とした計算支援システム。

現在 CAE とよばれるものはステップ2より上のレベルを指し，ステップ4の究極のシステムは，いわゆる CIM（computer integrated manufacturing）あるいは広義の CAE と呼ばれるものになる。

19.1.2　電界解析の CAE

放電現象の解析や機器の絶縁設計における電界計算あるいは電界解析の役割は，対象とする現象によって様々である。たとえば，絶縁物の基礎的物理特性（たとえば気体の電離係数の値など）を抽出して電界の関数として与え（モデリングあるいはシミュレーション），放電特性を計算機上で求め，予測する。

一般に，電界解析の概略のシステムは図19・1のような三つの部分から成り，プリ処理部，ポスト処理部を援用して解析部で電界計算が行われる。このようなシステムの基本は一般の（電界解析以外の）CAE システムとも共通しているが，解析部と解析部の入力作成は，電界計算特有のものである。

ドイツでは1980年代後半から，いくつかの大学と産業界が共同してすべての電界解析法を総合化した VENUS と呼ぶ広汎なシステムの構築を目指した[19.3]が，10年もしないうちにこれに関する報告は立ち消えになった。プリ処理部，

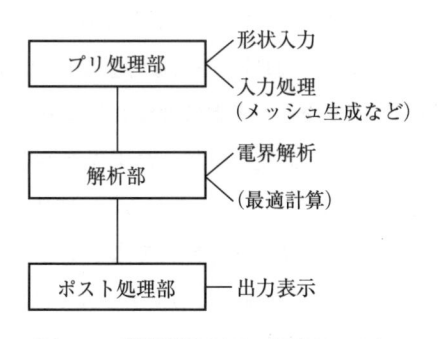

図19.1　電界解析 CAE の概略システム

ポスト処理部と結合した電界解析システムとして，わが国では表面電荷法による一般三次元場解析システム[19.4]，電荷重畳法をベースとしたCADEF（CAD system with electric field analysis）と呼ばれるPC（パソコン）用のシステム[19.5]が開発されている。

19.2 最適設計法の基本

19.2.1 最適設計

電界分野に限らないが，最適設計では次のような点を選択するか，少なくとも考慮する必要がある。

（a）電位や電界（一般に，ポテンシャルやフィールド）を求めるのにどのような計算法を用いるか。

（b）「最適」とはどういう状況か，またどのような最適条件を用いるか。

（c）どのように最適化するか。

（a）は電界解析全般の問題で，7.3節に各種の数値計算法の比較を行っているのでここでは触れない。

19.2.2 最適条件

電圧の印加される機器や電界を発生する機器は多種多様なものがあり，最適化の要求も千差万別である。機器の場合，究極的な最適条件はコストの最小化と考えるのが普通で，実際にも設計における重要な考慮項目である。しかし，製作年数（金利），設計余裕，信頼度なども考慮に含めると複雑な条件になる。

電界設計が支配的要素である高電圧機器，高電界機器をとっても，機器の材質，形状，配置など色々な設計のパラメータがある。固体絶縁，油浸絶縁でなるべく絶縁耐力が高く，損失の少ない絶縁材料を選ぶことも一種の最適設計である。また材料や形状が与えられて配置を最適にする例では，絶縁距離すなわちギャップ長の選択がある。特別な例では，三相の高電圧送電線で（静電誘導の点か

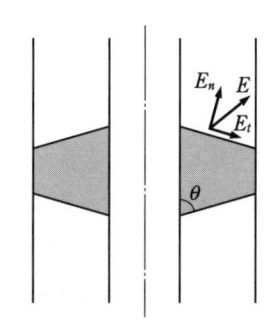

図 19.2　固体絶縁物の表面電界

ら）地表面の電界を最も低くする配置などもある。このような複数の設計パラメータについては，最後の 19.5.3 項でも触れる。

しかし，これまでの電界問題の最適設計の論文は，ほとんどが電界分布に関して最適な形状を求めるもので，主に次の 2 種類である。

（a）　電極（導体）形状の最適化
（b）　絶縁物（支持用固体絶縁物）形状の最適化（図 19・2）

19.2.3　電極（導体）形状の最適化

最適条件は「電極表面の電界を一定にする」のがほとんどである。最も普通の（誘電体が 1 種類の）ラプラスの式の場合，最大の電界は必ず電極表面に生じるので，与えられた条件のもとで電極表面の電界を一定にするのは，「配置の最大電界を最も低くする」という条件と多くの場合等価である。

このような条件は，高電圧絶縁の分野で放電発生が最大電界に支配され，放電開始電圧が最大電界で与えられることが多いことに基因している。ただし，「放電開始」であって，火花放電がコロナを経由して生じる場合には，「火花電圧，あるいはフラッシオーバ発生」は必ずしも最大電界で決まらない。また，厳密には電極表面の各所の放電開始電圧を一定にする，あるいは全体として最低にする形状が望ましい「最適条件」になる。たとえば，気体中のコロナ開始電圧（平等電界に近い配置では火花電圧）を最も高くするためには，電界あるいは最大電界そのものではなく，電極表面全体で電気力線に沿って次の積分から放電開始電圧

第19章 最適形状の設計法

を計算し，これを最大にする形状を求めることになる。

$$\int (\alpha - \eta) dx = K \tag{19・1}$$

ここで $(\alpha - \eta)$ は気体の実効電離係数，K は適当な定数である。さらに，絶縁油のように絶縁破壊電圧が油中の弱点分布から決まるときは，最大電界だけでなく，体積効果（volume theory）を考慮した計算が必要になる。

このような表面電界だけでなく，放電開始電圧を考慮した最適形状計算の試みもすでに初期のころから報告されている[19.6]が，さらに表面電界だけでなく，気体の放電特性を考慮した最適化も報告されている[19.7]。ただし，いずれも簡単な電極系で，これまでのところ研究室での試算のレベルである。表面電界一定という簡単な最適条件に比べて，複雑な計算を必要とするほど絶縁特性が大きく改善されるかどうかは，対象とする高電圧機器の絶縁物，配置と絶縁条件に依存すると思われる。

境界条件とラプラスの式によって一意の解が得られる「順問題」と比べて，表面電界が最低あるいは一定の形状を求めることには次のような問題がある。

(a) 電界は配置を大きくすればいくらでも低くなるので，適当な付帯条件が必要である。

(b) 領域全体では最適条件を満足できないことがしばしばある。

図 19・3 はガス絶縁開閉装置（GIS；gas insulated switchgear）に用いられる基本構造で，それぞれ単相線路（同軸円筒），三相線路，単相線路の端末であるが，これらの簡単な例で最適計算の条件やプロセスを説明する。

この場合の最適条件は最大電界を最も低くすることであるが，シース（外側容器）を大きくすれば最大電界はいくらでも低くできる。そのために，まず占有容積あるいは製作コストが最も低くなるように，「シース径一定」という付帯条件で最適化することが多い。よく知られているように，単相の同軸円筒配置では，シース半径 R が一定のとき，最大電界がもっとも低くなるのは中心導体半径 $r = R/e \fallingdotseq 0.37R$ のときである。三相線路の配置（二次元）でもシース径が与えられれば最大電界を最低にする導体径が決まるが，導体径だけでなく，導体の位置

19.2 最適設計法の基本

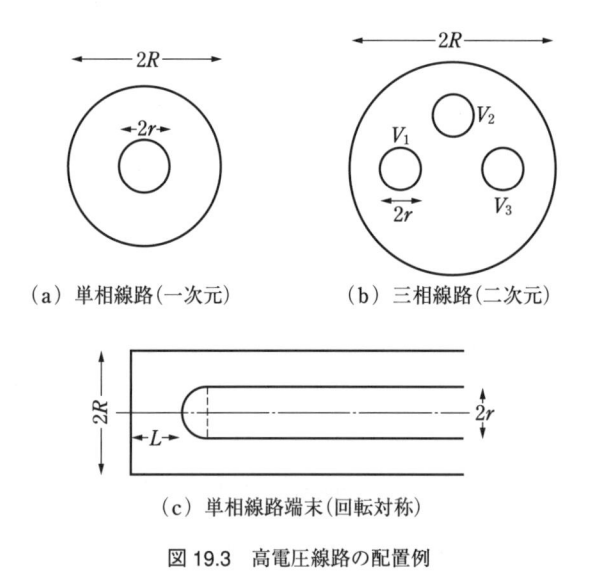

(a) 単相線路(一次元)

(b) 三相線路(二次元)

(c) 単相線路端末(回転対称)

図 19.3 高電圧線路の配置例

と印加電圧の組合せも最適化のパラメータである。

　一方，単相線路の端末では導体先端からシース端までの距離 L も最適化の変数あるいはパラメータになる。たとえば導体の先端が半球形状で $L=2R$ のとき，最大電界がもっとも低くなるのは，図 19・4 に示すように導体半径 $r \fallingdotseq 0.48R$ のときである[19.8]。この配置では L をどのようにとっても端末部分の電界は同軸部分（中心部）の電界より高くなる。そのため表面電界一定という条件を導体全体に課すことができない。もちろん同軸部分の導体径を変えれば導体の全表面の電界を一定にすることは可能であるが，同軸部分では不必要に高い電界になるので実用的に無意味である。したがって電界を一定にする個所（範囲）を指定するような付帯条件が必要になる。

19.2.4　絶縁物（固体誘電体）形状の最適化

　これまでの報告は，電極形状が与えられていて，電極間の固体絶縁物の（表面）形状（電界問題としては 2 種類の誘電体の界面形状）を変化させるのがほとんどである。2 種類以上の誘電体（絶縁物）が存在する複合誘電体では，最大電

249

第19章 最適形状の設計法

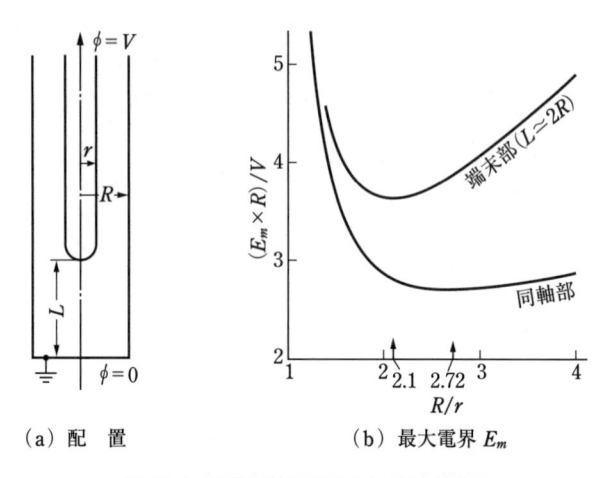

(a) 配 置

(b) 最大電界 E_m

図 19.4 同軸円筒配置における最大電界

界が常に電極(導体)表面で生じるという法則がもはや成り立たない。このような場合に使用される最適条件は,「絶縁物表面の電界を一定にする」というものである。しかし,絶縁物と電極との接触角が90度でないと,接触点の電界は理論的に0または無限大になる(11.6節に述べた「高木効果」あるいは「三重点効果」)ので注意を要する。

最適化する表面電界は,絶縁の分野では図 19・2 に例を示すように次の2種類がある。
 (a) 電界の絶対値(最大電界)E
 (b) 沿面方向成分 E_t

どちらの電界が絶縁特性に支配的かは,雰囲気(周囲の媒質)や印加電圧などの絶縁条件に依存するが,これまでの報告の多くは沿面方向電界をとっている。しかし,大気圧空気中で球対平板電極間のひだなし固体絶縁物について調べた実験では,表面が清浄な場合,相対湿度の低いときも,高いときも(60%以上),最大電界を最も低くする設計のほうがフラッシオーバ電圧が高い[19.9]。沿面放電は本質的に固体絶縁物外の放電であるから,乾燥して清浄な雰囲気ならこの論文が示すように沿面方向電界より最大電界のほうが支配的であると思われる。しかし,湿度が高い場合や,汚損表面,金属ダストが存在する場合などは簡単ではない。

19.3　解析的方法による最適形状設計

電界問題で，最適条件から最適な設計値（形状）を直接求めることは特別な場合を除いては出来ない。あるいはそのような一般的方法はまだ見出されておらず，次章に述べるような繰返し修正という方法が用いられる。

簡単な最適形状が繰返しによらずに求められる場合があるが，等角写像法を用いるもので二次元配置に限られる。中でも，中心部分がほぼ平行平面で端を適当な曲面形状とする平等電界電極（あるいは一様電界形成用電極）は，放電や絶縁試験，放電励起レーザの電極として重要なもので，Rogowski電極，Chang電極など等角写像法による形状が提案されている。ギャップ中の至るところで電界が一様な完全平等電界は無限の大きさが必要で実現できない。実用の電極が最適かどうか，すなわち電界が一様かどうかは通常電極表面の電界分布で評価される。

電極の表面電界が完全に一定である形状はBorda電極と呼ばれ，流速が一定になる流体噴出孔の形状として1766年にBordaが与えたものである。図19・5に示すように，上部電極の電界（電気力線）の方向の変化範囲（図の角度 θ ）によって $\pi/2$-Borda電極と π-Borda電極の2種類がある。また下部電極が接地平面の場合（上下が非対称）と，影像の位置に上部電極と同じ形状がある場合（対称）とがある。

Borda電極は，完全な平等電界である W 平面から，t 平面→$\log \zeta$ 平面→ζ 平面→実際の形状である z 平面（x, y 座標）まで4段階の変換（写像）を経て導出

（a）$\pi/2$-Borda　　（b）π-Borda

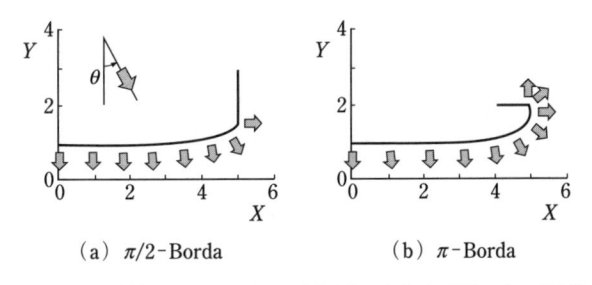

図 19.5　2種類のBorda電極の形状（太い矢印が電界一定の範囲）

される[19.10]が,いずれにしても次節に述べる繰返し修正の方法でなく,形状を直接式で与えることができる。文献[19.11]に電界が一定な領域の端点の電界異常性が述べられている。一方,回転対称配置では表面電界が一定な電極形状は,数値的な方法でしか求められないが,文献[19.12]に記述されている。

19.4 数値的方法による最適形状設計

19.4.1 計算のプロセス

図19・6に示すように,電界計算→最適条件の判定→形状の修正→電界計算,というプロセスを繰り返す。この中で,形状の修正方法が,最適形状設計の鍵と

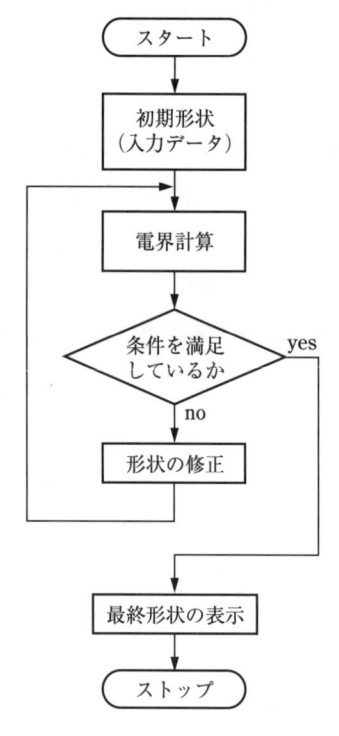

図 19.6 最適設計の概略のフローチャート

なる部分で，この方法の良否が計算時間と精度を支配する。すでに何種類もの方法が提案されているが，どれがよいかは必ずしも明らかでない。一般的傾向としては，特殊な方法は精度が高いが適用範囲が狭く，広く使用できる方法は精度が劣る。この傾向は数値的な電界計算法全体の傾向と同じである。

19.4.2 電極形状の修正方法

電荷重畳法では形状（輪郭点）の修正を中心とする方法と，電荷（仮想電荷）の位置や大きさ(量)の修正を中心とする方法がある。前者では各点の電界 E と平均値の差に比例した量だけ輪郭点を移動させる方法[19.13]や，平均曲率 H と電界 E との次の関係（Spielrein の関係式，7.4節）を用いる方法が使用されている[19.6][19.14]。

$$\frac{\partial}{\partial n}(\ln E) = -2H \tag{19・2}$$

これから電界の修正量 ΔE と形状の修正量 ΔH の関係は，次のようになる。

$$2\frac{\Delta H}{\Delta E} = \frac{1}{E^2}\frac{\partial E}{\partial n} \tag{19・3}$$

ここで n は境界（電極表面）の法線方向単位ベクトルである。

一方，電荷の位置，大きさを変化させ，生じた等電位面を電極形状とする方法（「Metz の方法」と呼ばれる）[19.15]は，計算時間の点では優れているが自動化が難しい。この方法を発展させて，自動的に電荷を追加して行く方法も開発されているが，次に述べる絶縁物形状の最適化には適用が難しいようである。

表面電荷法，境界要素法では，表面の輪郭点(節点)を移動させる方法と，分割要素を変形する方法とがある。これまでの報告はほとんど前者で，たとえばマクスウェル応力 $\varepsilon E^2/2$ に比例した量を修正量とする方法[19.16]などが提案されている。分割要素を変形する方法では図19・7のように電極断面（円あるいは弧）をセクタに分け，各セクタを電界に応じて相似に拡大あるいは縮小する方法がある[19.17]。この方法は電荷重畳法，有限要素法にも適用可能である。

表面電荷法を用いる手法のうち，表面電界 E_i と目標電界値 E の差の平方和

第19章 最適形状の設計法

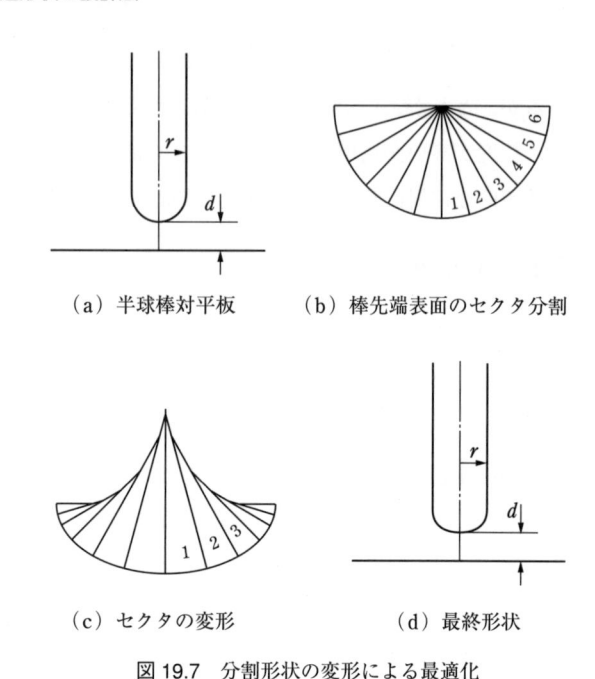

(a) 半球棒対平板　　(b) 棒先端表面のセクタ分割

(c) セクタの変形　　(d) 最終形状

図 19.7　分割形状の変形による最適化

$\sum (E-E_i)^2$ を目的関数とし，ニュートン法で最適化する方法は，一般的であり，かつ収束も早い（反復関数が少ない）ので有力な方法である[19.18]。

19.4.3　絶縁物形状の修正方法

最適条件が沿面方向電界一定の場合，絶縁物表面近くの近接した等電位面 ϕ_A，ϕ_B（距離 Δl）から

$$E_t = \frac{\phi_A - \phi_B}{\Delta l} \tag{19・4}$$

として，E_t が望みの値になるように Δl あるいは等電位面を動かす方法が多い。たとえば図 19・8(a)では，E_t が与えられた一定値 E_0 に一致しないとき，B点を同じ等電位線上の B' 点に移動させる。あるいは文献[19.19]では，等電位面上で Δl を変えるより，図(b)のように Δl を一定にして別の等電位面に移動させる方が良いとしている。

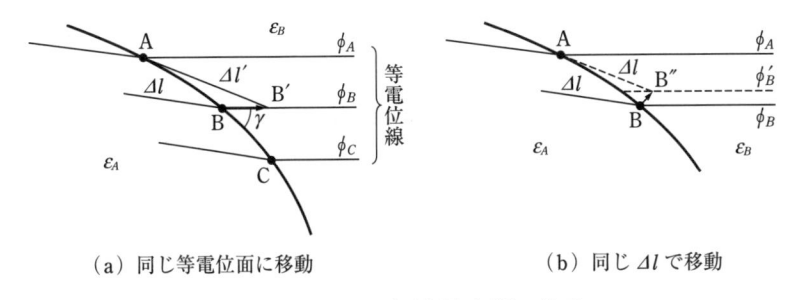

(a) 同じ等電位面に移動 　　　　(b) 同じ Δl で移動

図 19.8　誘電体界面形状の修正

　また，表面電荷法では各部分の電荷密度の面を適当に回転させる方法[19.20]や形状の表現にスプライン関数を用いる修正方法[19.21]が提案されている。スプライン関数を用いる利点として，少ない変数で電極形状が滑らかになることなどがあげられている。

19.5　計算例と今後の課題

19.5.1　電界最適計算の経緯

　計算機を用いた最適形状設計は，電界分野では 1972 年の K. Antolic の報告[19.22]が最初と思われる。同軸円筒電極間の円錐スペーサ（固体の支持絶縁物）表面の沿面方向電界を一定にする形状を有限要素法で求めたものである。その後の約 15 年間に多数の論文が発表されたが，最適化の手法が一通り開発され，新しい手法や応用を提案するのが難しくなり，発表は低調になった。1990 年代半ばに他分野における逆問題研究の発展，AI（人工知能）技術の応用などに刺激されて一時論文数が増加した。たとえばニューラルネットワークを用いる電界最適化[19.23]である。さらに，非線形計画問題や磁界分野の最適計算における手法として，逐次二次計画法，シミュレーティド・アニーリング法，ローゼンブロック法，遺伝的アルゴリズムが発表され，これらの手法の適用が期待されるところであるが，画期的な進展は見られていない。

19.5.2 計算例

文献[19.24]には1995年ころまでの電極形状，絶縁物形状の最適形状設計の論文36件について，発表年，計算法，計算内容が表になっている。これによると，1980年ころまではもっぱら差分法と電荷重畳法が用いられ，その後表面電荷法が多くなっている。

基礎的な配置では，回転対称の棒対大地（接地平面）ギャップで棒（先端）表面の電界を一定にする計算が多数報告されている。実用機器ではガス絶縁開閉装置（GIS）に関する計算がもっとも多い。これは高気圧ガスの絶縁特性が最大電界に依存し，最大電界を低下させると寸法が小型になるためである。

実用機器では気中絶縁，ガス絶縁（おもにGIS）のさまざまな個所の最適計算が報告されている。複雑な形状ではたとえば変圧器引出しリード線部分のシールドリングの電界を最小にする形状の計算（表面電荷法）がある[19.25]。最適計算で一般的に難しいのは，三次元配置で複合誘電体の場合であるが，図19・9はそのような計算の例で，単相ガス絶縁線路の円柱（コーン）形支持スペーサの最適計算（境界要素法）[19.26]である。なお筆者の1人が委員長を務めた「電磁界解析とその逆・最適化問題への応用調査専門委員会（設置期間；1993年4月〜1996

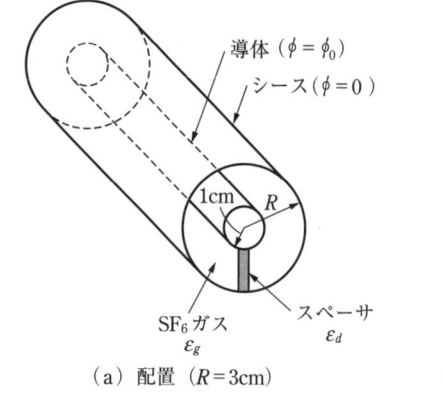

(a) 配置 ($R=3$cm)　　(b) 電界絶対値最適化形状　　(c) 沿面方向電界最適化形状

図 19.9　固体絶縁物（支持スペーサ，比誘電率6）の電界最適化

19.5 計算例と今後の課題

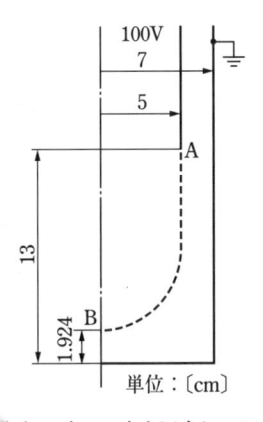

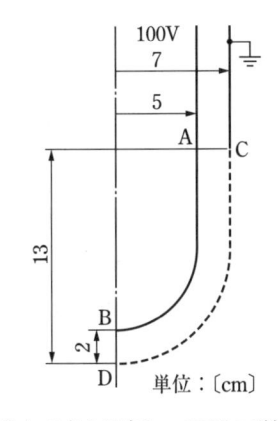

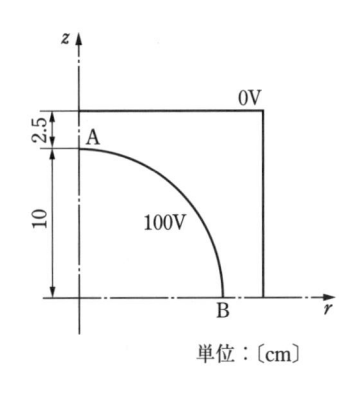

(a) A点，B点を固定し，AB間の形状を変えて，AB間の表面電界を一様にする。

(b) C点を固定し，CD間の形状を変えて，AB間の表面電界を一様にする。

(c) A点，B点を固定し，内部導体の形状を変えて，表面電界を一様にする。

図 19.10　電界の最適形状計算の比較に用いたモデル

年3月)」は，電界・磁界の標準的な計算モデルを設定して各種の比較計算を行っているが，電界では図 19・10 のようなモデルを採用している[19.27]。回転対称配置で接地容器中の課電導体端末の表面電界を一様にする問題，ならびに三次元配置で接地立方体容器中の課電導体球の表面電界を一様にする問題である。

19.5.3　今後の課題

最初にも述べたように，電界分野での一般的な最適設計法はまだ確立されていないといってよい。ラプラスの式に対する数値的な電界計算法は十分確立されているが，最適計算では最適化の手法，形状（あるいは設計変数の）修正法などに種々雑多なバリエーションがある。このような現状を背景に，より有効な最適計算法の課題をまとめると，

（a）　各種の最適計算法の適当する問題（計算対象）を明らかにする。
（b）　一意な解を得るために必要な付帯条件を明らかにする。
（c）　計算時間と精度あるいは許容範囲との関係を明らかにする。
（d）　形状修正の繰返し計算で発生する不安定性や局所的最適解の回避方法を確立する。

第19章　最適形状の設計法

などである。

　さらに，19.2.2項に触れた設計パラメータ（設計変数）が多い場合の最適化手法の問題がある。電気機器設計，特に磁界解析の分野ではそのような検討も進んでいる。設計変数が多数あって計算負荷が過大な場合の「応答曲面近似法」[19.28]などである。この手法は対象とする機器の応答を多項式などの回帰式でモデル化し，実験結果から回帰式の係数を推定（応答曲面式を算出）する。複数ある設計変数は目的関数を重み付けし，線形化することで1個の目的関数にすることもあるが，遺伝的アルゴリズムによってより総合化した最適化を行うこともある。

付録

付録1 仮想電荷(図6・2)の電位,電界の式

すべて大地に対する影像電荷の作用を含んだ式である。

a. 二次元場

λを単位長さあたりの電荷密度〔C/m〕とする。

電位:$\phi = \dfrac{\lambda}{4\pi\varepsilon_0} \ln \dfrac{(x-X)^2+(y+Y)^2}{(x-X)^2+(y-Y)^2}$

電界:$E_x = \dfrac{\lambda}{2\pi\varepsilon_0}(x-X)\left\{\dfrac{1}{(x-X)^2+(y-Y)^2} - \dfrac{1}{(x-X)^2+(y+Y)^2}\right\}$

$E_y = \dfrac{\lambda}{2\pi\varepsilon_0}\left\{\dfrac{y-Y}{(x-X)^2+(y-Y)^2} - \dfrac{y+Y}{(x-X)^2+(y+Y)^2}\right\}$

b. 回転対称場

Qを全電荷〔C〕,λを単位長さあたりの電荷密度〔C/m〕とする。

(b.1) 点電荷

電位:$\phi = \dfrac{Q}{4\pi\varepsilon_0}\left\{\dfrac{1}{\sqrt{r^2+(z-Z)^2}} - \dfrac{1}{\sqrt{r^2+(z+Z)^2}}\right\}$

電界:$E_r = \dfrac{Q}{4\pi\varepsilon_0}\cdot r \cdot \left[\dfrac{1}{\{r^2+(z-Z)^2\}^{\frac{3}{2}}} - \dfrac{1}{\{r^2+(z+Z)^2\}^{\frac{3}{2}}}\right]$

$E_z = \dfrac{Q}{4\pi\varepsilon_0}\left[\dfrac{z-Z}{\{r^2+(z-Z)^2\}^{\frac{3}{2}}} - \dfrac{z+Z}{\{r^2+(z+Z)^2\}^{\frac{3}{2}}}\right]$

(b.2) 線電荷

・有限長線電荷

電位:$\phi = \dfrac{\lambda}{4\pi\varepsilon_0}\ln\left\{\dfrac{B-z+\sqrt{r^2+(B-z)^2}}{A-z+\sqrt{r^2+(A-z)^2}} \times \dfrac{A+z+\sqrt{r^2+(A+z)^2}}{B+z+\sqrt{r^2+(B+z)^2}}\right\}$

付録

特に $r=0$ のとき，$\phi = \dfrac{\lambda}{4\pi\varepsilon_0}\left\{\left|\ln\dfrac{B-z}{A-z}\right| + \ln\dfrac{A+z}{B+z}\right\}$

電界：$E_r = \dfrac{\lambda}{4\pi\varepsilon_0}\cdot\dfrac{1}{r}\cdot\left\{\dfrac{B-z}{\sqrt{r^2+(B-z)^2}} - \dfrac{A-z}{\sqrt{r^2+(A-z)^2}} - \dfrac{B+z}{\sqrt{r^2+(B+z)^2}} + \dfrac{A+z}{\sqrt{r^2+(A+z)^2}}\right\}$

$E_z = \dfrac{\lambda}{4\pi\varepsilon_0}\left\{\dfrac{1}{\sqrt{r^2+(B-z)^2}} - \dfrac{1}{\sqrt{r^2+(A-z)^2}} + \dfrac{1}{\sqrt{r^2+(B+z)^2}} - \dfrac{1}{\sqrt{r^2+(A+z)^2}}\right\}$

特に $r=0$ のとき，

$E_r = 0$

$E_z = \dfrac{\lambda}{4\pi\varepsilon_0}\left(\dfrac{1}{|B-z|} - \dfrac{1}{|A-z|} + \dfrac{1}{B+z} - \dfrac{1}{A+z}\right)$

・半無限長線電荷 ($B\to\infty$)

電位：$\phi = \dfrac{\lambda}{4\pi\varepsilon_0}\ln\left\{\dfrac{A+z+\sqrt{r^2+(A+z)^2}}{A-z+\sqrt{r^2+(A-z)^2}}\right\}$

特に $r=0$ のとき，$\phi = \dfrac{\lambda}{4\pi\varepsilon_0}\ln\dfrac{A+z}{A-z}$

電界：$E_r = \dfrac{\lambda}{4\pi\varepsilon_0}\cdot\dfrac{1}{r}\cdot\left\{\dfrac{A+z}{\sqrt{r^2+(A+z)^2}} - \dfrac{A-z}{\sqrt{r^2+(A-z)^2}}\right\}$

$E_z = -\dfrac{\lambda}{4\pi\varepsilon_0}\left\{\dfrac{1}{\sqrt{r^2+(A-z)^2}} + \dfrac{1}{\sqrt{r^2+(A+z)^2}}\right\}$

特に $r=0$ のとき，$E_r = 0$，$E_z = -\dfrac{\lambda}{4\pi\varepsilon_0}\left(\dfrac{1}{A-z} + \dfrac{1}{A+z}\right)$

c. リング電荷

電位：$\phi = \dfrac{Q}{2\pi^2\varepsilon_0}\cdot\left\{\dfrac{K(k_1)}{\sqrt{(r+R)^2+(z-Z)^2}} - \dfrac{K(k_2)}{\sqrt{(r+R)^2+(z+Z)^2}}\right\}$

特に $r=0$ のとき，$\phi = \dfrac{Q}{4\pi\varepsilon_0}\left\{\dfrac{1}{\sqrt{R^2+(z-Z)^2}} - \dfrac{1}{\sqrt{R^2+(z+Z)^2}}\right\}$

電界：$E_r = \dfrac{-Q}{4\pi^2\varepsilon_0} \cdot \dfrac{1}{r} \cdot \left[\dfrac{\{R^2 - r^2 + (z-Z)^2\}E(k_1) - \{(r-R)^2 + (z-Z)^2\}K(k_1)}{\sqrt{(r+R)^2 + (z-Z)^2}\{(r-R)^2 + (z-Z)^2\}} \right.$

$\left. \qquad - \dfrac{\{R^2 - r^2 + (z+Z)^2\}E(k_2) - \{(r-R)^2 + (z+Z)^2\}K(k_2)}{\sqrt{(r+R)^2 + (z+Z)^2}\{(r-R)^2 + (z+Z)^2\}} \right]$

$E_z = \dfrac{Q}{2\pi^2\varepsilon_0} \cdot \left[\dfrac{(z-Z)E(k_1)}{\sqrt{(r+R)^2 + (z-Z)^2}\{(r-R)^2 + (z-Z)^2\}} \right.$

$\left. \qquad - \dfrac{(z+Z)E(k_2)}{\sqrt{(r+R)^2 + (z+Z)^2}\{(r-R)^2 + (z+Z)^2\}} \right]$

ここで $k_1 = \sqrt{\dfrac{4rR}{(r+R)^2 + (z-Z)^2}}$, $k_2 = \sqrt{\dfrac{4rR}{(r+R)^2 + (z+Z)^2}}$

$K(k)$, $E(k)$ はそれぞれ第1種，第2種の完全だ円積分。

付録2　最小二乗法を用いる電荷重畳法

5.1節に述べた仮想電荷の作る等電位面を同じ数の輪郭点で電極電圧と同じに置く方法でなく，次式の誤差の二乗の和を最小にすることによって支配方程式を作る[a.1]。この方法では仮想電荷の数 n と輪郭点の数 m は同じでなくてもよい。i 番目の輪郭点における電位差を $\delta\phi_i$ とすると，二乗誤差の和 R は，

$$R = \sum_{i=1}^{m} \delta\phi_i^2 = \sum_{i=1}^{m}\left\{\left(\sum_{j=1}^{m} P_{ij}Q_j - \phi_i\right)^2\right\}$$

二乗誤差には重要な部分の誤差がより小さくなるように重みをつけることもできる。R を最小にするためには各電荷について，

$$\dfrac{\partial R}{\partial Q_j} = 0$$

と置く。これから次の n 個の Q_j を未知数とする連立一次方程式が形成される。

$$\begin{pmatrix} a_{11} & a_{12} & \cdots & a_{1n} \\ \cdots & \cdots & \cdots & \\ a_{n1} & a_{n2} & \cdots & a_{nn} \end{pmatrix} \begin{pmatrix} Q_1 \\ \vdots \\ Q_n \end{pmatrix} = \begin{pmatrix} b_1 \\ \vdots \\ b_n \end{pmatrix}$$

ここで $a_{kj} = \sum_{i=1}^{m} P_{ik} \cdot P_{ij}$, $b_k = \sum_{i=1}^{m} P_{ik} \phi_i$

　Steinbigler は実際の配置について通常の電荷重畳法と比較計算を行っているが，最小二乗法による方法でほんのわずか精度が改善されるだけである。そのため支配方程式の作成が面倒なこともあってほとんど使用されていない。ただ使用する仮想電荷数をなるべく減らしたいときにはいくらか有効である。

付録3　第2種完全だ円積分 $E(k)$ の算術幾何平均法による計算[a.2]

　正の2数 a, b について，

$a_1 = (a+b)/2$, $b_1 = \sqrt{a \cdot b}$ として，以下

$a_n = (a_{n-1} + b_{n-1})/2$, $b_n = \sqrt{a_{n-1} \cdot b_{n-1}}$

とおくと，数列 $\{a_n\}$, $\{b_n\}$ は同じ値 $M(a, b)$ に近づく。

　さらに，$c_n = a_n^2 - b_n^2$ とし，$a=1, b=\sqrt{1-k^2}$ から出発して順に a_n, b_n, c_n を計算する。十分大きな n に対して，

$$E(k) = \frac{\pi \left(1 - \sum_{i=0}^{n} 2^{i-1} c_i \right)}{2M(1, \sqrt{1-k^2})}$$

ただし，$c_0 = k^2$ である。

付録4　面積座標

(a)　面積座標の定義

　面積座標は以前は主に有限要素法において用いられ，頻繁に必要になる面積積分などの計算に利用された。その後表面を分割する表面電荷法でも利用されている。図 A・1 に示すような二次元 (x, y) 座標の三角形 ijm において，次の式で定義される三つの座標 u, v, w が面積座標である。

付録4　面積座標

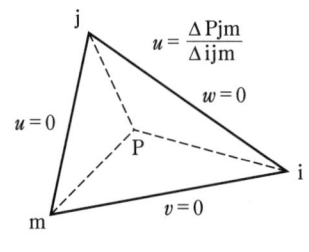

図 A.1　面積座標

$$\left.\begin{array}{l} x = u x_i + v x_j + w x_m \\ y = u y_i + v y_j + w y_m \\ 1 = u + v + w \end{array}\right\} \quad (\text{A}5\cdot1)$$

$u=1$, $v=w=0$ が頂点 i を表わすことは容易に分かる。頂点 j, m も同様である。また $u=0$ として v, w を消去すると，

$$\frac{x-x_j}{x_m-x_j} = \frac{y-y_j}{y_m-y_j}$$

が得られ，$u=0$ が辺 jm を表わすことが分かる。また座標 u, v, w は x, y 座標と1対1に対応し，図 A・1 に示すように，

$$u = \frac{\text{三角形 Pjm の面積}}{\text{三角形 ijm の面積}}$$

が成り立っている。v, w も同様である。さらに (A5・1) 式から

$$\left.\begin{array}{l} u = \dfrac{a_i + b_i x + c_i y}{2\Delta} \\[4pt] v = \dfrac{a_j + b_j x + c_j y}{2\Delta} \\[4pt] w = \dfrac{a_m + b_m x + c_m y}{2\Delta} \end{array}\right\}$$

ここで，Δ は三角形 ijm の面積で，a_i, b_i, c_i 等は 4.2 節に与えたものと同じである。面積座標は負の値をとることもある。図の P 点が三角形の外側にある場合である。面積座標は通常1以下の値であるが，1個の座標が負であると他の座標は1以上になることもある。

付録

(b) 面積座標の図示と積分

座標 u, v, w は2個だけが独立なので二次元平面に図示することができる。デカルト座標の横軸，縦軸，をそれぞれ座標 u, v とすることもあるが，そのときは三つの座標に対して対称でなくなる。9.2.2項（図9・7）で述べたのは横軸（極座標の $\theta=0$ の方向）を u 軸，それからそれぞれ $2\pi/3, 4\pi/3$ 回転した方向を v 軸，w 軸とする表示である。この図示方法では，(1,0,0)，(0,1,0)，(0,0,1) は正三角形になる。

面積座標を用いることによって複雑な計算が相当に簡単になる。その一つとして有限要素法では三角形全体にわたる面積積分の計算がしばしば必要であるが，この積分が面積座標で表わされると次の公式でただちに計算できる。

$$\iint_\Delta u^a v^b w^c dxdy = \frac{a!b!c!}{(a+b+c+2)!} \times 2\Delta$$

(c) 有限要素法の電位の表現

前節の面積座標を使用すると，通常の三角形要素で三つの節点電位を未知数とする有限要素法の近似関数は次式で与えられる。これは(4・10)式と比較すれば容易に確かめられる。

$$\phi = k_1 u + k_2 v + k_3 w$$

このような一次式の場合は $k_1=\phi_i, k_2=\phi_j, k_3=\phi_m$ である。

また三角形の3節点と3辺の中点の電位を未知数とする近似関数（6節点三角形要素）は，二次式で

$$\phi = k_1 u^2 + k_2 v^2 + k_3 w^2 + k_4 uv + k_5 vw + k_6 uw$$

一つの三角形内の ϕ を二次式で近似するほうが，この三角形をさらに4個の三角形に細分して一次式で近似するより，一般に精度の向上することは4.7節で説明した。

付録5 (9・7)式の k の導出[a.3]

本文図9・2の P_3, P_6, P_7, P_1 で表現される辺曲線（$v=0$）を例にして説明す

付録5 (9·7)式の k の導出 [a.3]

図 A.2

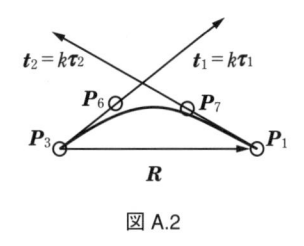

る。P_3 位置 ($u=0, w=1$) での接線ベクトルを t_1, 単位接線ベクトルを τ_1 とし，P_1 位置 ($u=1, w=0$) での接線ベクトルを t_2, 単位接線ベクトルを τ_2 とする。ただし，t_1, t_2 または τ_1, τ_2 の向きは図 9·5 に合わせて図 A·2 の向きにとる。また，この辺曲線の中点位置 ($u=w=0.5$) での接線ベクトルを t_c とする。(9·5)式より以下の式が成立する。

$$t_1 = 3(P_6 - P_3)$$
$$t_2 = 3(P_7 - P_1)$$
$$t_c = \frac{3(P_1 - P_7)}{4} + \frac{3(P_7 - P_6)}{2} + \frac{3(P_6 - P_3)}{4}$$

今，$R = P_1 - P_3$ と定義すると，次式も成り立つ。

$$P_7 - P_6 = P_1 + \frac{t_2}{3} - P_3 - \frac{t_1}{3} = R + \frac{t_2 - t_1}{3}$$

これらより，t_c を書き直すと次式となる。

$$t_c = \frac{3R}{2} + \frac{t_2 - t_1}{4}$$

よって，t_c の長さの2乗は次式で表される。

$$t_c \cdot t_c = \frac{9}{4} R \cdot R - 3R \cdot \frac{t_2 - t_1}{4} + \frac{t_2 \cdot t_2 - 2t_2 \cdot t_1 + t_1 \cdot t_1}{16}$$

この曲線の歪を小さくする簡便な方法として，$|t_1| = |t_2| = |t_c| = k$ という条件を課して，この k を与える式を導出する。$t_1 = k\tau_1$, $t_2 = k\tau_2$ も考慮すると次式が得られる。

$$k^2 = \frac{9}{4} R \cdot R + 3kR \cdot \frac{\tau_2 - \tau_1}{4} + \frac{\tau_2 \cdot \tau_2 - 2\tau_2 \cdot \tau_1 + \tau_1 \cdot \tau_1}{16} k^2$$

付録

$$\frac{7k^2}{8} = \frac{9|R|^2}{4} - 3kR \cdot \frac{\tau_2 - \tau_1}{4} - \frac{k^2(\tau_2 \cdot \tau_1)}{8}$$

ここで，$R \cdot (\tau_1 - \tau_2)/|R| = A$，$\tau_1 \cdot \tau_2 = B$ とおくと次式となる．

$$(7+B)\left(\frac{k}{3|R|}\right)^2 + 2A\frac{k}{3|R|} - 2 = 0$$

よって，$k/3|R|$ は次式となる．

$$\frac{k}{3|R|} = \frac{-A \pm \sqrt{A^2 + 2(7+B)}}{7+B}$$

$k/(3|R|)$ を正の値にするために + 符号を採用すると，本文(9.7)式が得られる．

付録6　電荷密度 $\lambda_k \cos k\phi$ による電界

　この式は，電荷重畳法による一般三次元場の計算でリング電荷の成分として出てくる式である．この成分がP点(r, θ, z)に生じる電界の式（ただし，接地平面に対する影像電荷の作用は含まない場合）である．$k=0$ のときは〔付録1〕のリング電荷の式になるので省略する．

$$E_r = K \cos k\theta \left[\frac{1}{2r} Q_{k-\frac{1}{2}}(Y) - \frac{k+\frac{1}{2}}{Y^2 - 1}\left(\frac{1}{R} - \frac{Y}{r}\right)\{Q_{k+\frac{1}{2}}(Y) - YQ_{k-\frac{1}{2}}(Y)\} \right]$$

$$E_\theta = K \sin k\theta \cdot \frac{k}{r} \cdot Q_{k-\frac{1}{2}}(Y)$$

$$E_z = -K \cos k\theta \cdot \frac{k+\frac{1}{2}}{Y^2 - 1} \cdot \frac{z-Z}{rR} \{Q_{k+\frac{1}{2}}(Y) - YQ_{k-\frac{1}{2}}(Y)\}$$

ここで　$Y = \frac{(z-Z)^2 + r^2 + R^2}{2rR}$ ，$K = \frac{\lambda_k \sqrt{R}}{2\pi\varepsilon_0 \sqrt{r}}$

　特に $r=0$ のときは，$E_r = -\dfrac{\lambda_k R^2}{4\varepsilon_0\{(z-Z)^2 + R^2\}^{\frac{3}{2}}}$　（$k=1$ で $\theta=0$ の方向）

　$E_r = 0$（$k \geq 2$ または $\theta \neq 0$ の方向），　$E_\theta = E_z = 0$

演習問題解答

第1章

1. 持ち込んだプローブが電界を乱すため。電流界では大気の導電率が零であるためそこに存在するプローブは電界を乱さない。静電界でも等電位面（線）に沿ってプローブを配置すれば電界を乱さないが等電位面の位置が不明なときは適用できない。

2. 1.4節に説明。電界計算はおもにラプラスの式を対象にし，未知数（関数）はスカラポテンシャルでその境界条件が明確である（導体表面で電位が一定）。また，多くの場合媒質の特性は線形である。しかし，電界値に高精度が要求されることが多い。
磁界問題にもラプラスの式が現れるが，しばしばベクトルポテンシャルが未知数となり，また鉄心のような異方性やヒステリシスを伴う材料が重要である。

第2章

1. 雷雲による電界は短時間には変動しない（直流である）。このような電界に対して人体は導体と見なしてよい。そのため大地と同じ接地電位で水道管との間に電位差が発生しない。

2. 正しくない。正しい電位であるためにはラプラスの式を満足するほかに境界条件を満足しなければいけない。

3. (2·10)式で電位が r だけの関数であるから，容易に積分できる。積分して境界条件を用いると，電位 ϕ，電界 E（r 方向成分のみ）は，

$$\phi = V\frac{\ln\left(\dfrac{R_2}{r}\right)}{\ln\left(\dfrac{R_2}{R_1}\right)}, \quad E = \frac{V}{r\ln\left(\dfrac{R_2}{R_1}\right)}$$

4. 最大電界は $V/\{R_1 \ln(R_2/R_1)\}$，また平均電界は $V/(R_2-R_1)$ であるから，利用率は $R_1 \ln(R_2/R_1)/(R_2-R_1)$

$R_1=1\,\mathrm{cm}$，$R_2=2\,\mathrm{cm}$，$V=1\,\mathrm{kV}$ のときの最大電界は $1.44\,\mathrm{kV/cm}$，利用率は 0.693

第3章

1. 図問 3・1(b)のように間隔 1 cm の格子で分割して差分法を適用する。$y=1$ の格子点を順に P, A, B, C, D とすると，対称性から $x=1$，$y=2$ の G 点の電位は A 点と等しい。差分式は，

    $4\phi_P=2\phi_A$ (1)　　$4\phi_A=\phi_P+\phi_B+100$ (2)

    $4\phi_B=\phi_A+\phi_C+100$ (3)　　$4\phi_C=\phi_B+\phi_D+100$ (4)

    $\phi_D=50$ とすると，$\phi_P=2050/97=21.1$。正しい電位は 20.2 なので荒い分割にしては良い近似値である。もし，ϕ_D を未知数とし，さらに先の点 (6,1) の電位を 50 としても，$\phi_P=7650/362=21.1$ とほとんど同じである。一方，$\phi_C=50$ とすると，$\phi_P=550/26=21.2$ と僅かに相違する。

2. 一般に，間隔 h の正方格子で分割したとき，P 点と周囲の 4 点 a, b, c, d との電位の関係式は，

    $$4\phi_P=\phi_a+\left(1-\frac{h}{2r_0}\right)\phi_b+\left(1+\frac{h}{2r_0}\right)\phi_c+\phi_d$$

    となり，P 点の r 座標 r_0 の項が付け加わる。二次元配置では図問 3・1 の電極がどこにあっても（平行移動しても）差分式は同じで電位も変わらないが，回転対称配置では r 座標のどこにあるかが電位に影響する。r_0 が大きくなると二次元配置の電位に近づく。さらに，回転対称配置では図問 3・1(b) の G 点の電位は A 点と等しくない。

3. 問 3・1 が回転対称配置のとき，r が充分大きい（かど部分より離れた）ところでは $y=1$ の電位は 50 V である。一方 z が充分大きいところでは同軸円筒電極配置の電位になる。

4. 本文 3.3 節に説明したように，各格子点の電位をテイラー展開の式で表して，まず一次の微分項を消去し，ラプラスの式を用いる。

第 4 章

1. この三角形の各頂点で ϕ_0, ϕ_1, ϕ_2 となる電位は，
$$\phi = \frac{\phi_0 - \phi_1}{h_1} \cdot (x - x_0) + \frac{\phi_2 - \phi_0}{h_2} \cdot (y - y_0) + \phi_0$$
である。これから電界（の各成分）は電位差÷距離となる。

2. 要素の頂点の電位，座標と a, b, c, d の関係は，
$$\phi_i = a + b x_i + c y_i + d x_i y_i \quad (i = 1-4)$$
である。a, b, c, d をこの 4 個の連立一次式の未知数と考えて解くと，ϕ_i の一次式として表される。後は 4.2 節と同じ手順であるがポテンシャルエネルギーの計算に x あるいは y の積分が必要である。

電界の式は(4・41)式のように座標の一次式になる。

第 5 章

1. 対称な位置の電荷は同じにしてよいので 6 個である。また大地（接地平面）は同じ影像電荷を配置すれば表されるので独立な未知数はやはり 6 個である。

2. 図問 5・1 の斜線部のような 1/4 部分の電荷の作用を積分し，4 倍すればよい。すなわち電位 ϕ は，
$$\phi = \frac{1}{\pi \varepsilon_0} \int_0^b dy \int_0^a \frac{\sigma dx}{\sqrt{x^2 + y^2 + d^2}}$$
$$\int \frac{dx}{\sqrt{x^2 + y^2 + d^2}} = \ln\left(x + \sqrt{x^2 + y^2 + d^2}\right)$$
の式を用い，さらに y の積分が
$$\int \left(a + \sqrt{a^2 + y^2 + d^2}\right) dy = y \ln\left(a + \sqrt{a^2 + y^2 + d^2}\right) + a \ln\left(y + \sqrt{a^2 + y^2 + d^2}\right)$$
$$- y + \arctan \frac{y}{d} + d \arctan\left(\frac{ad}{y^2 + d^2 + y^2 \sqrt{a^2 + y^2 + d^2}}\right)$$
であることを用いると，
$$\phi = \frac{\sigma}{\pi \varepsilon_0} \left[a \ln\left(\frac{b + \sqrt{a^2 + b^2 + d^2}}{\sqrt{a^2 + d^2}}\right) + b \ln\left(\frac{a + \sqrt{a^2 + b^2 + d^2}}{\sqrt{b^2 + d^2}}\right) \right.$$
$$\left. - d \arctan\left(\frac{ab}{d \sqrt{a^2 + b^2 + d^2}}\right) \right]$$

この式は，もちろん本文15.5節の三角形表面電荷法の式を用いて出すこともできる。

$a=b=w/2$，$d=0$ とすると，$\phi=\sigma w\ln(1+\sqrt{2})/(\pi\varepsilon_0)$ となる。1辺が単位長さの正方形の場合，$\sigma w^2/\phi=\pi\varepsilon_0/\ln(1+\sqrt{2})=31.6\,\mathrm{pF}$。この電位は電荷密度一定の正方形の中心の電位で，正方形の場所によって電位が相違する（正方形の頂点なら中心の 1/2）が，導体の場合は電位が一定で電荷密度が場所によって相違する。

3. 要素 j の端点の電荷密度を λ_j，λ_{j+1} とすると，電荷密度が一定の場合の電位係数 $\mathrm{P}(i,j)$ は $\sigma(j)$ だけで決まるのに対して，λ_j，λ_{j+1} の2個の変数が関与する。また電極表面が閉じていない断面のときは λ_j の数は要素の数より1個多くなる。選点法を用いると境界条件が不足するので，電荷密度の変化が少ない方の端で $\lambda_n=\lambda_{n+1}$ とするなどの便法が用いられる。

4. 自分自身以外の電荷の作用（電界）による。この電界は表面に垂直で $\sigma/(2\varepsilon_0)$ である。電気一重層は両側に（反対向きの）$\sigma/(2\varepsilon_0)$ の電界を作るが，導体の内側では他の電荷の作用で打ち消され，外向きには加算されて σ/ε_0 となる。導体表面のいたるところでそのようになっている。

第6章

1. 対称性から $Q_1=Q_3$ である。計算は未知数を $q_1=Q_1/4\pi\varepsilon_0$，$q_2=Q_2/4\pi\varepsilon_0$ とするとよい。（a）$Q_1=8.884\times10^{-11}\,\mathrm{C}$，$Q_2=-1.437\times10^{-11}\,\mathrm{C}$，静電容量は $(2Q_1+Q_2)/V=163\,\mathrm{pF}$，（b）$Q_1=7.287\times10^{-11}\,\mathrm{C}$，$Q_2=0.821\times10^{-11}\,\mathrm{C}$，静電容量は 154 pF。正確な値は 158 pF なので静電容量の値に関する限り（b）の模擬のほうがよい。

2. 電荷の式は付録1に与えられている。輪郭点の座標が (r,z) のとき，電荷量が Q_2 で $(0,-1)$ から $(0,1)$ にある線電荷の生じる電位は，$\dfrac{Q_2}{8\pi\varepsilon_0}\ln\dfrac{1-z+\sqrt{r^2+(1-z)^2}}{-1-z+\sqrt{r^2+(1+z)^2}}$ である。これから（a）$Q_1=9.275\times10^{-11}\,\mathrm{C}$，$Q_2=-2.259\times10^{-11}\,\mathrm{C}$，静電容量は 163 pF，（b）$Q_1=6.969\times10^{-11}\,\mathrm{C}$，$Q_2=1.441\times10^{-11}\,\mathrm{C}$，静電容量は 154 pF。仮想電荷の電荷量は相違するが，静電容量は中央の電荷が点電荷でも線電荷でもほとんど同じである。

3. E_z の（6・19）式では $z=0$ とすると常に0になるように見えるが，z の小さい

とき，$Y=z/\sqrt{R^2-r^2}$ となって，$E_z=Q/(4\pi\varepsilon_0 R\sqrt{R^2-r^2})$ である．一方，E_r は端点 ($r=R$) 以外は常に 0 である．電荷密度は，$\sigma=\varepsilon_0 E_z=Q/(4\pi R\sqrt{R^2-r^2})$

第 7 章

1. (a)-(c)は比較的局所的な電界を精度よく求める場合が多く，境界分割法が適している．コーディングの容易な点も考慮すると，(a)，(b)は電荷重畳法，(c)は表面電荷法．(d)，(e)は差分法あるいは有限要素法であるが，(e)で mm オーダの細分割の場合は差分法が適している．(e)は極細分割できる高速多重極法の表面電荷法（第 9，10 章）の適用も可能である．
2. 本文 7.2 節に記載．主要な相違点はコーディング（プログラム）の難易，精度，計算時間，特異点の処理，汎用性，など．
3. 図問 7・1 のように，電極表面の電界を E，ΔR 離れた点の電界を $E+\Delta E$ としてガウスの定理を適用する．
$$\pi R^2 E=\pi (R+\Delta R)^2(E+\Delta E)$$
二次の微小項を無視して整理すると，$\Delta E/\Delta R=-2E/R$．

第 8 章

1. （滑らかな）境界表面上の P 点を中心とする半径 R の半球を取り，この半球を本文 (8・7) 式の S_e とする．半球の表面積が $2\pi R^2$ であるから，R を 0 に近づけるとこの積分は，$\phi(P)/2$ すなわち $C=1/2$ となる．$\phi(P)$ は P 点の電位である．
2. 本文 8.3 節に記載．一番の難点は，領域分割法（たとえば有限要素法）と境界分割法（たとえば電荷重畳法）を併用した場合，対象とする未知数が異なる上に，全体の（支配）方程式の係数が疎な部分と密な部分とから成り，大規模な問題では解くのが容易でないことである．
3. (8・28) 式を離散化すると次の式になる．
$$(\kappa_A+\kappa_B)(\phi_0-\phi_1)+(\kappa_A+\kappa_C)(\phi_0-\phi_2)+(\kappa_B+\kappa_D)(\phi_0-\phi_3)$$
$$+(\kappa_C+\kappa_D)(\phi_0-\phi_4)$$
$$=j\omega h\{(\kappa_A+\kappa_B)A_1-(\kappa_A+\kappa_C)A_2+(\kappa_B+\kappa_D)A_3-(\kappa_C+\kappa_D)A_4\}$$

ここで，図問 8・1 に示すように $\kappa_A \sim \kappa_C$ は各象限のセルの導電率，ϕ_i は各格子点 1, 2, 3, 4 の電位，A_i は ϕ_0 を通る辺の中点の磁気ベクトルポテンシャル（A_2, A_3 は x 方向成分，A_1, A_4 は y 方向成分），h は格子間隔である．

第9章

1. まず $u+v+w=1$ という条件に注意する．たとえば P_4 を考えると，二次式の場合は $u=0$, $v=w=1/2$ として，$P(0, 1/2, 1/2)=P_2/4+P_4/2+P_3/4$ となり，$(P_2+P_3)/2=P_4$ の場合は $P(0, 1/2, 1/2)=P_4$ となるが，任意に配置された P_4 に対してはこの等式は成立しない．また三次式では，$u=0$, $v=2/3$, $w=1/3$ として，$P(0, 2/3, 1/3)=(P_3+6P_5+12P_4+8P_2)/27$ となるが，一般的には $P(0, 2/3, 1/3) \neq P_4$ である．
2. （解答は省略）重心を原点とする正三角形を作図して（たとえば角度の式は余弦法則から）導くことができる．
3. 付録 5 の面積座標の説明で述べたように，横軸（極座標の $\theta=0$ の方向）を u 軸，それからそれぞれ $2\pi/3$, $4\pi/3$ 回転した方向を v 軸，w 軸とする表示方法をとると，容易にこれらの式が導ける．

第10章

1. $N=8^L$, $M=\sum_{i=0}^{L} 8^i = \sum_{k=1}^{L+1} 8^{k-1} = (1-8^{L+1})/(1-8) = (8^{L+1}-1)/7 = 8N/7 - 1/7$

   この例からも分かるように，通常はセルの総数は $O(N)$ である．
2. 一様電界（無限遠からの寄与）の効果をルートセルに加えるとよい．各電界計算点には L2L 変換の繰返しによってこの効果が伝えられる．FMM の計算回数に対して追加する計算回数は 1 回で済む．ただし，L2L 変換の繰返しにより若干の数値計算誤差の混入が懸念される．そこで普通は，FMM の計算とは別に各電界計算点で一様電界の効果を個別計算し（といっても一様電界であれば一定値である），FMM の計算結果にこれを足し込むとよい．FMM の計算回数に対して追加する計算回数は N 回となるが，$O(N)$ であるので計算負荷としては実際上問題にならない．

参考文献

参考文献は本書の記載事項と直接関係するものに限っている。

第2章
[2.1] たとえば, 秋葉, ほか:シミュレーション, Vol. 22, No. 2, p. 31 (2003)

第3章
[3.1] H. Prinz: Hochspannungsfelder, R. Oldenbourg Verlag (1969), 増田, 河野訳:プリンツ電界計算法, 朝倉書店 (1974), p. 171
[3.2] I.A. Cermak, et al.: Proc. IEE, Vol. 115, No. 9, p. 1341 (1968)
[3.3] 渡辺, 宅間:電気学会雑誌, Vol. 91, No. 12, p. 2288 (1971), ならびに, T. Takuma, et al.: 1st ISH (Int. High Voltage Symp.), München, p. 67 (1972)
[3.4] N. Flatabö, et al.: 1st ISH, München, p. 17 (1972)
[3.5] B.C. Irons: Int. J. for Numerical Methods in Engineering, Vol. 2, p. 2 (1970)
[3.6] 藤野清次, 張紹良:反復法の数理, 朝倉書店 (1996)
[3.7] R. Barrett, ほか:反復法 Templates, 朝倉書店 (1996)
[3.8] 小国力 (編著):行列計算ソフトウェア, 丸善 (1991)

第4章
[4.1] R. Courant: Bull. Am. Math. Soc., Vol. 49, p. 1 (1943)
[4.2] O.C. Zienkiewicz: Proc. IEE, Vol. 115, No. 2, p. 367 (1968)
[4.3] O.C. Zienkiewicz (吉識・山田監訳):基礎工学におけるマトリックス有限要素法, 培風舘, p. 466 (1975), ほか
[4.4] 寺沢寛一:数学概論〔増訂版〕, 岩波書店, p. 370 (1954)
[4.5] [4.3]の p. 558

第5章
[5.1] J.C. Maxwell: Electrical Researches of the Honourable Henry Cavendish, University Press, Cambridge, p. 426 (1887)
[5.2] 宅間, ほか:電力中央研究所研究報告, No. 180029 (1980), ならびに, 宅間:昭和61年電気学会全国大会シンポジウム S. 2-1 (1986)

参考文献

- [5.3] R.F. Harrington : Proc. IEE, Vol. 55, No. 2, p. 136（1967）
- [5.4] R.F. Harrington, et al. : Proc. IEE, Vol. 116, No. 10, p. 1715（1969）
- [5.5] J.R. Mautz, et al. : ibid. Vol. 117, No. 4, p. 850（1970）
- [5.6] H. Singer : Bull. SEV. Vol. 65, No. 10, p. 739（1974）
- [5.7] C.A. Brebbia, et al. : Boundary Element Techniques, Theory and applications in engineering, Springer-Verlag（1984）
- [5.8] K. Hayami : Boundary Elements XII, Proc. of 12th Int. Conf. on Boundary Elements, Vol. 1, p. 33（1990）

第6章

- [6.1] H. Steinbigler : Diss. Tech. Univ. München（1969），および ETZ-A, Vol. 90, No. 25, p. 663（1969）
- [6.2] P. Weiβ : Diss. Tech. Univ. München, p. 80（1972）
- [6.3] 森口繁一，ほか：数学公式 1，岩波全書，p. 227（1956）
- [6.4] R. Bulirsch : Numerische Mathematik, Vol. 7, p. 78（1965）
- [6.5] 宅間：電気学会論文誌 A, Vol. 97, No. 8, p. 411（1977）
- [6.6] S. Sato, et al. : 3rd ISH, Milan, No. 11.03（1979）
- [6.7] 里，ほか：電気学会論文誌 A, Vol. 100, No. 3, p. 121（1980），ならびに，S. Sato, et al. : 3rd ISH, Milan, No. 11.07（1979）

第7章

- [7.1] ものつくり情報技術総合化研究プログラムホームページ：http://www.vcad.jp/
- [7.2] PRODAS（PROgram and DAtabase retrieval System）：http://www3.tokai-sc.jaea.go.jp:8001
- [7.3] 手塚明，土田英二：アダプティブ有限要素法，丸善（2003）
- [7.4] 里，ほか：電気学会論文誌 A, Vol. 117, No. 3, p. 331（1997）
- [7.5] P. Weiss : 2nd ISH, Züurich, p. 61（1975）
- [7.6] M.D.R. Beasley et al. : Proc. IEE, Vol. 126, No. 1, p. 126（1979）
- [7.7] 電気学会：最近の電界計算法—各種電界計算法の比較と応用—，技術報告（Ⅱ部）第98号（1980）
- [7.8] [6.2]の p. 74
- [7.9] [3.4]の文献
- [7.10] 村島，ほか：電気学会論文誌 A, Vol. 98, No. 1, p. 39（1978）
- [7.11] S. Kato : 3rd ISH, Milan, No. 11.09（1979）
- [7.12] 村島，ほか：電気学会論文誌 A, Vol. 102, No. 1, p. 1（1982）

[7.13] 宇佐美，ほか：電気学会論文誌 A, Vol. 104, No. 9, p. 495（1984）

第8章

[8.1] 宮武，ほか：モンテカルロ法〔増訂版〕，日刊工業新聞社，p. 98（1962）
[8.2] J.H. Pickels：Proc. IEE. Vol. 124, No. 12, p. 1271（1977）
[8.3] [7.6] の文献
[8.4] 渡辺：電気学会論文誌 A, Vol. 99, No. 1, p. 31（1979）
[8.5] H. Okubo, et al：3rd ISH, Milan, No. 11.13（1979）
[8.6] H. Steinbigler：ibid., No. 11.11（1979）
[8.7] K.S. Yee：IEEE Trans. Antennas Propag., Vol. 14, No. 3, p. 302（1966）
[8.8] 電気学会：電磁界数値解析における最近の技術動向，技術報告第906号，p. 16（2002）
[8.9] T. Weiland：Int. J. Num. Modell, Vol. 9, p. 295（1996），ほか
[8.10] T.W. Dawson, et al.：Bioelctromagnetics, Vol. 18, p. 478（1997）
[8.11] T.W. Dawson, et al.：ACES Journal, Vol. 16, No. 2, p. 162（2001）

第9章

[9.1] G. Farin：CAGD のための曲線・曲面理論，共立出版（1991），または，G. Farin：Curves and surfaces for CAGD, 4th ed., Academic Press（1997）
[9.2] 濱田，宅間：電気学会論文誌 A, Vol. 123, No. 2, p. 153（2003）
[9.3] D.A. Dunavant：Int. J. Numerical Methods in Engineering, Vol. 21, p. 1129（1985）
[9.4] [5.8] の文献
[9.5] O.C. Zienkiewicz, et al. ：マトリックス有限要素法，科学技術出版社（1996）

第10章

[10.1] V. Rokhlin：J. Comput. Phys., Vol. 60, p. 187（1983）
[10.2] L. Greengard, et al.：Acta Numerica, Vol. 6, p. 229（1997）
[10.3] J. Barnes, et al.：Nature, Vol. 324, No. 4, p. 446（1986）
[10.4] 電気学会：電磁界解析における高速大規模数値計算技術，技術報告第1043号（2006）
[10.5] [3.6] の文献
[10.6] 小林昭一（編）：波動解析と境界要素法，京都大学学術出版会（2000）
[10.7] [9.2] の文献
[10.8] 濱田，ほか：電気学会電磁環境研究会資料，EMC-04-36, p. 19（2004）
[10.9] 濱田，ほか：平成18年電気学会全国大会，No. 1-125, ならびに，電気学会論文誌 A Vol. 126, No. 5, p. 355（2006）
[10.10] 長岡，ほか：生体医工学，Vol. 40, No. 4, p. 45（2002）

参考文献

第 11 章

[11.1] J.H. Wensley, et al.：Electrical Energy, Vol. 1, p. 12（1956），ほか
[11.2] G. Mitra, et al.：Proc. IEE, Vol. 113, No. 5, p. 931（1966），ほか
[11.3] 西野：昭和 46 年電気学会東京支部大会予稿, No. 373（1971）
[11.4] R.H. Galloway, et al.：Proc. IEE, Vol. 114, No. 6, p. 824（1967）
[11.5] [6.2]の p. 161，ほか
[11.6] 紺矢，宅間，ほか：電気学会論文誌 A, Vol. 117, No. 9, p. 977（1997）
[11.7] 高木：早稲田電気工学会雑誌, p. 69（1939）
[11.8] T. Takuma et al.：IEEE Trans., Vol. EI-13, No. 6, p. 426（1978），ほか多数

第 12 章

[12.1] H. Singer：1st ISH, München, p. 59（1972）
[12.2] D.W. Kammler：IEEE Trans., Vol. MTT-16, No. 11, p. 925（1968），ほか

第 13 章

[13.1] C.N. Dorney, et al.：IEEE Trans., Vol. PAS-90, No. 2, p. 872（1971）

第 14 章

[14.1] G. Praxl：2nd ISH, Zürich, Vol. 1, p. 50（1975）
[14.2] 増田，ほか：電気学会論文誌 A, Vol. 96, No. 10, p. 487（1976）
[14.3] T. Takuma, et al.：3rd ISH, Milan, No. 12.01（1979），ならびに，T. Takuma, et al.：IEEE Trans., Vol. PAS-100, No. 11, p. 4665（1981）
[14.4] 河本，宅間：電力中央研究所研究報告, T91023（1992）
[14.5] T. Takuma, et al.：8th ISH, Yokohama, Vol. 1, p. 51（1993），ならびに T. Takuma, et al.：IEEE Trans., Vol. DEI-4, No. 2, p. 177（1997）

第 15 章

[15.1] 宅間，ほか：電力中央研究所研究報告, A85301（1986），ならびに，T. Takuma et al.：Bioelectromagnetics, Vol. 11, No. 1, p. 71（1990）
[15.2] 大久保，ほか：電気学会論文誌 A, Vol. 110, No. 10, p. 699（1990）
[15.3] 美咲，ほか：電気学会高電圧研究会資料, HV-80-11（1980）
[15.4] 河本，宅間：電気学会論文誌 A, Vol. 121, No. 12, p. 1133（2001）
[15.5] 赤崎，ほか：ibid., Vol. 98, No. 7, p. 351（1978）
[15.6] [12.1]の文献
[15.7] 森口繁一，ほか：数学公式Ⅲ―特殊関数―, 岩波全書, p. 139（1960）

参考文献

[15.8] 宅間, ほか：電気学会論文誌 A, Vol. 113, No. 5, p. 382（1993）
[15.9] D. Utmischi：ETZ-A, Vol. 99, No. 2, p. 83（1978）
[15.10] [5.6]の文献
[15.11] 里, ほか：電気学会論文誌 A, Vol. 101, No. 9, p. 455（1981）, S. Sato, et al.：Proc. IEE, Vol. 133, No. 2, p. 77（1986）, ならびに, S. Sato：Diss., Swiss Federal Institute of Technology（1987）
[15.12] 立松, 濱田, 宅間：電気学会論文誌 A, Vol. 120, No. 8/9, p. 853（2000）, ならびに, 立松, 濱田, 宅間：ibid., Vol. 121, No. 4, p. 378（2001）
[15.13] T. Misaki, et al.：2nd ISH, Zürich, p. 74（1975）
[15.14] 宅間, ほか：電力中央研究所研究報告, No. 177019（1977）, ならびに, 河本, 宅間：電力中央研究所研究報告, No. 179003（1979）

第16章

[16.1] 松浦, ほか：昭和54年電気四学会連合大会シンポジウム S. 1-6
[16.2] S. Kato, et al.：3rd ISH, Milan, No. 12.11（1979）
[16.3] [14.3]の文献
[16.4] B. Bachmann：2nd ISH, Zürich, p. 1（1975）, ならびに, B. Bachmann：3rd ISH, Milan, No. 12.05（1979）, ほか
[16.5] [14.4], [14.5]の文献

第17章

[17.1] K. Asano：Proc. IEE, Vol. 124, No. 12, p. 1277（1977）
[17.2] A.J. Davies, et al.：ibid., Vol. 114, No. 10, p. 1547（1967）
[17.3] A.J. Davies, et al.：ibid. Vol. 124, No. 2, p. 179（1977）
[17.4] 吉田, ほか：昭和55年電気学会全国大会シンポジウム S. 2-5
[17.5] 田頭, ほか：静電気学会誌, Vol. 15, No. 3, p. 203（1991）
[17.6] CIGRE-Electra, No. 23, p. 53（1972）, ほか
[17.7] K. Feser, et al.：ETZ-A, Vol. 93, No. 1, p. 36（1972）
[17.8] Y. Higashiyama, et al.：IEEE Trans., Vol. IA-33, No. 2, p. 427（1997）
[17.9] 加藤：電気学会放電研究会資料, ED-78-13（1979）
[17.10] Y. Ohki, et al.：Jap. J. of App. Phys., Vol. 16, No. 2, p. 335（1977）
[17.11] 宅間, ほか：電気学会論文誌 A, Vol. 117, No. 9, p. 983（1997）

第18章

[18.1] 須永孝隆：神戸大学博士論文（1993）

参考文献

[18.2] M. Pauthenier, et al.：Comptes Rendus, Vol. 201, p. 1332（1935），ほか
[18.3] 増田，ほか：昭和50年電気学会全国大会予稿，No. 909
[18.4] 原，ほか：電気学会放電研究会，ED-76-27（1976），ほか
[18.5] H.Z. Alisoy, et al.：J. of Electrostatics, No. 63, p. 1095（2005）
[18.6] 宅間董：電界パノラマ，電気学会，p. 86 & p. 146（2003）
[18.7] M.P. Sarma, et al.：IEEE Trans., Vol. PAS-88, No. 5, p. 718（1969），ほか
[18.8] 近藤，ほか：電気学会論文誌 A, Vol. 98, No. 1, p. 9（1978）
[18.9] M.P. Sarma, et al.：Proc. IEE, Vol. 116, No. 1, p. 161（1969）
[18.10] 藤田：電気学会放電・電力技術合同研究会資料，ED-79-14, PE-79-14（1979）
[18.11] C. Budd, et al.：Proc. Roy. Soc. London, No. 443, p. 517（1993）
[18.12] R.W. Hare, et al.：J. Phys. D.；Appl. Phys. Vol. 24. p. 398（1991）
[18.13] 須永：電気学会放電・電力技術合同研究会資料，ED-79-15, PE-79-15（1979），ならびに，Y. Sunaga, et al.：IEEE Trans., Vol. PAS-100, No. 4, p. 2082（1980）
[18.14] 原，ほか：昭和54年電気四学会連合大会シンポジウム S. 8-2
[18.15] A. Bouziane, et al.：J. Phys. D.；Appl. Phys. Vol. 27. p. 320（1994）
[18.16] M.P. Sarma, et al.：IEEE Trans., Vol. PAS-88, No. 10, p. 1476（1969）
[18.17] W. Janischewskyj, et al.：IEEE Trans., Vol. PAS-98, No. 3, p. 1000（1979）
[18.18] J.L. Davies, et al.：J. of Electrostatics, Vol. 14, p. 187（1983），ならびに，J.L. Davies, et al.：ibid., Vol. 18, p. 1（1986）
[18.19] M. Tabata：Memoirs of Numer. Math., Vol. 4（1977）
[18.20] 宅間，ほか：電力中央研究所研究報告，No. 181015（1981），ならびに，T. Takuma, et al.：IEEE Trans., Vol. PAS-100, No. 12, p. 4802（1981）
[18.21] T. Takuma, et al.：IEEE Trans., Vol. PWRD-2, No. 1, p. 189（1987）

第19章

[19.1] IEEE（米国電気電子学会）電気・電子用語辞典 1984年版（日本語版1989年，丸善）
[19.2] たとえば，宅間：電気学会雑誌（本誌），Vol. 108, No. 3, p. 209（1988），ほか
[19.3] A.J. Schwab, et al.：6th ISH, New Orleans, No. 24.10（1989），ならびに，H. Singer, et al.：7th ISH, Dresden, No. 11.08（1991）
[19.4] 花井，ほか：電気学会論文誌 B, Vol. 111, No. 10, p. 1044（1991）
[19.5] H. Okubo, et al.：7th ISH, Dresden, No. 11.10（1991），ならびに，H. Okubo, et al.：ETEP, Vol. 3, No. 3, p. 227（1993）
[19.6] H. Singer：3rd ISH, Milan, No. 11.06（1979）
[19.7] K. Kato, et al.：IEEE Trans., Vol. DEI-4, No. 6, p. 816（1997），ほか
[19.8] 藤波，宅間：昭和54年電気学会全国大会予稿，No. 151

[19.9] H.H. Däumling : 5th ISH, Braunschweig, No. 31.05 (1987)
[19.10] [3.1]の p. 152
[19.11] [18.6]の p. 115 & p. 139
[19.12] 大久保，ほか：電気学会論文誌 A, Vol. 100, No. 8, p. 441 (1980)
[19.13] 加藤，ほか：電気学会論文誌 B, Vol. 97, No. 6, p. 379 (1977)
[19.14] H. Singer, et al. : 2nd ISH, Zürich, p. 111 (1975)
[19.15] D. Metz : ETZ-A, Vol. 97, No. 2, p. 121 (1976)，ほか
[19.16] 坪井，ほか：電気学会論文誌 A, Vol. 103, No. 12, p. 675 (1983)
[19.17] J.D. Welly : 5th ISH, Braunschweig, No. 31.03 (1987)
[19.18] 坪井，ほか：電気学会論文誌 A, Vol. 106, No. 7, p. 307 (1986)
[19.19] H. Grönewald : 4th ISH, Athens, No. 11.01 (1983)
[19.20] 大久保，ほか：電気学会絶縁材料・高電圧合同研究会，EIM-80-36, HV-80-8 (1980)
[19.21] E. Kim, ほか：電気学会論文誌 B, Vol. 113, No. 10, p. 307 (1993)
[19.22] K. Antolic : 1st ISH, München, p. 1 (1972)
[19.23] H. Okubo, et al. : IEEE Trans., Vol. PWRS-12, No. 4, p. 1413 (1997)，ほか
[19.24] 河本，宅間：電力中央研究所調査報告，T95049 (1996)
[19.25] C. Trinitis et al. : 9th ISH, Graz, No. 8867 (1995)
[19.26] B. Techaumnat, S. Hamada, T. Takuma, et al. : IEEE Trans., Vol. DEI-11, No. 4, p. 561 (2004)
[19.27] 電気学会：電磁界解析とその逆・最適化問題への応用，技術報告第 611 号 (1996)
[19.28] 藤島，ほか：電気学会論文誌 D, Vol. 123, No. 4, p. 371 (2003)，ならびに，Y. Fujishima, et al. : IEEE Trans., Vol. AS-14, No. 2, p. 1902 (2004)

付録

[a.1] [6.1]の文献
[a.2] [6.4]の文献
[a.3] 濱田，宅間：平成 11 年電気学会全国大会予稿，No. 38

索 引

数字

6節点要素 40

B

Bachmann法 204
Borda電極 251
boundary relaxation method 25

C

CAD 244
CADEF 246
CAE 244, 245
CFL（Courant-Friedrichs-Levy）条件 97
charge simulation method 57
CIM 245
CIP法 89
Courantの条件 97

D

Deutschの仮定 230, 232
domain decomposition method 16

E

equivalent source method 44

F

fast multipole method：FMM 116
FDTD法 96
FI（finite integral）法 98
FIT（finite integral technique）法 98
floating random walk method 91
FMM-BEM，FMM-SCM 128

G

GIS；gas insulated switchgear 248

H

HSSSM 190

I

IEM（integral equation method） 43

K

Kuttの有限部分積分公式 53

L

L2L（local to local）変換 124
Log-L1変換 54, 110

M

M2L（multipole to local）変換 124
M2M（multipole to multipole）変換 122
method of moments 43
methods of subareas 43
Metzの方法 253
Monte Carlo method 90
Mott-Gurney近似 231

P

Pauthenierの式 228
point matching 45

索 引

S

Schwartz-Christoffel 変換　4
SOR 法　29
space charge limited flow　231
SPFD 法　98
Spielrein の関係式　82,253
Steinbigler 法　64
substitute charge method　58
surface charge method　43

T

triple-junction effect　147

V

VENUS　245

あ

アナログ法　6,196

イオン流場　225
一意性の定理　59
一様電界　155,177
一様電界形成用電極　251
一般三次元配置　180
移流項　237
インピーダンス法　89

打切り誤差　67

影像電荷　12
影像電荷法　5
円環関数　187
円弧電荷　187
円板電荷　69

オイラーの理論　32
応答曲面近似法　258

重みつき残差法　36

か

開空間　25
解析的方法　3
階層的分割統治　119
階段近似　100
回転だ円体　71
ガス絶縁開閉装置　248,256
仮想境界　12
仮想電荷　58,64,68,259
ガラーキン法　37,114
間接境界要素法　93
完全だ円積分　66

幾何的連続　106
木構造　117
既知電界　155
境界条件　11,113
境界分割法　16,80,85,160
境界要素法　43,91,128,147,253,256
鏡像法　5
極座標変換　107
局所展開　119
曲面形状表面電荷法　101

空間電荷　214
空間電荷制限条件　231

計算機援用工学　244
計算機援用設計　244
計算法の比較表　79
係数行列　66
けた落ち誤差　146
検査点　62

格子分割　76
高速多重極法　116

281

索 引

高速表面電荷法　190
交流電界計　178
コンビネーション法　94

さ

最小二乗法　261
最大値原理　239,240
最適形状設計　243
最適条件　246
座標変換法　4
差分法　18,135,181,197,216,233
三角形表面電荷法　45,191
残差　36
三重点効果　147,250
算術幾何平均法　67

磁界計算法　7
自己容量　161
自然境界　75
支配方程式　22,35,49,61,79
四辺形要素　41
周期的配置　150
準特異積分　51,54
小区分法　43
上流有限要素法　234,237
人工（仮想）境界　12,25
進行波電界カーテン　152,153

酔歩　90
スカラポテンシャル差分法　98

制御点　103
静電界　14
静電誘導　168
静電誘導係数　161
静電容量　160
積分方程式法　44,79
絶縁された導体　170

絶縁物（固体誘電体）形状の最適化　249
接触点　148
接線ベクトル　103
セル　117
線電荷　57
選点法　44,115

相互容量　161

た

第1種完全だ円積分　60
第2種完全だ円積分　61
対称的配置　150
対称面　24
体積抵抗　195
対地容量　161
代用電荷法　58
だ円筒電荷　71
高木効果　149,250
多重極展開　119
断熱境界　75

逐次加速緩和法　29
直接法　29
直流イオン流場　225
直流送電線　241

ツリー法　116

ディリクレ境界条件　11
適合表現　113
電位係数　61
電位の方程式　22,35
電界カーテン　151
電界係数　62
電荷重畳法　57,141,184,200,204,219,253
電気二重層　141
電極（導体）形状の最適化　247

282

索引

電気力線法　232
電流連続の積分式　239

等角写像法　3
等価磁気伝導率　97
導電性　195
特異積分　51,53
特異点　51
特性曲線法　234

な

ノイマン境界条件　11

は

倍精度計算　67,68
パッチ　101
反復法　29

非適合表現　113
微分方程式法　79
平等電界電極　251
表面抵抗　195
表面電荷　222
表面電荷法　43,128,144,224,253

フィールドマッピング　6,196
複合誘電体　135,166,175
複素仮想電荷　200
複素仮想電荷法　173
複素誘電率　196,201
部分容量　161
浮遊電位　168,175,208
ブレンド　102
ブレンド表現　112
分極電荷　141

ベジエ曲面　101
変数分離法　4

ポアソンの式　214
ポイントマッチング　44,115
法線ベクトル　106
補間関数　37
ポテンシャルエネルギー最小の原理　32
ポリコン電極　154

ま

マクスウェルの式　9
丸め誤差　67

メッシュジェネレータ　76
面積座標　262
面積分　107

モーメント法　43,113
モンテカルロ法　81,90

や

有限差分時間領域法　96
有限要素法　31,138,182,198,218,234,262

容量係数　161

ら

ラグランジュ補間多項式　111
ラプラスの式　9,135,197
ランダム歩行　90

力線の式　82
離散化　15
離散化誤差　67
領域分割　27
領域分割法　16,80,83
両極性イオン流場　235
輪郭点　58,61,64
リング電荷　57,59

283

著者略歴

宅間 董（たくま ただす）

昭和36年　東京大学工学部電気工学科卒業
昭和41年　東京大学大学院工学系研究科博士課程修了，工学博士
　　　　　東京大学工学部専任講師
昭和42年-平成 7年まで　電力中央研究所勤務
平成 7年-平成14年まで　京都大学工学部（後，大学院工学研究科）教授
平成14年より　電力中央研究所研究顧問
平成16年より　東京電機大学特別専任教授

濱田 昌司（はまだ しょうじ）

昭和62年　京都大学工学部電子工学科卒業
平成 4年　東京大学大学院工学系研究科博士課程修了，博士（工学）
　　　　　東京電機大学助手
平成 5年　同学専任講師
平成 9年　京都大学大学院工学研究科専任講師
平成17年より　同学助教授

理工学講座　数値電界計算の基礎と応用

2006年9月20日　第1版1刷発行	著　者	宅間　董 濱田昌司
	発行所	学校法人　東京電機大学 **東京電機大学出版局** 代表者　加藤康太郎
		〒101-8457 東京都千代田区神田錦町2-2 振替口座　00160-5-71715 電話　（03）5280-3433（営業） 　　　（03）5280-3422（編集）
印刷　三美印刷(株) 製本　渡辺製本(株) 装丁　鎌田正志		©Takuma Tadasu, Hamada Shoji　2006 Printed in Japan

＊無断で転載することを禁じます．
＊落丁・乱丁本はお取替えいたします．

ISBN4-501-11310-3　C3054